国家示范性建设院校课程改革成果教材

精密机械制造工艺设计

——阅读与学习

主　编　任青剑

副主编　刘　萍　张伟博

主　审　黄雨田

西安电子科技大学出版社

内 容 简 介

本套教材是机械制造与自动化专业的学、做一体化专业核心课程的配套教材，把职业教育重能力成长的复杂学习过程分解成相对独立的知、行、做的单一性学习过程。知、行、做是能力成长的普遍性规律，是能力培养的科学方法。本套教材按照知(识)、行(动)、做(练)三个能力成长要素分为阅读与学习、实训教程、综合练习三册。阅读与学习是知识篇，以做必需的专业知识为主；实训教程是行动篇，以做(工作)必需的行动规范为主；综合练习是练习篇，以已有的专业知识和做(项目)的技术规范，独立完成项目课题，实现能力成长。

本套教材在使用时以实训教程的七个示范项目为主线，即轴类零件加工工艺编制与实施、套类零件加工工艺编制与实施、箱体类零件加工工艺编制与实施、齿轮类零件加工工艺编制与实施、盘类零件加工工艺编制与实施、叉类零件加工工艺编制与实施、减速器装配工艺编制与实施等。本书作为主要学习资料，包含了完成以上项目的相关专业理论知识。综合练习是实战练习篇，用于对学生学习成果进行检验。

本套教材可作为高等职业院校机械类、近机类等专业的机械制造工艺教材，也可作为相关技术人员自学用书或相关工种技术工人的培训教材。

图书在版编目(CIP)数据

精密机械制造工艺设计：阅读与学习 / 任青剑主编. —西安：西安电子科技大学出版社，2017.2 (2023.7 重印)
ISBN 978-7-5606-4408-0

Ⅰ. ① 精… Ⅱ. ① 任… Ⅲ. ① 机械制造工艺—工艺设计 Ⅳ. ① TH162

中国版本图书馆 CIP 数据核字(2017)第 008431 号

责任编辑 高樱
出版发行 西安电子科技大学出版社(西安市太白南路 2 号)
电　　话 (029)88202421 88201467 邮　　编 710071
网　　址 www.xduph.com 电子邮箱 xdupfxb001@163.com
经　　销 新华书店
印刷单位 西安日报社印务中心
版　　次 2017 年 2 月第 1 版 2023 年 7 月第 5 次印刷
开　　本 787 毫米 × 1092 毫米 1/16 印张 13.75
字　　数 322 千字
印　　数 4801～5300 册
定　　价 35.00 元
ISBN 978-7-5606-4408-0/TH
XDUP 4700001-5

前　言

“精密机械制造工艺设计”是培养机械制造与自动化专业高技能人才的一门专业核心课程。课程目标是培养学生机械切削加工工艺规程的设计、实施能力。本套教材是“精密机械制造工艺设计”课程的主要配套教辅资料。

高等职业教育不同于专业学科教育。专业学科教育注重学科理论的独立性和系统性，而高等职业教育则注重职业岗位工作能力的养成。职业能力养成的复杂性，使职业教育人才培养方案、课程设计、教学模式等进一步改革，而项目化课程及“教、学、做”一体的教学模式无疑是最佳的课程设计。以“做”为主线的“教、学、做”教学模式，使学生在完成一个个单一项目任务的过程中，有目的性地学习、了解相关专业知识，一步步做任务，最后实现能力成长。本套教材共三册，包含教(怎样做项目任务)、学(相关专业知识)、做(项目)，是以学生为主、教师为辅的融“教、学、做”于一体的教学过程的最佳脚本。

本套教材是陕西国防工业职业技术学院“国家示范骨干高职院校建设机械制造与自动化专业子项目”成果之一，具有以下特点:

(1) 系统性。首先是过程系统，本套教材第一册(实训教程)是教学组织过程脚本，教学生如何做项目任务；第二册(阅读与学习)是学习资料汇编，引导学生学习做项目任务所必需的专业知识，是重要的参考资料；第三册(综合练习)是实做项目汇编，要求学生自主完成项目任务。其次是内容，教材第一册包含轴、套、箱体、齿轮、盘、叉架等典型零件的工艺设计系统资料，教学时便于学生自学。

(2) 规范性。教材第一册教学生做项目全部案例，过程细密规范；第三册项目案例及配套资料完整规范，易于实现质量评价控制的规范性。

(3) 实用性。教材第一册是课堂组织的脚本，翔实具体，便于实施。第二册是专业知识学习参考资料，在编排上与第一册呼应，便于学生自学参考。第三册提供了足够的实战课题，供课堂实作选用。

(4) 创新性。本套教材首次提供了“教、学、做”一体化教学改革的课堂组织范本。具体为：提供了课堂上教师教学生做什么，怎么做；提供了学生需要学什么，所学理论知识和职业行动的必然联系；提供了一对一的典型案例，帮助学生实现独立做项目，实现能力提升。本套教材的设计理念是以“做”为先导，把教师为主转换为学生为主，把讲解为主转换为以“做”为主。本套教材的设计增加了课堂的活力。

本套教材由任青剑担任主编，刘萍、张伟博担任副主编，黄雨田担任主审，李俊杰、管东明担任参编。任青剑编写阅读与学习、综合练习及实训教程项目三、七；刘萍编写实训教程项目一、二、四、五、六；张伟博编写实训教程常用资料。

在本套教材的编写过程中，企业高级工程师管东明、李俊杰提供了大量的素材，在此表示感谢。由于编者水平有限，书中难免有疏漏和不足之处，殷切希望读者和各位同仁提出宝贵意见。

编　者

2017 年 1 月

目　录

第1章 基础知识

1.1 基本概念

【学习目标】 了解机械制造工艺编制基础知识，包括：生产系统和生产过程、工艺过程、机械加工工艺过程的概念及工序、工位、工步、行程的概念，生产纲领和生产类型的概念，工序、工步的划分及依据，机械零件加工工艺规程的概念、作用、制订的原则及步骤。

1.1.1 生产系统和生产过程

1. 生产系统

生产系统是以机械制造企业为依托，根据市场调查、生产条件等客观因素，决定产品的种类和产量，制订生产计划，进而进行产品的设计、开发与制造的有机集成系统。它包括生产线技术准备、原材料的运输及保管、毛坯制造、机械加工及热处理、零部件的装配、调试检验及试车、油漆和包装等所有生产制造活动，还包括市场动态调查、政策决策、劳动力及能源资源调配、相关环境保护等各种生产经营管理活动。

图 1-1 为一典型的生产系统框图，点画线内为一生产系统，点画线外为该系统的外部环境，可以看出整个系统可分为决策层、计划管理层、生产技术层三个层次。以生产技术层为主体的生产过程又称为制造系统，而制造系统又可分为以生产对象及工艺装备为主体的“物质流”、以生产技术管理及工艺指导信息为主体的“信息流”和保证正常进行生产活动需提供动力源的“能量流”。

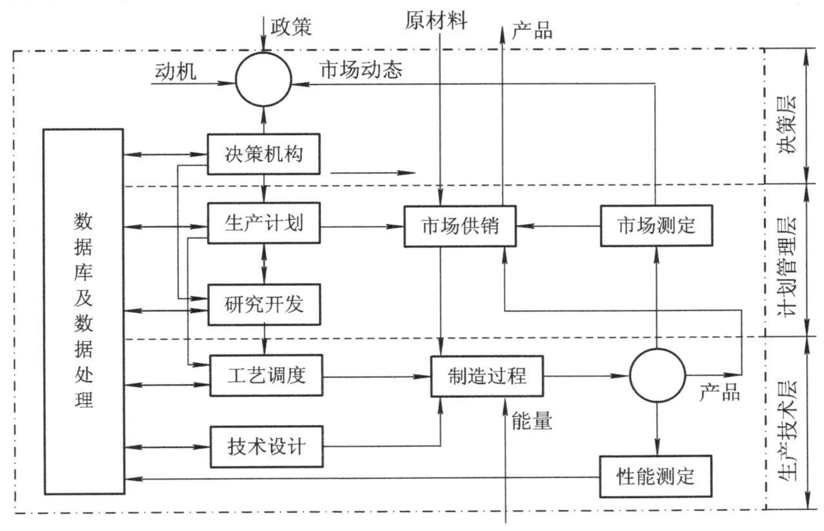

图 1-1 生产系统框图

制造系统中，机械加工所涉及的机床、刀具、夹具、辅具和工件的相对独立统一体称为工艺系统。工艺系统各环节间相互依赖、关联和配合，实现机械加工功能。工艺系统自身状态及性能对工件加工质量影响极大，是本课程研究的主要对象。

2. 生产过程

在生产系统中，生产技术准备、原材料、毛坯制造、机械加工、零部件装配、调试检验到成品之间各个相互关联的生产制造活动的总和称为生产过程。

一台机器往往由几十个甚至上千个零件组成，其生产过程相当复杂，根据机器用途、复杂程度、生产数量的不同，整台机器的生产过程是多种多样的。为了便于组织生产和提高劳动生产率，现代机械工业的发展趋势是组织专业化生产。通常将一台比较复杂机器的生产过程，按各部分功能及工艺、专业化分类分散在若干个工厂中进行，最后集中到一个工厂里制成完整的机械产品，这样有利于零部件的标准化和通用化，同时降低了成本，提高了生产率。这就要求一些企业负责零部件制造，另一些企业负责将完成的零部件组装成产品，因此生产过程的概念可以是针对企业和生产单位的零部件或整机的制造过程。

生产过程可以分为主要过程和辅助过程两部分。主要过程是与原材料、半成品或成品直接有关的过程，这些直接有关的过程称为工艺过程，它又可分为铸造、锻压、焊接、切削加工、热处理和装配等。辅助过程是与原材料改变为成品间接有关的过程，如工艺装备的制造、原材料的供应、工件的运输和储存、设备的维修及动力供应等。

1.1.2　工艺过程及其组成

1. 工艺过程的概念

改变生产对象的形状、尺寸、相对位置和性质等，使其成为成品或半成品的过程称为工艺过程。它是生产过程中的主要部分。采用机械加工的方法，直接改变毛坯的形状、尺寸和表面质量等，使其成为零件的过程称为机械加工工艺过程(以下简称为工艺过程)。

2. 工艺过程的组成

机械加工工艺过程往往是比较复杂的。在工艺过程中，根据被加工零件的结构特点、技术要求，在不同的生产条件下，需要采用不同的加工方法及加工设备，并通过一系列加工步骤，才能使毛坯成为零件。为了便于深入细致地分析工艺过程，必须研究工艺过程的组成，并对它们作出科学的定义。

机械加工工艺过程是由一个或若干个顺序排列的工序组成的，而工序又可分为安装、工位、工步和行程。毛坯依次通过这些工序就成为成品了。

1) 工序

一个或一组工人，在一个工作地对同一个或同时对几个工件所连续完成的那一部分工艺过程，称为工序。划分工序的主要依据是工作地是否变动和工作是否连续。如图 1-2 所示阶梯轴，当加工数量较少时，其工序划分见表 1-1；当加工数量较大时，其工序划分见表 1-2。

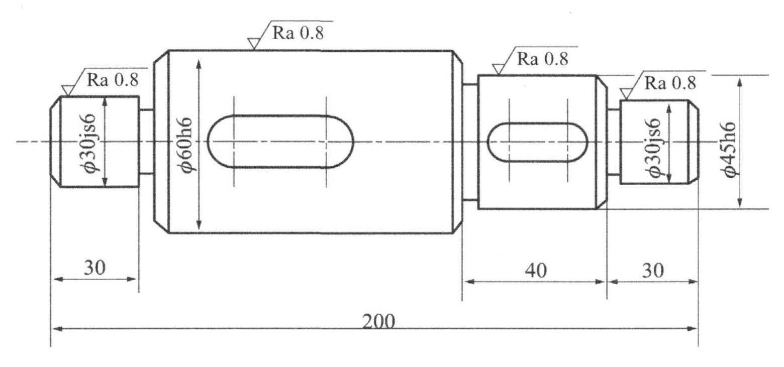

图 1-2 阶梯轴简图

在表 1-1 的工序 2 中，先车一个工件的一端，然后调头装夹，再车另一端。如果先车好一批工件的一端，然后调头再车这批工件的另一端，这时对每个工件来说，两端的加工已不连续，所以即使在同一台车床上加工也应算作两道工序。

工序是组成工艺过程的基本单元，也是生产计划的基本单元。

表 1-1 阶梯轴工艺过程(生产量较小时)

工序号	工序内容	设备
1	车端面，钻中心孔	车床
2	车外圆，车槽和倒角	车床
3	铣键槽，去毛刺	铣床
4	磨外圆	磨床

表 1-2 阶梯轴工艺过程(生产量较大时)

工序号	工序内容	设备
1	两边同时铣端面，钻中心孔	铣端面钻中心孔机床
2	车一端外圆，车槽和倒角	车床
3	车另一端外圆，车槽和倒角	车床
4	铣键槽	铣床
5	去毛刺	钳工台
6	磨外圆	磨床

2) 工位

为了减少工件的装夹次数，常采用各种回转工作台、回转夹具或移动夹具，使工件在一次装夹中，先后处于几个不同的位置进行加工。

为了完成一定的工序部分，一次装夹工件后，工件(或装配单元)与夹具或设备的可动部分一起相对刀具或设备的固定部分所占据的每一个位置，称为工位。如表 1-2 中的工序 1 铣端面、钻中心孔就是两个工位，工件装夹后，先铣端面，然后移动到另一位置钻中心孔，如图 1-3 所示。

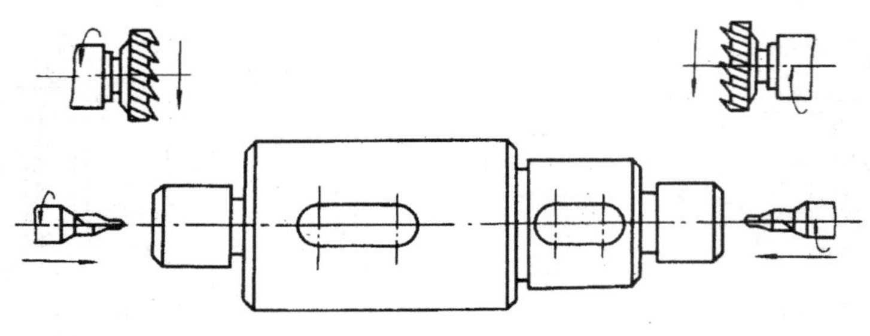

图 1-3 铣端面和钻中心孔实例

3) 工步

在加工表面(或装配时的连接表面)和加工(或装配)工具不变的情况下，连续完成的那一部分工序称为工步。如表 1-1 中的工序 1，每个安装中都有车端面、钻中心孔两个工步。为简化工艺文件，对于那些连续进行的若干个相同的工步，通常都看做一个工步。例如，加工如图 1-4 所示零件，在同一工序中，连续钻四个$\phi15$ mm 的孔，就可看做一个工步。

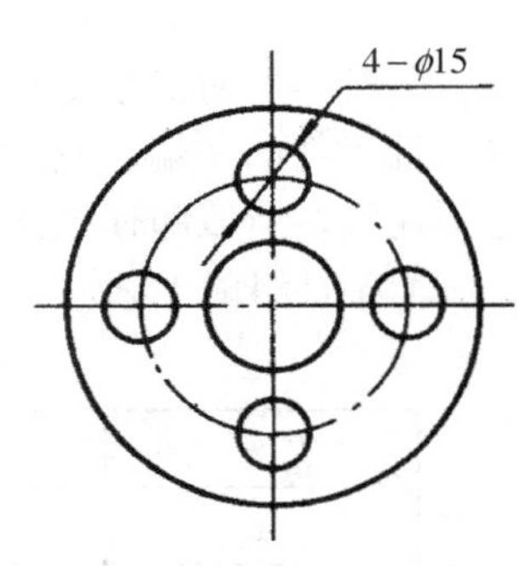

图 1-4 简化相同工步的实例

为了提高生产率，用几把刀具同时加工几个表面，这也可看做一个工步，称为复合工步。如图 1-3 铣端面、钻中心孔，每个工位都是用两把刀具同时铣两端面或钻两端中心孔，它们都是复合工步。

除上述工步概念外，还有辅助工步，它是由人和(或)设备连续完成的一部分工序，该部分工序不改变工件的形状、尺寸和表面粗糙度，但它是完成工步所必需的，如更换工具等。引入辅助工步的概念是为了能精确计算工步工时。

4) 行程

行程(进给次数)有工作行程和空行程之分。工作行程是指刀具以加工进给速度相对工件所完成一次进给运动的工步部分；空行程是指刀具以非加工进给速度相对工件所完成一次进给运动的工步部分。

1.1.3 生产纲领、生产类型及其工艺特征

各种机械产品的结构、技术要求等差异很大，但它们的制造工艺存在着很多共同的特征。这些共同的特征取决于企业的生产类型，而企业的生产类型又由企业的生产纲领决定。

1. 生产纲领

生产纲领是指企业在计划期内应当生产的产品产量和进度计划。计划期常定为 1 年，所以生产纲领也称年产量。

零件的生产纲领要计入备品和废品的数量，可表示为

$$N = Qn(1+\alpha)(1+\beta) \tag{1-1}$$

式中：N 为零件的年产量(件/年)；Q 为产品的年产量(台/年)；n 为每台产品中，该零件的数量(件/台)；α 为备品的百分率；β 为废品的百分率。

2. 生产类型

生产类型是指企业(或车间、工段、班组、工作地)生产专业化程度的分类，一般分为单件生产、大量生产和成批生产三种类型。

(1) 单件生产：产品品种很多，同一产品的产量很少，各个工作地的加工对象经常改变，而且很少重复生产。例如，重型机械制造、专用设备制造和新产品试制都属于单件生产。

(2) 大量生产：产品的产量很大，大多数工作地按照一定的生产节拍(即在流水生产中，相继完成两件制品的时间间隔)进行某种零件的某道工序的重复加工。例如，汽车、拖拉机、自行车、缝纫机和手表的制造常属大量生产。

(3) 成批生产：一年中分批轮流地制造几种不同的产品，每种产品均有一定的数量，工作地的加工对象周期性地重复。例如，机床、机车、电机和纺织机械的制造常属于成批生产。

每一次投入或产出的同一产品(或零件)的数量称为生产批量，简称批量。批量可根据零件的年产量及一年中的生产批数计算确定。一年的生产批数根据用户的需要、零件的特征、流动资金的周转、仓库容量等具体情况确定。

按批量的多少，成批生产又可分为小批、中批和大批生产三种。在工艺上，小批生产和单件生产相似，常合称为单件小批生产；大批生产和大量生产相似，常合称为大批大量生产。

生产类型的具体划分，可根据生产纲领、产品及零件的特征或工作地每月担负的工序数，参考表 1-3 确定。表 1-3 中的轻型、中型和重型零件可参考表 1-4 所列数据确定。

表 1-3　生产类型和生产纲领等的关系

生产类型	生产纲领/(台·年$^{-1}$或件·年$^{-1}$)			工作地每月担负的工序数/(工序数·月$^{-1}$)
	小型机械或轻型零件	中型机械或中型零件	重型机械或重型零件	
单件生产	≤100	≤10	≤5	不作规定
小批生产	>100～500	>10～150	>5～100	>20～40
中批生产	>500～5000	>150～500	>100～300	>10～20
大批生产	>5000～50000	>500～5000	>300～1000	>1～10
大量生产	>50000	>5000	>1000	1

注：小型、中型和重型机械可分别以缝纫机、机床(或柴油机)和轧钢机为代表。

根据上述划分生产类型的方法可以发现，同一企业或车间可能同时存在几种生产类型的生产。判断企业或车间的生产类型，应根据企业或车间中占主导地位的工艺过程的性质来确定。

表 1-4　不同机械产品的零件质量型别　kg

机械产品类别	零件的质量		
	轻型零件	中型零件	重型零件
电子机械	≤4	>4～30	>30
机床	≤15	>15～50	>50
重型机械	≤100	>100～2000	>2000

3. 各种生产类型的工艺特征

生产类型不同，零件和产品的制造工艺、所用设备及工艺装备、对工人的技术要求、采取的技术措施和达到的技术经济效果也会不同。各种生产类型的工艺特征归纳在表 1-5 中，在制订零件机械加工工艺规程时，先确定生产类型，再参考表 1-5 确定该生产类型下的工艺特征，以使所制订的工艺规程正确合理。

表 1-5　各种生产类型的工艺特征

工艺特征	生　产　类　型		
	单件小批	中　批	大批大量
零件的互换性	用修配法，钳工修配，缺乏互换性	大部分具有互换性。当装配精度要求高时，灵活应用分组装配法和调整法，同时还保留某些修配法	具有广泛的互换性。少数装配精度较高处，采用分组装配法和调整法
毛坯的制造方法与加工余量	木模手工造型或自由锻造。毛坯精度低，加工余量大	部分采用金属模铸造或模锻。毛坯精度和加工余量中等	广泛采用金属模机器造型、模锻或其他高效方法。毛坯精度高，加工余量小
机床设备及其布置形式	通用机床。按机床类别采用机群式布置	部分通用机床和高效机床。按工件类别分工段排列设备	广泛采用高效专用机床及自动机床。按流水线和自动线排列设备
工艺装备	大多采用通用夹具、标准附件、通用刀具和万能量具。靠划线和试切法达到精度要求	广泛采用夹具，部分靠找正装夹达到精度要求。较多采用专用刀具和量具	广泛采用专用高效夹具、复合刀具、专用量具或自动检验装置。靠调整法达到精度要求
对工人的技术要求	需技术水平较高的工人	需一定技术水平的工人	对调整工的技术水平要求高，对操作工的技术水平要求较低
工艺文件	有工艺过程卡,关键工序要工序卡	有工艺过程卡,关键零件要工序卡	有工艺过程卡和工序卡,关键工序要调整卡和检验卡
成本	较高	中等	较低

表 1-5 中一些项目的结论都是在传统的生产条件下归纳的。由于大批大量生产采用专用高效设备及工艺装备，因而产品成本低，但往往不能适应多品种生产的要求；而单件小批生产由于采用通用设备及工艺装备，因而容易适应品种的变化，但产品成本高，有时还跟不上市场的需求。因此，目前各种生产类型的企业既要适应多品种生产的要求，又要提高经济效益，它们的发展趋势是既要朝着生产过程柔性化的方向发展，又要上规模、扩大批量，以提高经济效益。成组技术为这种发展趋势提供了重要的基础，各种现代先进制造技术都是在这种要求下应运而生的。

1.1.4　工艺规程的概念、作用、类型及格式

1. 工艺规程的概念

规定产品或零部件制造工艺过程和操作方法等的工艺文件称为工艺规程。其中，规定

零件机械加工工艺过程和操作方法等的工艺文件称为机械加工工艺规程。在具体的生产条件下，它是最合理或较合理的工艺过程和操作方法，并按规定的形式书写成工艺文件，经审批后用来指导生产。

2. 工艺规程的作用

工艺规程是在总结实践经验的基础上，依据科学的理论和必要的工艺试验而制订的，反映了加工中的客观规律。因此，工艺规程是指导工人操作和用于生产、工艺管理工作的主要技术文件，又是新产品投产前进行生产准备和技术准备的依据，也是新建、扩建车间或工厂的原始资料。此外，先进的工艺规程还起着交流和推广先进经验的作用。典型和标准的工艺规程能缩短工厂的生产准备时间。

工艺规程是经过逐级审批的，因而也是工厂生产中的工艺纪律，有关人员必须严格执行。但工艺规程也不是一成不变的，随着科学技术的进步和生产的发展，工艺规程会出现某些不相适应的问题，因而工艺规程应定期整理修改，及时吸取合理化建议、技术革新成果、新技术和新工艺，使工艺规程更加完善和合理。

3. 工艺规程的类型和格式

机械电子工业部指导性技术文件 JB/T 9169.5—1998《工艺管理导则 工艺规程设计》中规定工艺规程的类型如下：

(1) 专用工艺规程：针对每一个产品和零件所设计的工艺规程。

(2) 通用工艺规程：分为典型工艺规程和成组工艺规程。典型工艺规程：为一组结构相似的零、部件所设计的通用工艺规程。成组工艺规程：按成组技术原理将零件分类成组，针对每一组零件所设计的通用工艺规程。

(3) 标准工艺规程：已纳入标准的工艺规程。

本章主要阐述零件的机械加工专用工艺规程的制订。它是制订其他几种工艺规程的基础。

为了适应工业发展的需要，加强科学管理和便于交流，机械电子工业部还制订了指导性技术文件 JB/T 9165.2—1998《工艺规程格式》，要求各机械制造厂按统一规定的格式填写工艺规程。

标准中规定了以下机械加工工艺规程格式：

(1) 机械加工工艺过程卡片。

(2) 机械加工工序卡片。

(3) 标准零件或典型零件工艺过程卡片。

(4) 单轴自动车床调整卡片。

(5) 多轴自动车床调整卡片。

(6) 机械加工工序操作指导卡片。

(7) 检验卡片等。

标准中规定了以下装配工艺规程格式：

(1) 工艺过程卡片。

(2) 工序卡片。

最常用的机械加工工艺过程卡片和机械加工工序卡片的格式见表 1-6 和表 1-7。

表 1-6　机械加工工艺过程卡片格式

		机械加工工艺过程卡片	产品型号		零(部)件图号			
			产品名称		零(部)件名称		共(　)页	第(　)页
材料牌号		毛 坯 种 类		毛坯外形尺寸		每个毛坯可制件数	每台件数	备注

	工序号	工序名称	工 序 内 容	车间	工段	设备	工 艺 装 备	工时 准终	工时 单件
描图									
描校									
底图号									
装订号									

										设计(日期)	审核(日期)	标准化(日期)	会签(日期)
标记	处数	更改文件号	签字	日期	标记	处数	更改文件号	签字	日期				

表 1-7　机械加工工艺卡片格式

	机械加工工序卡片	产品型号		零(部)件图号			
		产品名称		零(部)件名称		共(　)页	第(　)页

车间	工序号	工序名称	材料牌号
毛坯种类	毛坯外形尺寸	每个毛坯可制件数	每台件数
设备名称	设备型号	设备编号	同时加工件数

夹具编号	夹具名称	切削液	
工位器具编号	工位器具名称	工序工时	
		准终	单件

	工序号	工步内容	工艺装备	主轴转速 /(r·min^{-1})	切削速度 /(m·min^{-1})	进给量 /(mm·r^{-1})	切削深度 /mm	进给次数	工步工时 机动	工步工时 辅助
描图										
描校										
底图号										
装订号										

											设计(日期)	审核(日期)	标准化(日期)	会签(日期)
	标记	处数	更改文件号	签字	日期	标记	处数	更改文件号	签字	日期				

表 1-6 所示机械加工工艺过程卡片是简要说明零件机械加工过程，以工序为单位的一种工艺文件，主要用于单件小批生产和中批生产的零件，大批大量生产可酌情自定。本卡片是生产管理方面的文件。

表 1-7 所示机械加工工序卡片是在工艺过程卡片的基础上，进一步按每道工序所编制的一种工艺文件。机械加工工序卡片一般具有工序简图(图上应标明定位基准、工序尺寸及公差、形位公差和表面粗糙度要求，用粗实线表示加工部位等)，并详细说明该工序中每个工步的加工内容、工艺参数、操作要求以及所用设备和工艺装备等。机械加工工序卡片主要用于大批大量生产中所有的零件、中批生产中复杂产品的关键零件以及单件小批生产中的关键工序。

实际生产中并不需要各种文件俱全，标准中允许结合具体情况作适当增减。未规定的其他工艺文件格式，可根据需要自定。

1.1.5 制订工艺规程的基本要求、主要依据和步骤

1. 制订工艺规程的基本要求

制订工艺规程的基本要求是，在保证产品质量的前提下，尽量提高生产率和降低成本。同时，还应在充分利用本企业现有生产条件的基础上，尽可能采用国内、外先进工艺技术和经验，并保证良好的劳动条件。

由于工艺规程是直接指导生产和操作的重要技术文件，所以工艺规程还应做到正确、完整、统一和清晰，所用术语、符号、计量单位、编号等都要符合相应标准。

2. 制订工艺规程的主要依据(即原始资料)

(1) 产品的装配图样和零件图样。

(2) 产品的生产纲领。

(3) 现有生产条件和资料。它包括毛坯的生产条件或协作关系、工艺装备及专用设备的制造能力、有关机械加工车间的设备和工艺装备的条件、技术工人的水平以及各种工艺资料和标准等。

(4) 国内、外同类产品的有关工艺资料等。

3. 制订工艺规程的步骤

(1) 熟悉和分析制订工艺规程的主要依据，确定零件的生产纲领和生产类型，进行零件的结构工艺性分析。

(2) 确定毛坯，包括选择毛坯类型及其制造方法。

(3) 拟定工艺路线。这是制订工艺规程的关键一步。

(4) 确定各工序的加工余量，计算工序尺寸及其公差。

(5) 确定各主要工序的技术要求及检验方法。

(6) 确定各工序的切削用量和时间定额。

(7) 进行技术经济分析，选择最佳方案。

(8) 填写工艺文件。

1.2　零件结构工艺性分析

【学习目标】　理解零件结构工艺性的概念；掌握零件结构工艺性分析的内容与步骤；掌握衡量零件结构工艺性的一般原则；了解工艺条件对零件结构工艺性的影响。

1.2.1　零件结构工艺性的概念

零件结构工艺性是指所设计的零件在能满足使用要求的前提下制造的可行性和经济性。它包括零件在各个制造过程中的工艺性，有零件结构的铸造、锻造、冲压、焊接、热处理、切削加工等工艺性。由此可见，零件结构工艺性涉及面很广，具有综合性，必须全面综合地分析。在制订机械加工工艺规程时，主要进行零件切削加工工艺性分析。

在不同的生产类型和生产条件下，同样结构的制造可行性和经济性可能不同。如图 1-5 所示双联斜齿轮，两齿圈之间的轴向距离很小，因而小齿圈不能用滚齿加工，只能用插齿加工，又因插斜齿需专用螺旋导轨，因而它的结构工艺性不好。若能采用电子束焊接，先分别滚切两个齿圈，再将它们焊成一体，则这样的制造工艺就较好，且能缩短齿轮间的轴向尺寸。由此可见，结构工艺性要根据具体的生产类型和生产条件来分析，它具有相对性。

从上述分析也可知，只有熟悉制造工艺、有一定实际知识并且掌握工艺理论，才能分析零件结构工艺性。

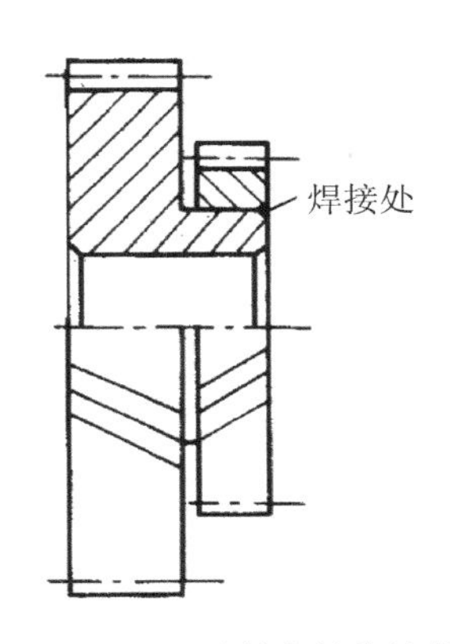

图 1-5　双联斜齿轮的结构

1.2.2　零件结构工艺性分析

零件结构工艺性分析从审查零件图、零件的技术要求、零件要素及整体结构的工艺性三个方面分析。

1. 审查零件图

零件图是制订工艺规程最主要的原始资料。只有通过对零件图和装配图的分析，才能了解产品的性能、用途和工作条件，明确各零件的相互装配位置和作用，了解零件的主要技术要求，找出生产合格产品的关键技术问题。零件图的研究包括以下三项内容：

(1) 检查零件图的完整性和正确性：主要检查零件视图是否表达直观、清晰、准确、充分；尺寸、公差、技术要求是否合理、齐全。如有错误或遗漏，应提出修改意见。

(2) 分析零件材料选择是否恰当：零件材料的选择应立足于国内，尽量采用我国资源丰富的材料，尽量避免采用贵重金属；同时，所选材料必须具有良好的加工性。

(3) 审查零件技术要求的合理性：分析装配图，掌握零件在机器(或机械装置)中的功用、与周围零件的装配关系和装配要求，分析零件的技术要求在保证使用性能的前提下是否经济合理，以便进行适当的调整。

2. 零件的技术要求

零件的技术要求包括加工表面的尺寸精度、形状精度、位置精度、表面粗糙度、表面微观质量以及热处理等要求。

不同的技术要求将直接影响零件加工设备和加工方法的选择，及加工工序安排顺序与多少，进而影响零件加工的难易程度和生产成本，故技术要求是影响零件结构工艺性的主要因素之一。

技术要求从尺寸精度、位置精度、形状精度和表面粗糙度四个方面来分析。尺寸精度以 IT7 为参考，位置精度和形状精度以对应的尺寸精度评价为参考，表面粗糙度以 Ra=1.6 μm 为参考。

3. 零件要素及整体结构的工艺性

1) 零件要素的工艺性

要素是指组成零件的各加工面。显然零件要素的工艺性会直接影响零件的工艺性。零件要素的切削加工工艺性归纳起来有以下三点要求：

(1) 各要素的形状应尽量简单，面积应尽量小，规格应尽量标准和统一。

(2) 能采用普通设备和标准刀具进行加工，且刀具易进入、退出能顺利通过加工表面。

(3) 加工面与非加工面应明显分开，加工面之间也应明显分开。

表 1-8 列出了最常见的零件要素的工艺性实例，供分析时参考。

表 1-8 零件要素的工艺性

主要要求	结构工艺性		工艺性好的结构的优点
	不好	好	
1. 加工面积应尽量小	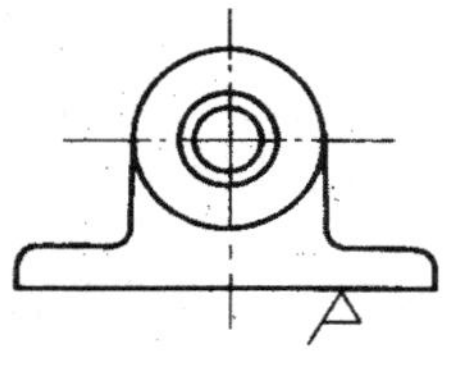	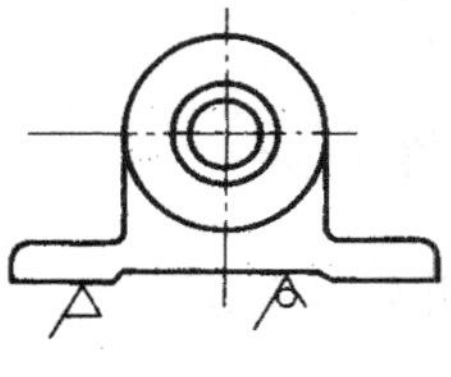	1. 减少加工量 2. 减少材料及切削工具的消耗量
2. 钻孔的入端和出端应避免斜面	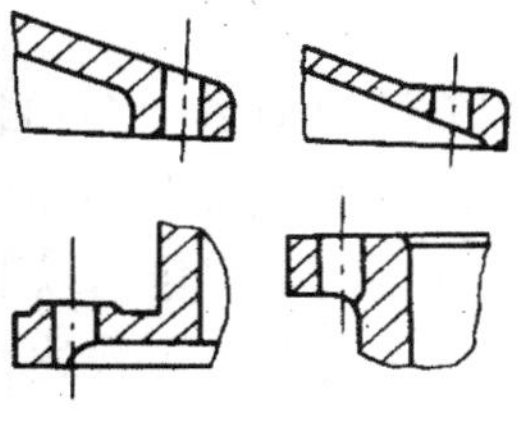	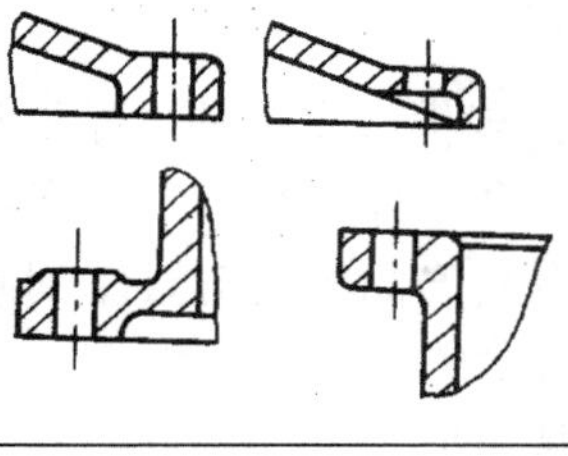	1. 避免刀具损坏 2. 提高钻孔精度 3. 提高生产率
3. 避免斜孔	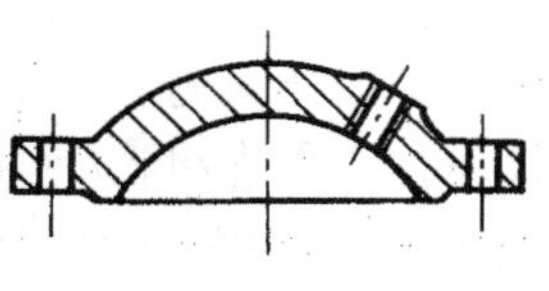	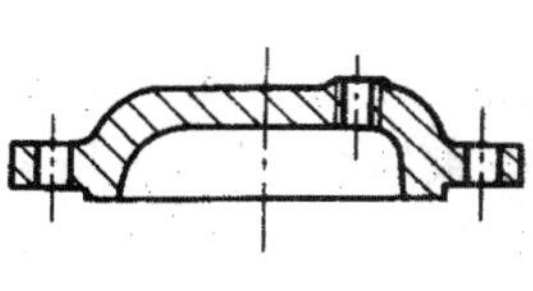	1. 简化夹具结构 2. 几个平行的孔便于同时加工 3. 减少孔的加工量

续表

主要要求	结构工艺性		工艺性好的结构的优点
	不好	好	
4．孔的位置不能距壁太近	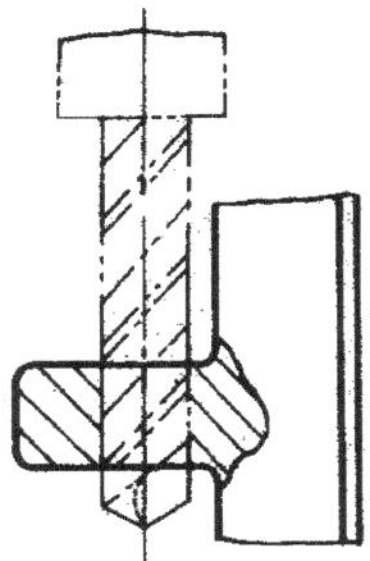	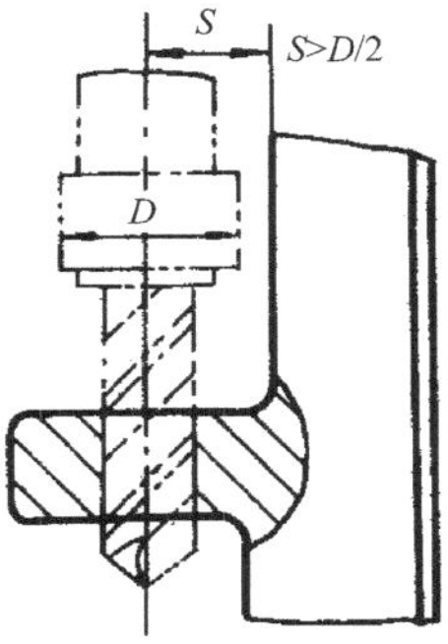 S　S>D/2　D	1. 可采用标准刀具和辅具 2. 提高加工精度
5．封闭平面有与刀具尺寸及形状相应的过渡面	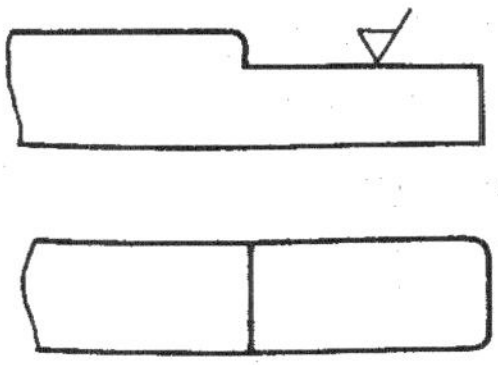	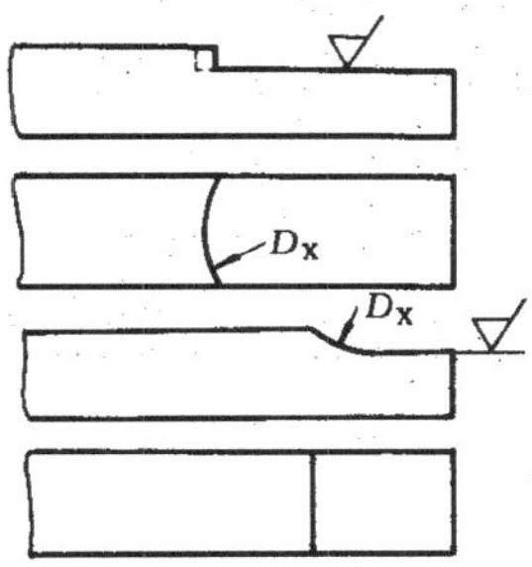 D_x　D_x	1．减少加工量 2. 采用高生产率的加工方法及标准刀具
6．槽与沟的表面不应与其他加工面重合	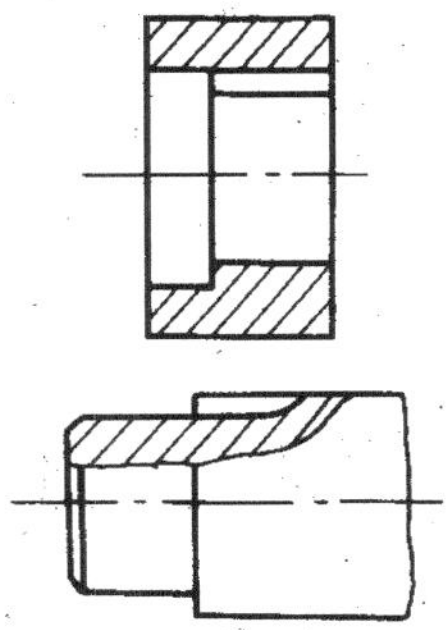	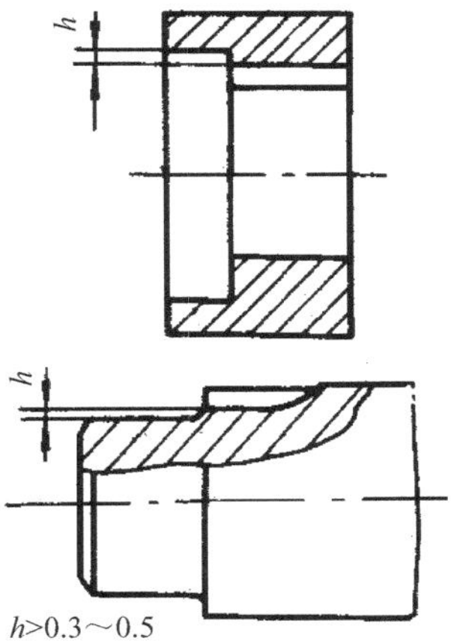 h　h　h>0.3～0.5	1．减少加工量 2. 改善刀具工作条件 3. 在已调整好的机床上有加工的可能性

2) 零件整体结构的工艺性

零件是各要素、各尺寸组成的一个整体，所以更应考虑零件整体结构的工艺性，具体有以下五点要求：

(1) 尽量采用标准件、通用件、借用件和相似件。

(2) 有便于装夹的基准。如图1-6所示车床小刀架，当以 C 面定位加工 A 面时，零件上为满足工艺的需要而在其上增设工艺凸台 B，就是便于装夹的辅助基准。

(3) 有位置要求或同方向的表面能在一次装夹中加工出来。

(4) 零件要有足够的刚性，便于采用高速和多刀切削。如图 1-7(b)所示的零件有加强肋，如图 1-7(a)所示的零件无加强肋，显然是有加强肋的零件刚性好，便于高速切削，从而提高生产率。

(5) 节省材料，减轻质量。

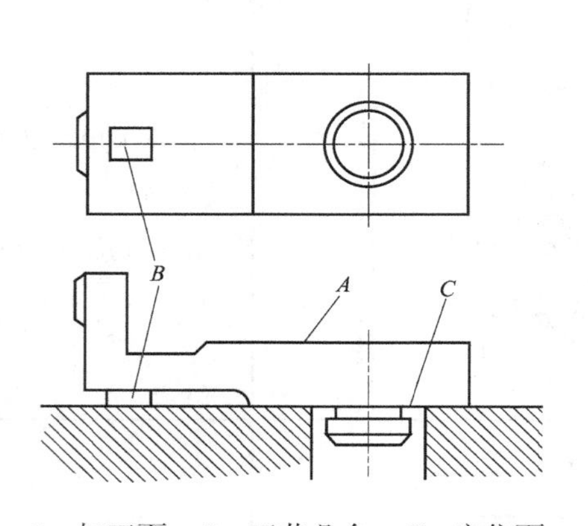

A—加工面；B—工艺凸台；C—定位面

图 1-6　车床小刀架的工艺凸台

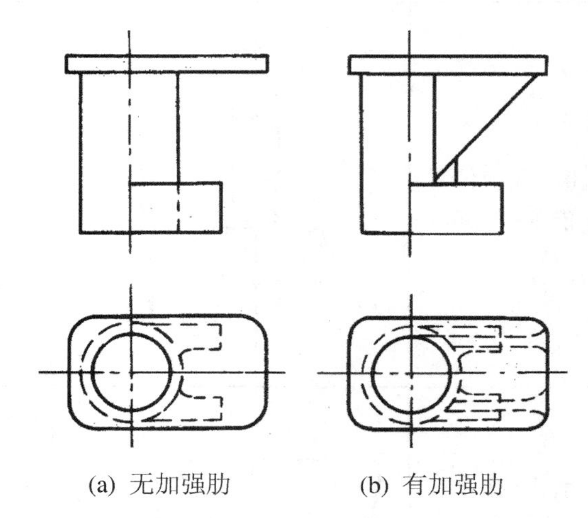

(a) 无加强肋　　(b) 有加强肋

图 1-7　增设加强肋以提高零件刚性

1.2.3　零件结构工艺性的评定指标

在上述结构工艺性的分析中，都是根据经验概括地提出一些要求，属于定性分析指标。近来，有关部门正在探讨和研究评价结构工艺性的定量指标。如机械电子工业部指导性技术文件 JB/T 9169.3—1998《工艺管理导则　产品结构工艺性审查》中推荐的部分主要指标项目如下：

(1) 加工精度系数 K_{ac}，即

$$K_{ac}=\frac{\text{产品(或零件)图样中标准有公差要求的尺寸数}}{\text{产品(或零件)的尺寸总数}}$$

(2) 结构继承性系数 K_s，即

$$K_s=\frac{\text{产品中借用零件数+通用零件数}}{\text{产品零件总数}}$$

(3) 机构标准化系数 K_{st}，即

$$K_{st}=\frac{\text{产品中标准件数}}{\text{产品零件总数}}$$

(4) 机构要素统一化系数 K_e，即

$$K_e=\frac{\text{产品中各零件所用统一结构要素数}}{\text{该结构要素的尺寸数}}$$

(5) 材料利用系数 K_m，即

$$K_m=\frac{\text{产品净质量}}{\text{该产品的材料消耗工艺定额}}$$

用定量指标来分析结构工艺性，这无疑是一个研究课题。对于结构工艺性分析中发现的问题，工艺人员可提出修改意见，经设计部门同意并通过一定的审批程序后方可修改。

1.3 毛坯的选择

【学习目标】　了解机械加工中常用毛坯的种类；了解选择毛坯时应考虑的因素；掌握常用毛坯的制造方法；了解毛坯形状和尺寸的确定方法。

选择毛坯主要是确定毛坯的种类、制造方法及其制造精度。毛坯的形状、尺寸越接近成品，切削加工余量就越少，从而可以提高材料的利用率和生产效率，然而这样往往会使毛坯制造困难，需要采用昂贵的毛坯制造设备，从而增加毛坯的制造成本。所以选择毛坯时应从机械加工和毛坯制造两方面出发，综合考虑以求达到最佳效果。

1.3.1 毛坯的种类

毛坯的种类很多，同一种毛坯又有多种制造方法。

1．铸件

铸件适用于形状复杂的零件毛坯。根据铸造方法的不同，铸件又分为以下几种类型：

1) 砂型铸造铸件

砂型铸造铸件是应用最为广泛的一种铸件。它有木模手工造型和金属模机器造型之分。木模手工造型铸件精度低，加工表面需留较大的加工余量，木模手工造型生产效率低，适用于单件小批量生产或大型零件的铸造。金属模机器造型生产效率高，铸件精度也高，但设备费用高，铸件的重量也受限制，适用于大批量生产的中小型铸件。

2) 金属型铸造铸件

金属型铸造铸件是将熔融的金属浇注到金属模具中，依靠金属自重充满金属铸型腔而获得的铸件。这种铸件比砂型铸造铸件精度高、表面质量和力学性能好，生产效率也较高，但需专用的金属型腔模，适用于大批量生产中的尺寸不大的有色金属铸件。

3) 离心铸造铸件

离心铸造铸件是将熔融金属注入高速旋转的铸型内，在离心力的作用下，金属液充满型腔而形成的铸件。这种铸件晶粒细，金属组织致密，零件的力学性能好，外圆精度及表面质量高，但内孔精度差，且需要专门的离心浇注机，适用于批量较大的黑色金属和有色金属的旋转体铸件。

4) 压力铸造铸件

压力铸造铸件是将熔融的金属在一定的压力作用下，以较高的速度注入金属型腔内而获得的铸件。这种铸件精度高，可达IT11～IT13；表面粗糙度值Ra小，可达0.4～3.2 μm；铸件力学性能好。压力铸造可铸造各种结构较复杂的零件，铸件上各种孔眼、螺纹、文字及花纹图案均可铸出，但需要一套昂贵的设备和型腔模。它适用于批量较大的形状复杂、尺寸较小的有色金属铸件。

5) 精密铸造铸件

将石蜡通过型腔模压制成与工件一样的蜡制件，再在蜡制件周围黏上特殊型砂，凝固后将其烘干焙烧，蜡被升华成气体而放出，留下工件形状的模壳，用来浇铸。精密铸造铸件精度高，表面质量好，一般用来铸造形状复杂的铸钢件，可节省材料，降低成本，是一项先进的毛坯制造工艺。

2. 锻件

锻件适用于强度要求高、形状比较简单的零件毛坯，其锻造方法有自由锻和模锻两种。

1) 自由锻造锻件

自由锻造锻件是在锻锤或压力机上用手工操作而成形的锻件。它的精度低，加工余量大，生产率也低，适用于单件小批量生产及大型锻件。

2) 模锻件

模锻件是在锻锤或压力机上，通过专用锻模锻制成形的锻件。它的精度和表面粗糙度均比自由锻造的好，可以使毛坯形状更接近工件形状，加工余量小。同时，由于模锻件的材料纤维组织分布好，因此它的机械强度高。模锻的生产效率高，但需要专用的模具，且锻锤的吨位也要比自由锻造的大，主要适用于批量较大的中小型零件。

3. 焊接件

焊接件是根据需要将型材或钢板焊接而成的毛坯件，它制作方便、简单，但需要经过热处理才能进行机械加工，适用于单件小批量生产中制造大型毛坯。其优点是制造简便，加工周期短，毛坯重量轻；缺点是焊接件抗振动性差，机械加工前需经过时效处理以消除内应力。

4. 冲压件

冲压件是通过冲压设备对薄钢板进行冷冲压加工而得到的零件，它可非常接近成品要求，冲压零件可以作为毛坯，有时还可以直接成为成品。冲压件的尺寸精度高，适用于批量较大而零件厚度较小的中小型零件。

5. 型材

型材主要通过热轧或冷拉而成。热轧的精度低，价格较冷拉的便宜，用于一般零件的毛坯。冷拉的尺寸小、精度高，易于实现自动送料，但价格贵，多用于批量较大且在自动机床上进行加工的情形。按其截面形状，型材可分为圆钢、方钢、六角钢、扁钢、角钢、槽钢以及其他特殊截面的型材。

6. 冷挤压件

冷挤压件是在压力机上通过挤压模挤压而成的，其生产效率高。冷挤压毛坯精度高，表面粗糙度值小，可以不再进行机械加工，但要求材料塑性好，主要为有色金属和塑性好的钢材。冷挤压件适用于大批量生产中制造形状简单的小型零件。

7. 粉末冶金件

粉末冶金件是以金属粉末为原料，在压力机上通过模具压制成形后经高温烧结而成的。其生产效率高，零件的精度高，表面粗糙度值小，一般可不再进行精加工，但金属粉末成本较高，适用于大批量生产中压制形状较简单的小型零件。

1.3.2 确定毛坯时应考虑的因素

在确定毛坯时应考虑以下因素：

1. 零件的材料及其力学性能

当零件的材料选定以后，毛坯的类型就大体确定了。例如，材料为铸铁的零件，自然应选择铸造毛坯；对于重要的钢质零件，力学性能要求高时，可选择锻造毛坯。

2. 零件的结构和尺寸

形状复杂的毛坯常采用铸件，但对于形状复杂的薄壁件，一般不能采用砂型铸造；对于一般用途的阶梯轴，当各段直径相差不大、力学性能要求不高时，可选择棒料毛坯；当各段直径相差较大时，为了节省材料，应选择锻件。

3. 生产类型

当零件的生产批量较大时，应采用精度和生产率都比较高的毛坯制造方法，这时毛坯制造增加的费用可由材料耗费减少的费用以及机械加工减少的费用来补偿。

4. 现有生产条件

选择毛坯类型时，要结合企业的具体生产条件，如现场毛坯制造的实际水平和能力、外协的可能性等。

5. 充分考虑利用新技术、新工艺和新材料的可能性

为了节约材料和能源，减少机械加工余量，提高经济效益，只要有可能，必须尽量采用精密铸造、精密锻造、冷挤压、粉末冶金和工程塑料等新工艺、新技术和新材料。

1.3.3 确定毛坯时的几项工艺措施

实现少切屑、无切屑加工，是现代机械制造技术的发展趋势。但是，由于毛坯制造技术的限制，加之现代机器对零件精度和表面质量的要求越来越高，为了保证机械加工能达到质量要求，毛坯的某些表面仍需留有加工余量。加工毛坯时，由于一些零件形状特殊，安装和加工不大方便，必须采取一定的工艺措施才能进行机械加工。以下列举几种常见的工艺措施：

(1) 为了便于安装，有些铸件毛坯需铸出工艺凸台(俗称工艺搭子)，如图1-6所示。工艺搭子在零件加工完毕后一般应切除，如对使用和外观没有影响，也可保留在零件上。

(2) 装配后需要形成同一工作表面的两个相关偶件，为了保证加工质量并使加工方便，常常将这些分离零件先制作成一个整体毛坯，加工到一定阶段后再切割分离。如图1-8所示的车床走刀系统中的开合螺母外壳，其毛坯就是两件合制的。柴油机连杆的大端也是合制的。

(3) 对于形状比较规则的小型零件，为了便于安装和提高机械加工的生产率，可将多件合成一个毛坯，加工到一定阶段后，再分离成单件。如图1-9所示的滑键，先将毛坯的各平面加工好后再切离成单件，再对单件进行加工。

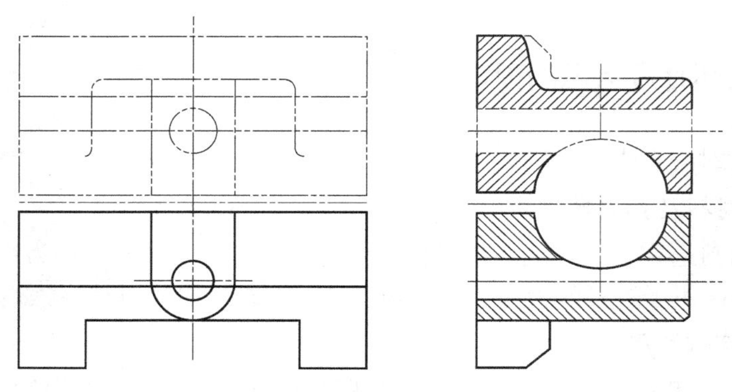

图 1-8　车床开合螺母外壳简图

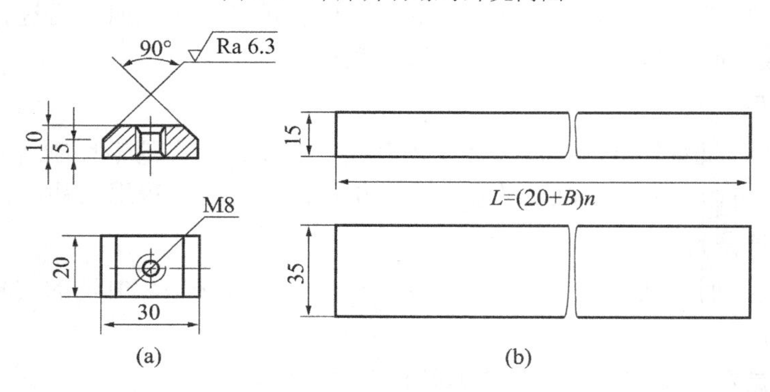

图 1-9　滑键零件图与毛坯图

1.4　定位基准的选择

【学习目标】　了解基准的概念及分类；掌握定位基准选择的依据及原则，正确选择定位基准。

制订机械加工工艺规程时，正确选择定位基准对保证零件表面间的位置要求(位置尺寸和位置精度)和安排加工顺序都有很大的影响。用夹具装夹工件时，定位基准的选择还会影响到夹具的结构。因此，定位基准的选择是一个很重要的工艺问题。

1.4.1　基准的概念及其分类

1．基准的概念

基准是用来确定生产对象上几何要素间的几何关系所依据的那些点、线、面。一个几何关系就有一个基准。

2．基准的分类

根据基准作用的不同，可分为设计基准和工艺基准两大类。

1) 设计基准

设计基准是设计图样上所采用的基准(国标中仅指零件图样上采用的基准，不包括装配图样上采用的基准)。如图 1-10 所示三个零件图样，图 1-10(a)中对尺寸 20 mm 而言，*B* 面是 *A* 面的设计基准，或者 *A* 面是 *B* 面的设计基准，它们互为设计基准。一般说来，设计基准是可逆的。图 1-10(b)中对同轴度而言，ϕ50 mm 的轴线是ϕ30 mm 轴线的设计基准，而ϕ50 mm 圆柱面的设计基准是ϕ50 mm 的轴线，ϕ30 mm 圆柱面的设计基准是ϕ30 mm 的轴线。不应笼统地说，轴的中心线是它们的设计基准。图 1-10(c)中对尺寸 45 mm 而言，圆柱面的下素线 *D* 是槽底面 *C* 的设计基准。如图 1-11 所示主轴箱箱体图样，顶面 *F* 的设计基准是底面 *D*，孔III和孔IV轴线的设计基准是底面 *D* 和导向侧面 *E*，孔II轴线的设计基准是孔III和孔IV的轴线。

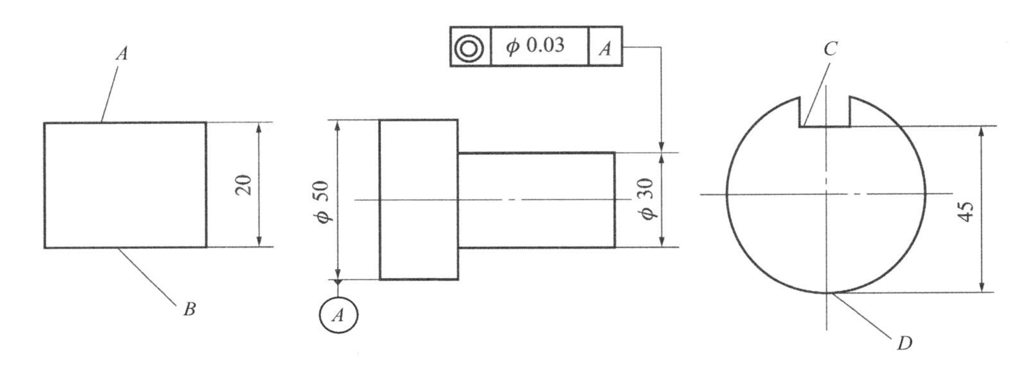

(a) 两面之间距离(位置)尺寸　(b) 阶梯轴同轴度和圆柱度尺寸　(c) 键槽低面位置尺寸

图 1-10　设计基准的实例

2) 工艺基准

工艺基准是在工艺过程中所采用的基准。它包括以下几类：

(1) 工序基准。它是在工序图上用来确定本工序所加工表面加工后的尺寸、形状、位置的基准。简而言之，它是工序图上的基准。

(2) 定位基准。它是在加工中用作定位的基准。用夹具装夹时，定位基准就是工件上直接与夹具的定位元件相接触的点、线、面。

(3) 测量基准。它是测量时所采用的基准。

(4) 装配基准。它是在装配时用来确定零件或部件在产品中的相对位置所采用的基准。图 1-11 中主轴箱箱体的 *D* 面和 *E* 面是确定箱体在机床床身上相对位置的平面，它们就是装配基准。

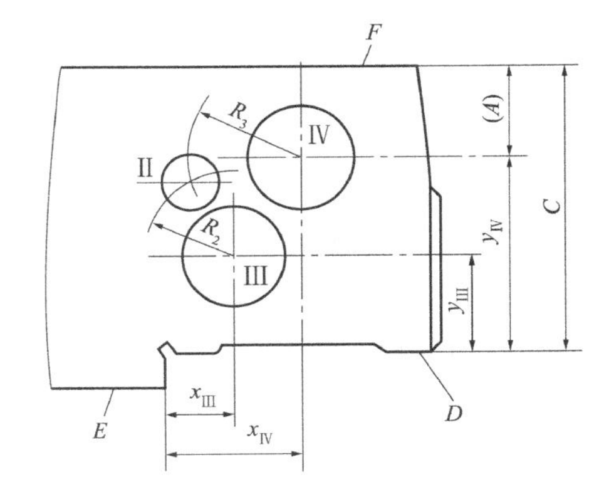

图 1-11　主轴箱箱体的设计基准

现以图 1-12 为例说明各种基准及其相互关系。图 1-12(a)为短阶梯轴图样的三个设计尺寸 *d*、*D* 和 *C*，圆柱面 I 的设计基准是 *d* 尺寸段的轴线，圆柱面 II 的设计基准是 *D* 尺寸段的轴线，平面III的设计基准是含 *D* 尺寸段轴线的平行平面。图 1-12(b)是平面III的加工工序简图，定位基准都是 *d* 尺寸段的圆柱面 I。有时可用轴线替代圆柱面，但替代后会产生误差。为了区别圆柱面和轴线，通常把轴线称为定位基准，把圆柱面称为定位基面(基面实质上仍是基准)。加工工序简图中有两种工序基准方案。第一方案的工序要求是尺寸 *C*，即工序基准是含 *D* 尺寸段轴线的平行平面；第二方案的工序要求是尺寸 *C*+*D*/2，即工序基准是圆柱面Ⅱ的下素线。图 1-12(c)是两种测量平面Ⅲ的方案，第一方案是以外圆柱面Ⅰ的上素线为测量基准，第二方案是以外圆柱面Ⅰ的素线为测量基准。

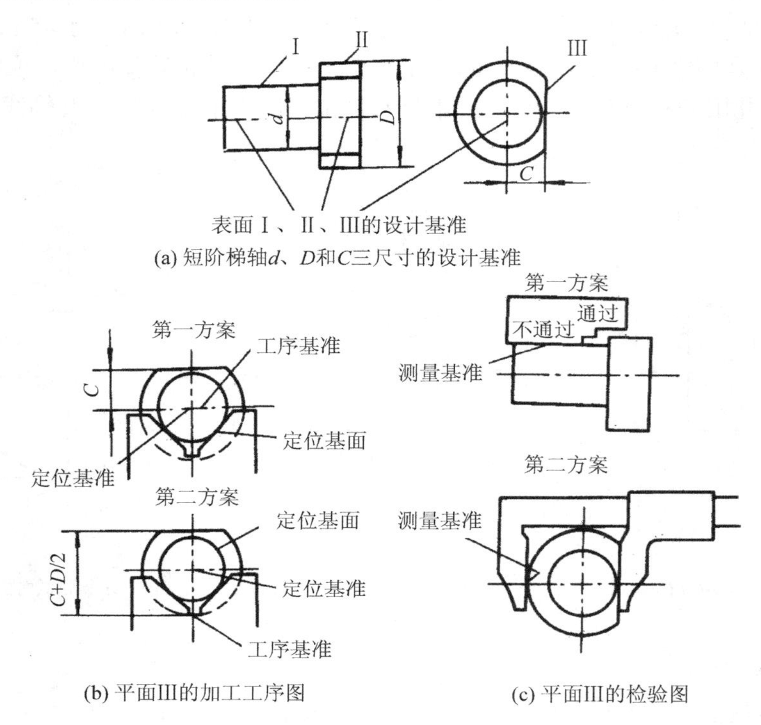

(a) 短阶梯轴*d*、*D*和*C*三尺寸的设计基准

(b) 平面Ⅲ的加工工序图　　(c) 平面Ⅲ的检验图

图 1-12　各种基准的实例

3. 基准的分析

分析基准时应注意以下两点：

(1) 基准是依据的意思，必然都是客观存在的。有时基准是轮廓要素，如圆柱面、平面等，这些基准比较直观，也易直接接触到；有时基准是中心要素，如球心、轴线、中心平面等，它们不像轮廓要素那样摸得着、看得见，但它们却是客观存在的。随着测量技术的发展，总会把那些中心要素反映出来，圆度仪就是设法通过测量圆柱面来确定其客观存在的圆心。

(2) 基准要确切。要分清是圆柱面还是圆柱面的轴线，两者有所不同。为了使用上的方便有时可以相互替代(不是替换)，但应引入替代后的误差，还要分清轴线的区段，如阶梯轴的轴线必定要说清哪段阶梯的轴线，不可笼统说明。这方面的问题，国家标准 GB/T 1182—2008《产品几何技术规范(GPS)几何公差形状、方向、位置和跳动公差标注》说得很清楚，在此不再赘述。

1.4.2　定位基准的选择

用未经加工的毛坯表面作定位基准，这种基准称为粗基准；用加工过的表面作定位基准，则称为精基准。

在选择定位基准时，是从保证工件精度要求出发的，因而分析定位基准选择的顺序就应从精基准到粗基准。

1. 精基准的选择

选择精基准时，应能保证加工精度和装夹可靠方便，可按下列原则选取。

1) 基准重合原则

采用设计基准作为定位基准称为基准重合。为避免基准不重合而引起的基准不重合误差，保证加工精度应遵循基准重合原则。如图 1-11 所示主轴箱箱体，孔Ⅳ轴线在垂直方向的设计基准是底面 D，加工孔Ⅳ时采用设计基准作定位基准，能直接保证尺寸 $y_{Ⅳ}$ 的精度，即遵循基准重合原则。

若如图 1-13 所示用夹具装夹、调整法加工，为了在镗模(镗孔夹具)上布置固定的中间导向支承，提高镗杆的刚性，需把箱体倒放，采用面 F 作定位基准。此时，加工一批主轴箱箱体，由于镗模能直接保证尺寸 A，而设计要求是尺寸 B(B 即图 1-11 中的尺寸 $y_{Ⅳ}$)，两者不同。这样，尺寸 B 只能通过控制尺寸 A 和 C 间接保证，控制尺寸 A 和 C 就是控制它们的误差变化范围。设尺寸 A 和 C 可能的误差变化范围分别为它们的公差值 $\pm T_A/2$ 和 $\pm T_C/2$，那么在调整好镗杆加工一批主轴箱箱体后，尺寸 B 可能的误差变化范围为

$$B_{max}=C_{max}-A_{min}$$

$$B_{min}=C_{min}-A_{max}$$

将上面两式相减，可得到

$$B_{max}-B_{min}=C_{max}-A_{min}-(C_{min}-A_{max})$$

即

$$T_B=T_C+T_A$$

此式说明：尺寸 B 所产生的误差变化范围是尺寸 C 和尺寸 A 误差变化范围之和。

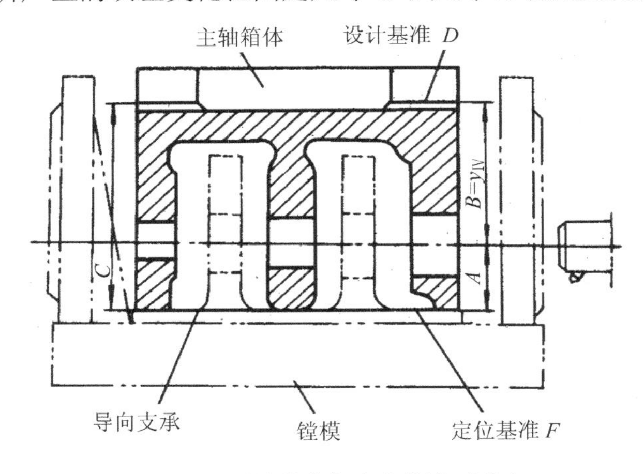

图 1-13　设计基准与定位基准不重合

从上述分析可知，零件图样上原设计要求是尺寸 C 和 B，它们是分别单独要求的，彼此无关。但是，由于加工时定位基准与设计基准不重合，致使尺寸 B 的加工误差中引入了一个从定位基准到设计基准之间的尺寸 C 的误差，这个误差称为基准不重合误差。

为了加深对基准不重合误差的理解，下面通过具体数据来进一步说明。设零件图样上要求：T_B=0.6 mm，T_C=0. 4 mm。在基准重合时，尺寸 B 可直接获得，加工误差在±0.3 mm范围内就达到要求。若采用顶面定位，即基准不重合，则按 $T_B=T_C+T_A$ 的关系式可得 $T_A=T_B-T_C$=(0.6−0.4) mm=0.2 mm，即原零件图样上并无严格要求的尺寸 A，现在必须将其加工误差控制在±0.1 mm范围内，显然加工要求提高了。

上面分析的是设计基准与定位基准不重合而产生的基准不重合误差，它是在加工的定位过程中产生的。同样，基准不重合误差也可引申到其他基准不重合的场合。如，装配基准与设计基准、设计基准与工序基准、工序基准与定位基准、工序基准与测量基准、设计基准与测量基准等基准不重合时，都会有基准不重合误差。

在应用基准重合原则时，要注意应用条件。定位过程中的基准不重合误差是在用夹具装夹、调整法加工一批工件时产生的。若用试切法加工，每一个箱体都可直接测量尺寸 B，从而直接保证尺寸 B，就不存在基准不重合误差。

2) 基准统一原则

在工件的加工过程中尽可能地采用统一的定位基准，称为基准统一原则(也称基准单一原则或基准不变原则)。

工件上往往有多个表面要加工，会有多个设计基准。要遵循基准重合原则，就会有较多定位基准，因而夹具种类也较多。为了减少夹具种类，简化夹具结构，可设法在工件上找到一组基准，或者在工件上专门设计一组定位面，用它们来定位加工工件上多个表面，遵循基准统一原则。为满足工艺需要，在工件上专门设计的定位面称为辅助基准。常见的辅助基准有轴类工件的中心孔、箱体工件的两工艺孔、工艺凸台(如图1-6所示小刀架上的工艺凸台)和活塞类工件的内止口和中心孔(如图1-14所示)等。

在自动线加工中，为了减少工件的装夹次数，也须遵循基准统一原则。

采用基准统一原则时，若统一的基准面和设计基准一致，则符合基准重合原则。此时，既能获得较高的精度，又能减少夹具种类，这是最理想的方案。如图1-15所示的盘形齿轮，孔既是装配基准又是设计基准，用孔作定位基准加工外圆、端面和齿面，既符合基准重合原则又符合基准统一原则。

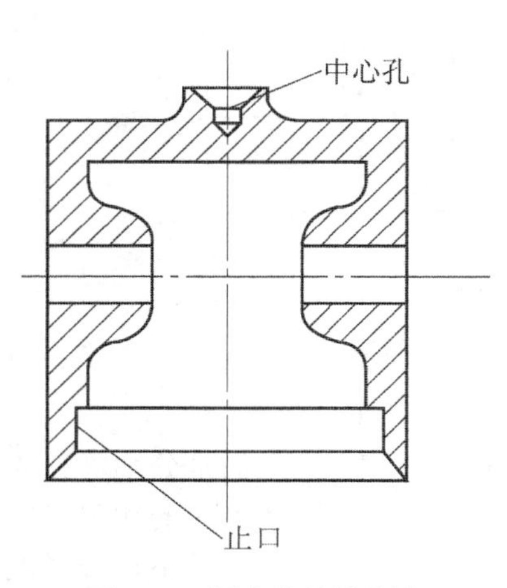

图1-14　活塞的辅助基准

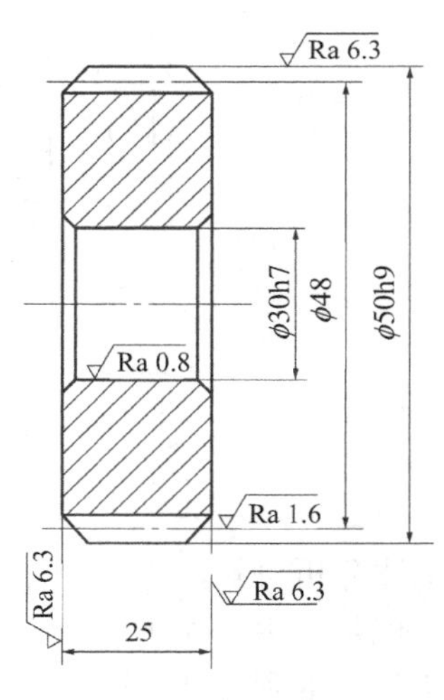

图1-15　盘形齿轮

遵循基准统一原则时，若统一的基准面和设计基准不一致，则加工面之间的位置精度虽不如基准重合时那样高，即增加一个由辅助基准到设计基准之间的基准不重合误差，但是仍比基准多次转换时的精度高，因为多次转换基准会有多个基准不重合误差。

若采用一次装夹加工多个表面，则多个表面间的位置尺寸及精度和定位基准的选择无关，而是取决于加工多个表面的各主轴及刀具间的位置精度和调整精度。箱体类工件上孔系(若干个孔)的加工常采用一次装夹而成，孔系间的位置精度和定位基准选择无关，常用基准统一原则。

当采用基准统一原则后，无法保证表面间位置精度时，往往是先用基准统一原则，然后在最后工序用基准重合原则保证表面间的位置精度。例如，活塞加工时用内止口作基准加工所有表面后，最后采用基准重合原则，以活塞外圆定位加工活塞销孔，保证活塞外圆和活塞销孔的位置精度。

3) 自为基准原则

当某些表面精加工要求加工余量小而均匀时，选择加工表面本身作为定位基准称为自为基准原则。遵循自为基准原则时，不能提高加工面的位置精度，只是提高加工面本身的精度。例如，图 1-16 是在导轨磨床上以自为基准原则磨削床身导轨，方法是用百分表(或观察磨削火花)找正工件的导轨面，然后加工导轨面保证导轨面余量均匀，以满足对导轨面的质量要求。另外，如拉刀、浮动镗刀、浮动铰刀和珩磨等加工孔的方法，也都是自为基准的实例。

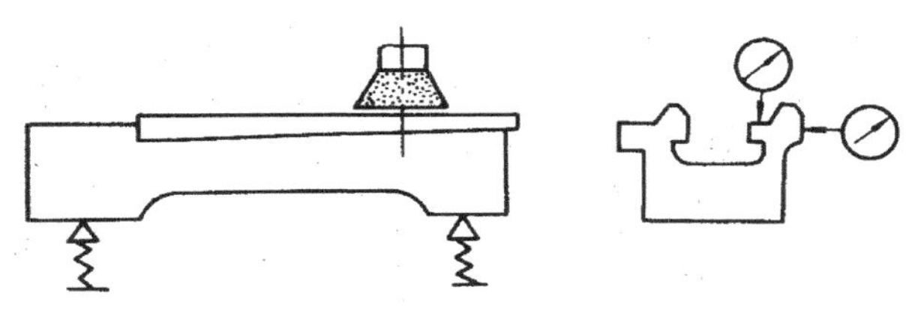

图 1-16 床身导轨面自为基准的实例

4) 互为基准原则

为了使加工面间有较高的位置精度，又为了使其加工余量小而均匀，可采取反复加工、互为基准的原则。例如，加工精密齿轮时，用高频淬火把齿面淬硬后需进行磨齿，因齿面淬硬层较薄，所以要求磨削余量小而均匀。这时，就得先以齿面为基准磨孔，再以孔为基准磨齿面，从而保证齿面余量均匀，且孔和齿面又有较高的位置精度。

5) 保证工件定位准确、夹紧可靠、操作方便的原则

所选精基准应能保证工件定位准确、稳定，夹紧可靠。精基准应该是精度较高、表面粗糙度值较小、支承面积较大的表面。例如，图 1-17 为锻压机立柱铣削加工中的两种定位方案。底面与导轨面的尺寸比 $a:b=1:3$，若用已加工的底面为精基准加工导轨面，如图 1-17(a)所示，设在底面产生 0.1 mm 的装夹误差，则在导轨面上引起的实际误差应为 0.3 mm。若先加工导轨面，然后以导轨面为定位基准加工底面，如图 1-17(b)所示，当仍有同样的装夹误差(0.1 mm)时，则在底面所引起的实际误差约为 0.03 mm。可见，如图 1-17(b)所示方案比图 1-17(a)的好。

当用夹具装夹时，选择的精基准面还应使夹具结构简单、操作方便。

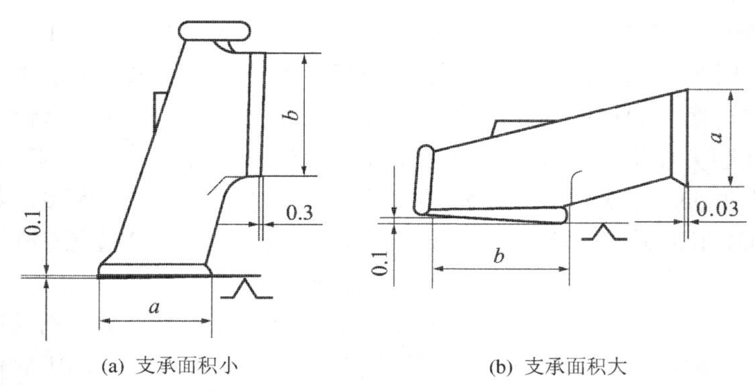

(a) 支承面积小　　(b) 支承面积大

图 1-17　锻压机立柱精基准的选择

2．粗基准的选择

粗基准选择的要求应能保证加工面与非加工面之间的位置要求，及合理分配各加工面的余量，同时要为后续工序提供精基准，具体可按下列原则选择：

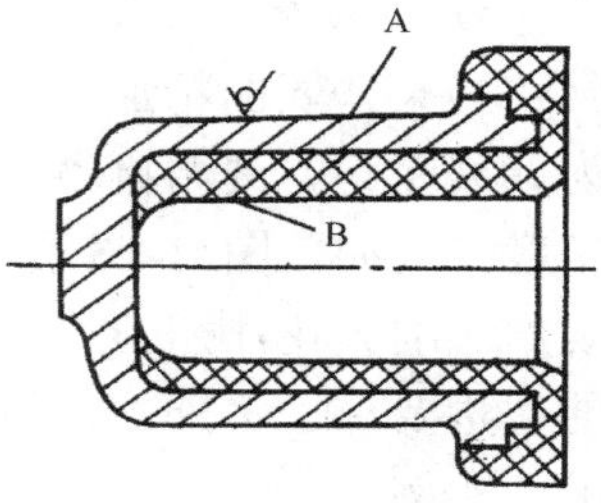

(1) 为了保证加工面与非加工面之间的位置要求，应选非加工面为粗基准。如图 1-18 所示的毛坯，铸造时孔 B 和外圆 A 有偏心，若采用非加工面(外圆 A)为粗基准加工孔 B，则加工后的孔 B 与外圆 A 的轴线是同轴的，即壁厚是均匀的，而孔 B 的加工余量不均匀。

A
B

A—外圆；B—孔

图 1-18　粗基准选择的实例

当工件上有多个非加工面与加工面之间有位置要求时，应以其中要求较高的非加工面为粗基准。

(2) 合理分配各加工面的余量。在分配余量时，应考虑以下两点：

① 为了保证各加工面都有足够的加工余量，应选择毛坯余量最小的面为粗基准。如图 1-19 所示的阶梯轴，因ϕ55 mm 外圆的余量较小，故应选ϕ55 mm 外圆为粗基准。如果选ϕ108 mm 外圆为粗基准加工ϕ55 mm 外圆，当两外圆有 3 mm 的偏心时，则有可能因ϕ50 mm 的余量不足而使工件报废。

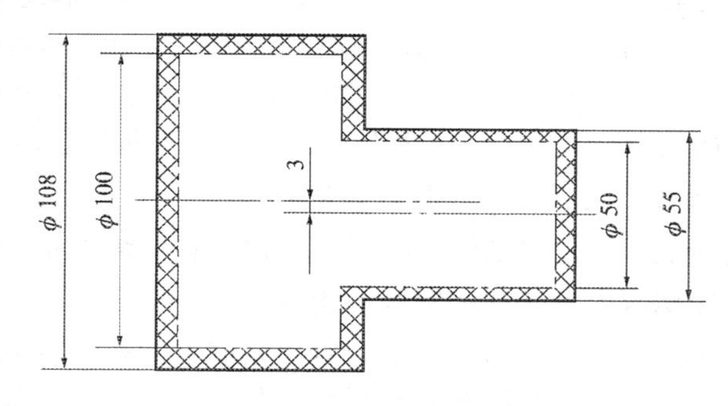

图 1-19　阶梯轴加工的粗基准选择

② 为了保证重要加工面的余量均匀，应选重要加工面为粗基准。例如，床身加工时，为保证导轨面有均匀的金相组织和较高的耐磨性，应使其加工余量小而均匀。为此，应选择导轨面为粗基准加工床腿底面，如图 1-20(a)所示；然后，以底面为精基准，加工导轨面，保证导轨面的加工余量小而均匀，如图 1-20(b)所示。

当工件上有多个重要加工面都要求保证余量均匀时，应选余量要求最严的面为粗基准。

(3) 粗基准应避免重复使用，在同一尺寸方向上(即同一自由度方向上)，通常只允许用一次。

粗基准是毛面，一般说来表面较粗糙，形状误差也大，如重复使用就会造成较大的定位误差。因此，粗基准应避免重复使用，若以粗基准定位则首先需把精基准加工好，为后续工序准备好精基准。如图 1-21 所示的小轴，若重复使用毛坯面 *B* 定位去加工表面 *A* 和 *C*，则必然会使 *A* 与 *C* 表面的轴线产生较大的同轴度误差。

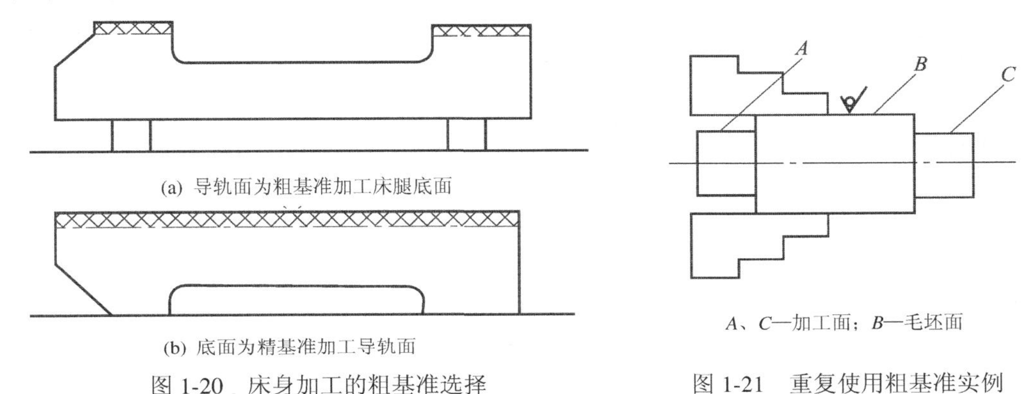

(a) 导轨面为粗基准加工床腿底面

(b) 底面为精基准加工导轨面

图 1-20　床身加工的粗基准选择

A、*C*—加工面；*B*—毛坯面

图 1-21　重复使用粗基准实例

(4) 选作粗基准的表面应平整光洁，要避开锻造飞边和铸造浇冒口、分型面、毛刺等缺陷，以保证定位准确、夹紧可靠。当用夹具装夹时，选择的粗基准面还应使夹具结构简单、操作方便。

精、粗基准选择的各条原则，都是从不同方面提出的要求。有时，这些要求会出现相互矛盾的情况，甚至在一条原则内也会存在相互矛盾的情况，这就要求全面辩证地分析，分清主次，解决主要矛盾。例如，在选择箱体零件的粗基准时，既要保证主轴孔和内腔壁(加工面与非加工面)的位置要求，又要求主轴孔的余量足够且均匀，或者要求孔系中各孔的余量都足够且均匀，就会产生相互矛盾的情况。此时，要在保证加工质量的前提下，结合具体生产类型和生产条件，灵活运用各条原则。当中、小批生产或箱体零件的毛坯精度较低时，常用划线找正装夹，兼顾各项要求，解决几方面矛盾。

1.5　工艺路线的拟定

【学习目标】　了解经济精度和经济表面粗糙度的概念；掌握表面加工方法选择、加工阶段与加工顺序确定的原则；结合具体生产类型和生产条件，正确选择零件各加工表面的加工方法、设备与工艺装备；合理安排工序的先后顺序和工序的集中与分散程度。

1.5.1　表面加工方法的选择

为了正确选择加工方法，应了解各种加工方法的特点和掌握加工经济精度及经济表面粗糙度的概念。

1．加工经济精度和经济表面粗糙度的概念

加工过程中，影响精度的因素很多。每种加工方法在不同的工作条件下，所能达到的精度会有所不同。例如，精细地操作，选择较低的切削用量，就能得到较高的精度。但是，这样会降低生产率，增加成本。反之，如增加切削用量而提高了生产效率，虽然成本能降低，但会增加加工误差而使精度下降。

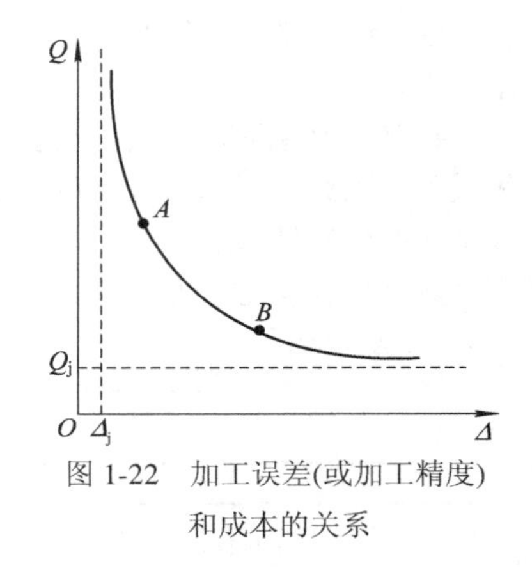

图 1-22　加工误差(或加工精度)和成本的关系

由统计资料表明，各种加工方法的加工误差和加工成本之间的关系呈负指数函数曲线形状，如图 1-22 所示。图中横坐标是加工误差 Δ，沿横坐标的反方向即加工精度，纵坐标是成本 Q。由图 1-22 可知，若每种加工方法欲获得较高的精度(即加工误差小)，则成本就要加大；反之，若精度降低，则成本下降。但是，上述关系只是在一定范围内，即曲线之 AB 段才比较明显。在 A 点左侧，精度不易提高，且有一极限值 Δ_j；在 B 点右侧，成本不易降低，也有一极限值(Q_j)。曲线 AB 段的精度区间属经济精度范围。

加工经济精度是指在正常加工条件下(采用符合质量标准的设备、工艺装备和标准技术等级的工人，不延长加工时间)所能保证的加工精度。若延长加工时间，则会增加成本，虽然精度能提高，但不经济了。

经济表面粗糙度的概念类同于经济精度的概念。

各种加工方法所能达到的经济精度和经济表面粗糙度等级，以及各种典型表面的加工方法均已制成表格，在机械加工的各种手册中都能找到。表 1-9、表 1-10 和表 1-11 分别摘录了外圆柱面、孔和平面等典型表面的加工方法及其经济精度和经济表面粗糙度(经济精度以公差等级表示)，表 1-12 摘录了各种加工方法加工轴线平行的孔的位置精度(以误差表示)，供选用时参考。

表 1-9　外圆柱面加工方法

序号	加工方法	经济精度(以公差等级表示)	经济表面粗糙度 Ra/μm	适用范围
1	粗车	IT11～IT13	12.5～50	适用于淬火钢以外的各种金属
2	粗车→半精车	IT8～IT10	3.2～6.3	
3	粗车→半精车→精车	IT7～IT8	0.8～1.6	
4	粗车→半精车→精车→滚压(或抛光)	IT7～IT8	0.025～0.2	
5	粗车→半精车→磨削	IT7～IT8	0.4～0.8	主要用于淬火钢，也可用于未淬火钢，但不宜加工有色金属
6	粗车→半精车→粗磨→精磨	IT6～IT7	0.1～0.4	
7	粗车→半精车→粗磨→精磨→超精加工(或轮式超精磨)	IT5	0.012～0.1(或 Rz 0.1)	
8	粗车→半精车→精车→精细车(或金刚车)	IT6～IT7	0.025～0.4	主要用于要求较高的有色金属加工
9	粗车→半精车→粗磨→精磨→超精磨(或镜面磨)	IT5 以上	0.006～0.025(或 Rz 0. 05)	极高精度的外圆加工
10	粗车→半精车→粗磨→精磨→研磨	IT5 以上	0.006～0.1(或 Rz 0. 05)	

表 1-10　孔加工方法

序号	加工方法	经济精度(以公差等级表示)	经济表面粗糙度 Ra/μm	适用范围
1	钻	IT11～IT13	12.5	加工未淬火钢及铸铁的实心毛坯，也可用于加工有色金属。孔径小于 15～20 mm
2	钻→铰	IT8～IT10	1.6～6.3	
3	钻→粗铰→精铰	IT7～IT8	0.8～1.6	
4	钻→扩	IT10～IT11	6.3～12.5	加工未淬火钢及铸铁的实心毛坯，也可用于加工有色金属。孔径大于 15～20 mm
5	钻→扩→铰	IT8～IT9	1.6～3.2	
6	钻→扩→粗铰→精铰	IT7	0.8～1.6	
7	钻→扩→机铰→手铰	IT6～IT7	0.2～0.4	
8	钻→扩→拉	IT7～IT9	0.1～1.6	大批大量生产(精度由拉刀的精度而定)
9	粗镗(或扩孔)	IT11～IT13	6.3～12.5	除淬火钢外的各种材料，毛坯有铸出孔或锻出孔
10	粗镗(或粗扩)→半精镗(或精扩)	IT9～IT10	1.6～3.2	
11	粗镗(或粗扩)→半精镗(或精扩)→精镗(或铰)	IT7～IT8	0.8～1.6	
12	粗镗(或粗扩)→半精镗(或精扩)→精镗→浮动镗刀精镗	IT6～IT7	0.4～0.8	
13	粗镗(或扩)→半精镗→磨孔	IT7～IT8	0.2～0.8	主要用于淬火钢，也可用于未淬火钢，但不宜用于有色金属
14	粗镗(或扩)→半精镗→粗磨→精磨	1T6～IT7	0.1～0.2	
15	粗镗→半精镗→精镗→精细镗(或金刚镗)	IT6～IT7	0. 05～0.4	主要用于精度要求高的有色金属加工
16	钻(或扩)→粗铰→精铰→珩磨；钻→(或扩)→拉→珩磨，粗镗→半精镗→精镗→珩磨	IT6～IT7	0.025～0.2	精度要求很高的孔
17	以研磨代替上述方法中的珩磨	IT5～IT6	0.006～0.1(或 Rz 0.05)	

表 1-11　平面加工方法

序号	加工方法	经济精度(以公差等级表示)	经济表面粗糙度 Ra/μm	适用范围
1	粗车	IT11～IT13	12.5～50	端面
2	粗车→半精车	IT8～IT10	3.2～6.3	
3	粗车→半精车→精车	IT7～IT8	0.8～1.6	
4	粗车→半精车→磨削	IT6～IT8	0.2～0.8	
5	粗刨(或粗铣)	IT11～IT13	6.3～25	一般不淬硬平面(端铣表面粗糙度 Ra 值较小)
6	粗刨(或粗铣)→精刨(或精铣)	IT8～IT10	1.6～6.3	
7	粗刨(或粗铣)→精刨(或精铣)→刮研	IT6～IT7	0.1～0.8	精度要求较高的不淬硬平面，批量较大时宜采用宽刃精刨方案
8	以宽刃精刨代替上述刮研	IT7	0.2～0.8	
9	粗刨(或粗铣)→精刨(或精铣)→磨削	IT7	0.2～0.8	精度要求高的淬硬平面或不淬硬平面
10	粗刨(或粗铣)→精刨(或精铣)→粗磨→精磨	IT6～IT7	0.025～0.4	
11	粗铣→拉	IT7～IT9	0.2～0.8	大量生产，较小的平面(精度由拉刀精度而定)
12	粗铣→精铣→磨削→研磨	IT5 以上	0.006～0.1(或 Rz 0.05)	高精度平面

表 1-12　轴线平行的孔的位置精度(经济精度)

加工方法	工具的定位	两孔轴线间的距离误差，或从孔轴线到平面的距离误差/mm	加工方法	工具的定位	两孔轴线间的距离误差，或从孔轴线到平面的距离误差/mm
立钻或摇臂钻上钻孔	用钻模	0.1～0.2	卧式铣镗床上镗孔	用镗模	0.05～0.08
	按划线	0.05～0.08		按定位样板	0.08～0.2
立钻或摇臂钻上镗孔	用镗模	1.0～3.0		按定位器的指示读数	0.04～0.06
车床上镗孔	按划线	1.0～2.0		用量块	0.05～0.1
	用带有滑座的角尺	0.1～0.3		用内径规或用塞尺	0.05～0.25
坐标镗床上镗孔	用光学仪器	0.004～0.015		用程序控制的坐标装置	0.04～0.05
金刚镗床上镗孔	—	0.008～0.02		用游标尺	0.2～0.4
多轴组合机床镗孔	用镗模	0.03～0.05		按划线	0.4～0.6

还需指出，经济精度的数值不是一成不变的，随着科学技术的发展、工艺的改进、设备及工艺装备的更新，加工经济精度会逐步提高。

2. 选择加工方法时考虑的因素

选择加工方法时常常根据经验或查表来确定，再根据实际情况或通过工艺试验进行修改。从表 1-9～表 1-11 中的数据可知，满足同样精度要求的加工方法有若干种，所以选择时还应考虑下列因素：

(1) 工件材料的性质。例如，淬火钢的精加工要用磨削，有色金属的精加工为避免磨削时堵塞砂轮，则要用高速精细车或精细镗(金刚镗)。

(2) 工件的形状和尺寸。例如，对于公差为 IT7 的孔采用镗、铰、拉、磨削等都可以，但是箱体上的孔一般不宜采用拉或磨，而常常选择镗孔(大孔时)或铰孔(小孔时)。

(3) 生产类型及考虑生产率和经济性问题。选择加工方法要与生产类型相适应。大批大量生产应选用生产率高和质量稳定的加工方法，例如平面和孔采用拉削加工；单件小批生产则采用刨削、铣削平面和钻、扩、铰孔。为保证质量可靠和稳定，保证有高的成品率，在大批大量生产中采用珩磨和超精加工加工较精密零件，常常降级使用高精度方法。同时，由于大批大量生产能选用精密毛坯，如用粉末冶金制造液压泵齿轮，精锻锥齿轮，精铸中、小零件等，因而可简化机械加工，在毛坯制造后直接进入磨削加工。

(4) 具体生产条件。应充分利用现有设备和工艺手段，发挥群众的创造性，挖掘企业潜力。有时，因设备负荷的原因，需改用其他加工方法。

(5) 充分考虑利用新工艺、新技术的可能性，提高工艺水平。

(6) 特殊要求。如表面纹路方向的要求，铰削孔和镗削孔的纹路方向与拉削孔的纹路方向不同，应根据设计的特殊要求选择相应的加工方法。

1.5.2 加工顺序的安排

复杂工件的机械加工工艺路线中要经过切削加工、热处理和辅助工序。因此，在拟定工艺路线时，工艺人员要全面地把切削加工、热处理和辅助工序三者一起加以考虑，现分别对其阐述如下。

1．切削加工工序的安排

1) 先加工基准面

选为精基准的表面应安排在起始工序先进行加工，以便尽快为后续工序的加工提供精基准。

2) 划分加工阶段

当工件的加工质量要求较高时，都应划分阶段，一般可分为粗加工、半精加工和精加工三个阶段。当加工精度和表面质量要求特别高时，还可增设光整加工和超精密加工阶段。

(1) 各加工阶段的主要任务如下：

① 粗加工阶段是从坯料上切除较多余量，所能达到的精度和表面质量都比较低的加工过程。

② 半精加工阶段是在粗加工和精加工之间所进行的切削加工过程。

③ 精加工阶段是从工件上切除较少余量，所得精度和表面质量都比较高的加工过程。

④ 光整加工阶段是精加工后，从工件上不切除或切除极薄金属层，用以获得光洁表面或强化表面的加工过程。光整加工阶段一般不用来提高位置精度。

⑤ 超精密加工阶段是按照超稳定、超微量切除等原则，实现加工尺寸误差和形状误差在 0.1 μm 以下的加工技术。

当毛坯余量特别大，表面非常粗糙时，在粗加工阶段前还有荒加工阶段。为能及时发现毛坯缺陷，减少运输量，荒加工阶段常在毛坯准备车间进行。

(2) 划分加工阶段的原因如下：

① 保证加工质量。工件加工划分阶段后，因粗加工的加工余量大、切削力大等因素造成的加工误差，可通过半精加工和精加工逐步得到纠正，以保证加工质量。

② 有利于合理使用设备。粗加工要求使用功率大、刚性好、生产率高、精度要求不高的设备。精加工则要求使用精度高的设备。划分加工阶段后，就可充分发挥粗加工、精加工设备的特点，避免以精干粗，做到合理使用设备。

③ 便于安排热处理工序，使冷、热加工工序配合得更好。例如，粗加工后工件残余应力大，可安排时效处理，消除残余应力；热处理引起的变形又可在精加工中消除等。

④ 便于及时发现毛坯缺陷。毛坯的各种缺陷如气孔、砂眼和加工余量不足等，在粗加工后即可发现，便于及时修补或决定报废，以免继续加工后造成工时和费用的浪费。

⑤ 精加工、光整加工安排在后，可保护精加工和光整加工过的表面少受磕碰损坏。

上述划分加工阶段并非所有工件都应如此，在应用时要灵活掌握。例如，对于那些加工质量要求不高、刚性好、毛坯精度较高、余量小的工件，就可少划分几个阶段或不划分阶段；对于有些刚性好的重型工件，由于装夹及运输很费时，也常在一次装夹下完成全部粗加工、精加工。为了弥补不分阶段带来的缺陷，重型工件在粗加工工步后，松开夹紧机构，然后用较小的夹紧力重新夹紧工件，继续以精加工工步加工。

应当指出，划分加工阶段是对整个工艺过程而言的，因而应以工件的主要加工面来分析，不应以个别表面(或次要表面)和个别工序来判断。

3) 先面后孔

对于箱体、支架和连杆等工件，应先加工平面后加工孔。这是因为平面的轮廓平整，安放和定位比较稳定可靠，若先加工好平面，就能以平面定位加工孔，保证平面和孔的位置精度。此外，由于平面先加工好，给平面上的孔加工也带来方便，使刀具的初始切削条件能得到改善。

4) 次要表面可穿插在各阶段间进行加工

次要表面一般加工量都较少，加工比较方便。若把次要表面的加工穿插在各加工阶段之间进行，就能使加工阶段更加明显，又增加了阶段间的间隔时间，便于工件有足够时间让残余应力重新分布并引起变形，以便在后续工序中纠正其变形。

综上所述，一般切削加工的顺序是：加工精基准→粗加工主要面→精加工主要面→光整加工主要面→超精密加工主要面，次要表面的加工穿插在各阶段之间进行。

2. 热处理工序的安排

热处理是用于提高材料的力学性能、改善金属的加工性能以及消除残余应力。制订工艺规程时，由工艺人员根据设计和工艺要求全面考虑。

1) 最终热处理

最终热处理的目的是提高力学性能，如调质、淬火、渗碳淬火、液体碳氮共渗和渗氮等，都属最终热处理，应安排在精加工前后。变形较大的热处理，如渗碳淬火应安排在精加工磨削前进行，以便在精加工磨削时纠正热处理的变形，调质也应安排在精加工前进行。变形较小的热处理，如渗氮等，应安排在精加工后。

表面装饰性镀层和发蓝处理，一般都安排在机械加工完毕后进行。

2) 预备热处理

预备热处理的目的是改善加工性能，为最终热处理做好准备和消除残余应力，如正火、退火和时效处理等。它应安排在粗加工前、后和需要消除应力处。预备热处理放在粗加工前，可改善粗加工时材料的加工性能，并可减少车间之间的运输工作量；放在粗加工后，有利于粗加工后残余应力的消除。调质处理能得到组织均匀细致的回火索氏体，有时也作为预备热处理，常安排在粗加工后。

精度要求较高的精密丝杠和主轴等工件，常需多次安排时效处理，以消除残余应力，减少变形。

3. 辅助工序的安排

辅助工序的种类较多，包括检验、去毛刺、倒棱、清洗、防锈、去磁及平衡等。辅助工序也是必要的工序，若安排不当或遗漏，则会给后续工序和装配带来困难，影响产品质量，甚至使机器不能使用。例如，未去净的毛刺将影响装夹精度、测量精度、装配精度以及工人安全；润滑油中未去净的切屑，将影响机器的使用质量；研磨、珩磨后没清洗过的工件会带入残存的砂粒，加剧工件在使用中的磨损；用磁力夹紧的工件没有安排去磁工序，会使带有磁性的工件进入装配线，影响装配质量。因此，要重视辅助工序的安排。辅助工序的安排不难掌握，问题是常被遗忘。

检验工序更是必不可少的工序。它对保证质量、防止产生废品起到重要作用。除了工序中自检外，需要在下列场合单独安排检验工序：

(1) 粗加工阶段结束后。

(2) 重要工序前后。

(3) 送往外车间加工的前后，如热处理工序前后。

(4) 全部加工工序完成后。

有些特殊的检验，如探伤等检查工件的内部质量，一般都安排在精加工阶段。密封性检验、工件的平衡和重量检验，一般都安排在工艺过程最后进行。

1.5.3 确定工序集中与分散的程度

工序集中与工序分散，是拟定工艺路线时确定工序数目(或工序内容多少)的两种不同的原则，它和设备类型的选择有密切的关系。

1. 工序集中和工序分散的概念

工序集中就是将工件的加工集中在少数几道工序内完成，每道工序的加工内容较多。工序集中可采用技术上的措施集中，称为机械集中，如多刃、多刀和多轴机床，自动机床，数控机床，加工中心等；也可采用人为的组织措施集中，称为组织集中，如卧式车床的顺序加工。

工序分散就是将工件的加工分散在较多的工序内进行，每道工序的加工内容很少，最少时即每道工序仅一个简单工步。

2. 工序集中和工序分散的特点

1) 工序集中的特点(指机械集中)

(1) 采用高效专用设备及工艺装备，生产率高。

(2) 工件装夹次数减少，易于保证表面间位置精度，还能减少工序间运输量，缩短生产周期。

(3) 工序数目少，可减少机床数量、操作工人数和生产面积，还可简化生产计划和生产组织工作(组织集中也具有该特点)。

(4) 因采用结构复杂的专用设备及工艺装备，使投资大，调整和维修复杂，生产准备工作量大，转换新产品比较费时。

2) 工序分散的特点

(1) 设备及工艺装备比较简单，调整和维修方便，工人容易掌握，生产准备工作量少，又易于平衡工序时间，易适应产品更换。

(2) 可采用最合理的切削用量，减少基本时间。

(3) 设备数量多，操作工人多，占用生产面积也大。

3. 工序集中与工序分散的选用

工序集中与工序分散各有利弊，应根据生产类型、现有生产条件、工件结构特点和技术要求等进行综合分析后选用。

单件小批生产采用组织集中，以便简化生产组织工作。大批大量生产可采用较复杂的机械集中，如多刀、多轴机床，各种高效组合机床和自动机床加工；对一些结构较简单的产品，如轴承生产，也可采用分散的原则。成批生产应尽可能采用效率较高的机床，如转塔车床、多刀半自动车床、数控机床等，使工序适当集中。

对于重型零件，为了减少工件装卸和运输的劳动量，工序应适当集中；对于刚性差且精度高的精密工件，则工序应适当分散。

目前的发展趋势倾向于工序集中。

1.5.4　设备与工艺装备的选择

1．设备的选择

确定了工序集中或工序分散的原则后，基本上也就确定了设备的类型。若采用机械集中，则选用高效自动加工的设备，如多刀、多轴机床；若采用组织集中，则选用通用设备；若采用工序分散，则加工设备可较简单。此外，选择设备时还应考虑以下方面：

(1) 机床精度与工件精度相适应。

(2) 机床规格与工件的外形尺寸相适应。

(3) 与现有加工条件相适应，如设备负荷的平衡状况等。如果没有现成设备供选用，经过方案的技术经济分析后，也可提出专用设备的设计任务书或改装旧设备。

2．工艺装备的选择

工艺装备选择的合理与否，将直接影响工件的加工精度、生产效率和经济性。应根据生产类型、具体加工条件、工件结构特点和技术要求等选择工艺装备。

1) 夹具的选择

单件小批生产首先采用各种通用夹具和机床附件，如卡盘、机床用平口虎钳、分度头等。有组合夹具站的，可采用组合夹具。对于中、大批和大量生产，为提高劳动生产率而采用专用高效夹具。中、小批生产应用成组技术时，可采用可调夹具和成组夹具。

2) 刀具的选择

一般优先采用标准刀具。若采用机械集中，则应采用各种高效的专用刀具、复合刀具和多刃刀具等。刀具的类型、规格和精度等级应符合加工要求。

3) 量具的选择

单件小批生产应广泛采用通用量具，如游标卡尺、百分表和千分尺等。大批大量生产应采用极限量块和高效的专用检验夹具和量仪等。量具的精度必须与加工精度相适应。

1.6　确定加工余量、工序尺寸及其公差

【学习目标】　了解加工余量的概念；掌握影响加工余量的因素；合理选择加工余量；正确计算工序尺寸及其公差。

1.6.1　加工余量的概念

加工余量是指加工过程中所切去的金属层厚度。余量有工序余量和加工总余量(毛坯余量)之分。工序余量是相邻两工序的工序尺寸之差，加工总余量是毛坯尺寸与零件图样的设计尺寸之差。

由于工序尺寸有公差，故实际切除的余量大小不等。

图 1-23 表示工序余量与工序尺寸的关系。由图可知，工序余量的基本尺寸(简称基本余量或公称余量)Z 可按下式计算

对于被包容面

$$Z = \text{上工序基本尺寸} - \text{本工序基本尺寸}$$

对于包容面

$$Z = \text{本工序基本尺寸} - \text{上工序基本尺寸}$$

为了便于加工，工序尺寸都按“入体原则”标注极限偏差，即被包容面的工序尺寸取上偏差为零，包容面的工序尺寸取下偏差为零，毛坯尺寸则按双向布置上、下偏差。工序余量和工序尺寸及其公差的计算公式为

$$\begin{cases} Z = Z_{\min} + T_a \\ Z_{\max} = Z + T_b = Z_{\min} + T_a + T_b \end{cases} \tag{1-2}$$

式中：$Z_{\min}$ 为最小工序余量；$Z_{\max}$ 为最大工序余量；T_a 为上工序尺寸的公差；T_b 为本工序尺寸的公差。

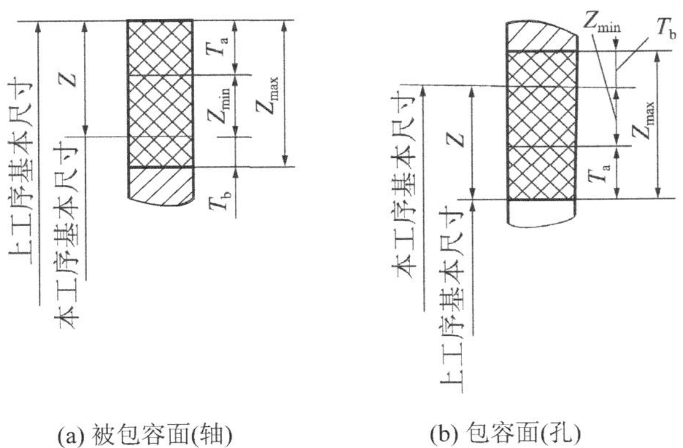

图 1-23　工序余量与工序尺寸及其公差的关系

图 1-24 表示加工总余量与工序余量的关系。由图可得(适用于包容面和被包容面)

$$Z_0 = Z_1 + Z_2 + \cdots + Z_n = \sum_{i=1}^{n} Z_i \tag{1-3}$$

式中：Z_0 为加工总余量(毛坯余量)；Z_i 为各工序余量；n 为工序数。

加工余量有双边余量和单边余量之分。对于外圆和孔等回转表面，加工余量指双边余量，即以直径方向计算，实际切削的金属层厚度为加工余量的一半。平面的加工余量则是单边余量，它等于实际切削的金属层厚度。

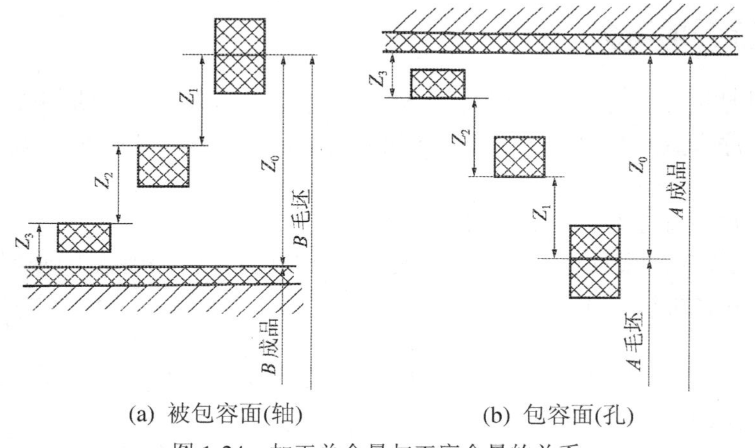

(a) 被包容面(轴)　　(b) 包容面(孔)

图 1-24　加工总余量与工序余量的关系

1.6.2　加工余量的影响因素

加工余量的大小对于工件的加工质量和生产率均有较大的影响。加工余量过大，不仅增加机械加工的劳动量，降低了生产率，而且增加材料、工具和电力的消耗，提高了加工成本。若加工余量过小，则既不能消除上工序的各种表面缺陷和误差，又不能补偿本工序加工时工件的装夹误差，造成废品。因此，应当合理地确定加工余量。确定加工余量的基本原则是，在保证加工质量的前提下越小越好。下面分析影响加工余量的各个因素。

1. 上工序各种表面缺陷和误差的因素

1) *表面粗糙度 Ra 和缺陷层 D_a*

本工序必须把上工序留下的表面粗糙度 Ra 全部切除，还应切除上工序在表面留下的一层金属组织已遭破坏的缺陷层 D_a，如图 1-25 所示。

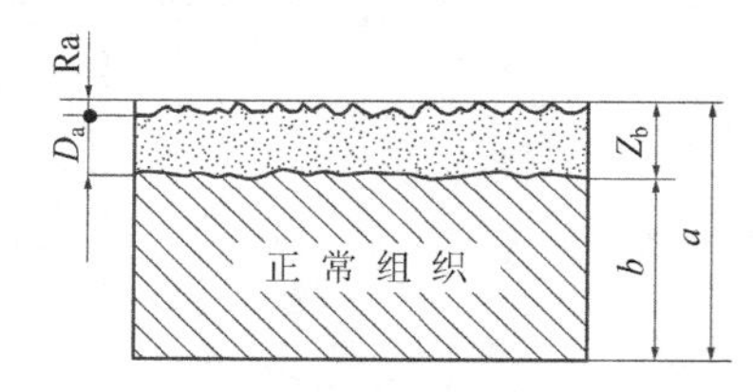

图 1-25　表面粗糙度及缺陷层

各种加工方法所得试验数据 Ra 和 D_a 见表 1-13。

表 1-13　各种加工方法所得试验数据 Ra 和 D_a

加工方法	Ra	D_a	加工方法	Ra	D_a
粗车	15～100	40～50	精扩孔	25～100	30～40
精车	5～45	30～40	粗铰	25～100	25～30
磨外圆	1.7～15	15～25	精铰	8.5～25	10～20
钻	45～225	40～60	粗车端面	15～225	40～60
扩钻	25～225	35～60	精车端面	5～54	30～40
粗镗	25～225	30～50	磨端面	1.7～15	15～35
精镗	5～25	25～40	磨内圆	1.7～15	20～30
粗扩孔	25～225	40～60	拉削	1.7～8.5	10～20
粗刨	15～100	40～50	磨平面	1.7～15	20～30
粗插	25～100	50～60	切断	45～225	60
精刨	5～45	25～40	研磨	0～1.6	3～5
精插	5～45	35～50	超级光磨	0～0.8	0.2～0.3
粗铣	15～225	40～60	抛光	0.06～1.6	2～5
精铣	5～45	25～40			

2) 上工序的尺寸公差 T_a

由图 1-23 可知，工序的基本余量中包括了上工序的尺寸公差 T_a。

3) 上工序的形位误差(也称空间误差)ρ_a

ρ_a是指不由尺寸公差 T_a所控制的形位误差。加工余量中要包括上工序的形位误差 ρ_a。如图 1-26 所示小轴，当轴线有直线度误差 ω 时，须在本工序中纠正，因而直径方向的加工余量应增加 2ω。

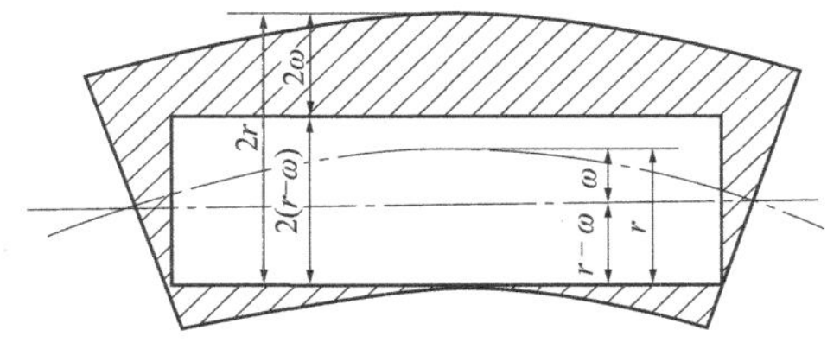

图 1-26 轴线直线度误差对加工余量的影响

ρ_a 的数值与加工方法和热处理方法有关，可通过有关工艺资料查得或通过试验确定。ρ_a具有矢量性质。

2．本工序加工时的装夹误差 ε_b 因素

装夹误差包括工件的定位误差和夹紧误差，当用夹具装夹时，还有夹具在机床上的装夹误差。这些误差会使工件在加工时的位置发生偏移，所以加工余量还必须考虑装夹误差的影响。如图 1-27 所示用三爪自定心卡盘夹持工件外圆磨削孔时，由于三爪自定心卡盘定心不准，使工件轴线偏离主轴旋转轴线 e 值，造成孔的磨削余量不均匀。因此，为确保上工序各项误差和缺陷的切除，孔的直径余量应增加 $2e$。

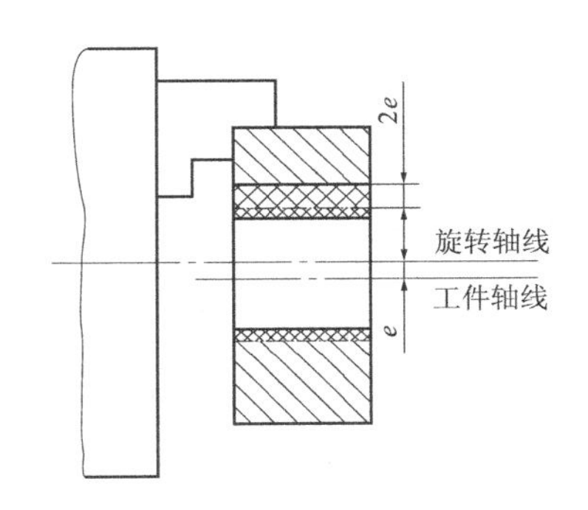

图 1-27 三爪自定心卡盘装夹误差对加工余量影响

装夹误差 ε_b 的数值，可通过先分别求出定位误差、夹紧误差和夹具的装夹误差后再相加而得。ε_b 也具有矢量性质。

综上所述，加工余量的基本公式为

$$Z_b = T_a + \text{Ra} + D_a + |\rho_a + \varepsilon_b| \quad \text{(单边余量时)}$$

$$2Z_b = T_a + 2(\text{Ra} + D_a) + 2|\rho_a + \varepsilon_b| \quad \text{(双边余量时)}$$

在应用上述公式时，要结合具体情况进行修正。例如，在无心磨床上加工小轴或用浮动铰刀、浮动镗刀和拉刀加工孔时，都是采用自为基准原则，不计装夹误差 ε_b，形位误差 ρ_a 中仅剩形状误差，不计位置误差，故公式为

$$2Z_b = T_a + 2(\text{Ra} + D_a) + 2\rho_a$$

对于研磨、珩磨、超精磨和抛光等光整加工，若主要是为了改善表面粗糙度，则公式为

$$2Z_b = 2\text{Ra}$$

若还需提高尺寸和形状精度，则公式为

$$2Z_b = T_a + 2\text{Ra} + 2|\rho_a|$$

1.6.3 确定加工余量的方法

确定加工余量的方法有下列三种。

1．查表法

根据各工厂的生产实践和试验研究积累的数据，先制成各种表格，再汇集成手册。确定加工余量时查阅这些手册，再结合工厂的实际情况进行适当修改后确定。目前，我国各工厂广泛采用查表法。

2．经验估计法

经验估计法是根据实际经验确定加工余量。一般情况下，为防止因余量过小而产生废品，经验估计的数值总是偏大。经验估计法常用于单件小批生产。

3．分析计算法

分析计算法是根据上述加工余量计算公式和一定的试验资料，对影响加工余量的各项因素进行分析，并计算确定加工余量。这种方法比较合理，但必须有比较全面和可靠的试验资料，目前，只在材料十分贵重以及军工生产或少数大量生产的工厂中采用。

在确定加工余量时，要分别确定加工总余量(毛坯余量)和工序余量。加工总余量的大小与所选择的毛坯制造精度有关。用查表法确定工序余量时，粗加工工序余量不能用查表法得到，而是由总余量减去其他各工序余量而得。

1.6.4 确定工序尺寸及其公差

零件图样上的设计尺寸及其公差是经过各加工工序后得到的。每道工序的工序尺寸都不相同，它们是逐步向设计尺寸接近的。为了最终保证零件的设计要求，需要规定各工序的工序尺寸及其公差。

工序余量确定之后，就可计算工序尺寸。工序尺寸公差的确定，则要依据工序基准或定位基准与设计基准是否重合，采取不同的计算方法。

1．基准重合时工序尺寸及其公差的计算

这是指工序基准或定位基准与设计基准重合，表面多次加工时，工序尺寸及其公差的计算。工件上外圆和孔的多工序加工都属于这种情况。此时，工序尺寸及其公差与工序余量的关系如图 1-23 和图 1-24 所示。计算顺序是：先确定各工序余量的基本尺寸，再由后往前逐个工序推算，即由零件上的设计尺寸开始，由最后一道工序开始向前工序推算，直到毛坯尺寸。工序尺寸的公差都按各工序的经济精度确定，并按“入体原则”确定上、下偏差。

【例 1-1】 某主轴箱箱体的主轴孔，设计要求为ϕ100Js6，Ra=0.8 μm，加工工序为粗镗→半精镗→精镗→浮动镗四道工序。试确定各工序尺寸及其公差。

解 首先根据有关手册及工厂实际经验确定各工序的基本余量，具体数值见表 1-14 中的第二列；其次根据各种加工方法的经济精度表格确定各工序尺寸的公差，具体数值见表 1-14 中的第三列；然后由后工序向前工序逐个计算工序尺寸，具体数值见表 1-14 中的第四列；最后得各工序尺寸及其公差和 Ra，见表 1-14 中的第五列。

表 1-14　主轴孔各工序的工序尺寸及其公差的计算实例　　mm

工序名称	工序基本余量	工序的经济精度	工序尺寸	工序尺寸及其公差和 Ra
浮动镗	0.1	Js6 (±0.011)	100	ϕ100 ± 0.011，Ra = 0.8 μm
精镗	0.5	H7($^{+0.035}_{0}$)	100−0.1=99.9	$\phi 99.9^{+0.035}_{0}$，Ra=1.6 μm
半精镗	2.4	H10($^{+0.14}_{0}$)	99.9−0.5=99.4	$\phi 99.4^{+0.14}_{0}$，Ra=3.2 μm
粗镗	5	H13($^{+0.44}_{0}$)	99.4−2.4=97	$\phi 97^{+0.44}_{0}$，Ra=6.4 μm
毛坯孔	8	±1.3	97−5=92	ϕ92±1.3

2. 基准不重合时工序尺寸及其公差的计算

工序基准或定位基准与设计基准不重合时，工序尺寸及其公差的计算比较复杂，需用工艺尺寸链来进行分析计算，详细内容见本章 1.8 节工艺尺寸链。

1.7　机械加工生产率和技术经济分析

【学习目标】　掌握时间定额的组成；了解提高机械加工生产率的途径；能对工艺过程的技术经济作出正确的评价，有效地采取提高机械加工生产率的工艺措施。

1.7.1　时间定额

机械加工生产率是指工人在单位时间内生产的合格产品的数量，或者指制造单件产品所消耗的劳动时间。它是劳动生产率的指标。机械加工生产率通常通过时间定额来衡量。

时间定额是指在一定的生产条件下，规定每个工人完成单件合格产品或某项工作所必需的时间。时间定额是安排生产计划、核算生产成本的重要依据，也是设计、扩建工厂或车间时计算设备和工人数量的依据。

完成零件一道工序的时间定额称为单件时间，它由下列部分组成。

1. 基本时间

基本时间(T_b)：指直接改变生产对象的尺寸、形状、相对位置与表面质量或材料性质等工艺过程所消耗的时间。对机械加工而言，基本时间就是切除金属所耗费的时间(包括刀具切入、切出的时间)。时间定额中的基本时间可以根据切削用量和行程长度来计算。

2. 辅助时间

辅助时间(T_a)：指为实现工艺过程所必须进行的各种辅助动作消耗的时间。它包括装卸工件，开、停机床，改变切削用量，试切和测量工件，进刀和退刀等所需的时间。

基本时间与辅助时间之和称为操作时间 T_B，它是直接用于制造产品或零、部件所消耗的时间。

3. 布置工作场地时间

布置工作场地时间(T_{sw})：指为使加工正常进行，工人管理工作场地和调整机床等(如更换、调整刀具，润滑机床，清理切屑，收拾工具等)所需的时间，一般按操作时间的2%～7%(以百分率 α 表示)计算。

4. 生理和自然需要时间

生理和自然需要时间(T_r)：指工人在工作时为恢复体力和满足生理需要等消耗的时间，一般按操作时间的 2%～4%(以百分率 β 表示)计算。

以上四部分时间的总和称为单件时间 T_P，即

$$T_P = T_b + T_a + T_{sw} + T_r = T_B + T_{sw} + T_r = (1+\alpha+\beta)T_B$$

5. 准备与终结时间

准备与终结时间(T_e)：简称为准终时间，指工人在加工一批产品、零件进行准备和结束工作所消耗的时间。加工开始前，通常都要熟悉工艺文件，领取毛坯、材料、工艺装备，调整机床，安装工具、刀具和夹具，选定切削用量等；加工结束后，需送交产品，拆下、归还工艺装备等。准终时间对一批工件来说只消耗一次，零件批量越大，分摊到每个工件上的准终时间 T_e/n 就越小，其中 n 为批量。因此，单件或成批生产的单件计算时间 T_c 应为

$$T_c = T_P + T_e / n = T_b + T_a + T_{sw} + T_r + T_e / n$$

大量生产中，由于 n 的数值很大，$T_e / n \approx 0$，即可忽略不计，所以大量生产的单件计算时间 T_c 应为

$$T_c = T_P = T_b + T_a + T_{sw} + T_r$$

1.7.2 提高机械加工生产率的工艺措施

劳动生产率是一个综合技术经济指标，它与产品设计、生产组织、生产管理和工艺设计都有密切关系。这里讨论提高机械加工生产率的问题，主要从工艺技术的角度，研究如何通过减少时间定额，寻求提高生产率的工艺途径。

1. 缩短基本时间

1) 提高切削用量

增大切削速度、进给量和背吃刀量都可以缩短基本时间，这是机械加工中广泛采用的提高生产率的有效方法。近年来国外出现了聚晶金刚石和聚晶立方氮化硼等新型刀具材料，切削普通钢材的速度可达 900 m/min；加工 60HRC 以上的淬火钢、高镍合金钢，在980℃时仍能保持其红硬性，切削速度可在 900 m/min 以上。高速滚齿机的切削速度可达65～75 m/min，目前最高滚切速度已超过 300 m/min。磨削方面，近年的发展趋势是在不影响加工精度的条件下，尽量采用强力磨削，提高金属切除率，磨削速度已超过 60 m/s 以上；而高速磨削速度已达到 180 m/s 以上。

2) 减少或重合切削行程长度

利用几把刀具或复合刀具对工件的同一表面或几个表面同时进行加工，或者利用宽刃刀具、成形刀具做横向进给运动同时加工多个表面，实现复合工步，都能减少每把刀的切削行程长度或使切削行程长度部分或全部重合，减少基本时间。

3) 采用多件加工

多件加工可分顺序多件加工、平行多件加工和平行顺序多件加工三种形式。

(1) 顺序多件加工是指工件按进给方向一个接一个地顺序装夹，减少了刀具的切入、切出时间，即减少了基本时间。这种形式的加工常见于滚齿、插齿、龙门刨、平面磨和铣削加工中。

(2) 平行多件加工是指工件平行排列，一次进给可同时加工 n 个工件，加工所需基本时间和加工一个工件相同，所以分摊到每个工件的基本时间就减少到原来的 $1/n$，其中 n 为同时加工的工件数。这种方式常见于铣削和平面磨削中。

(3) 平行顺序多件加工是上述两种形式的综合，常用于工件较小、批量较大的情况，常见于立轴平面磨削和立轴铣削加工中。

2. 缩短辅助时间

缩短辅助时间的方法通常是使辅助操作实现机械化和自动化，或使辅助时间与基本时间重合。具体措施如下：

1) 采用先进高效的机床夹具

采用先进高效的机床夹具不仅可以保证加工质量，而且大大减少了装卸和找正工件的时间。

2) 采用多工位连续加工

采用多工位连续加工是指在批量和大量生产中，采用回转工作台和转位夹具，在不影响切削加工的情况下装卸工件，使辅助时间与基本时间重合。该方法在铣削平面和磨削平面中得到广泛的应用，可显著地提高生产率。

3) 采用主动测量或数字显示自动测量装置

零件在加工中需多次停机测量，尤其是精密零件或重型零件更是如此，这样不仅降低了生产率，不易保证加工精度，还增加了工人的劳动强度。主动测量或自动测量装置能在加工中测量工件的实际尺寸，并能用测量的结果控制机床进行自动补偿调整。该方法在内、外圆磨床上采用，已取得了显著的效果。

4) 采用两个相同夹具交替工作的方法

当一个夹具安装好工件进行加工时，另一个夹具同时进行工件装卸，这样也可以使辅助时间与基本时间重合。该方法常用于批量生产中。

3. 缩短布置工作场地时间

布置工作场地时间主要消耗在更换刀具和调整刀具的工作上。因此，缩短布置工作场地时间主要是减少换刀次数、换刀时间和调整刀具的时间。减少换刀次数就是要提高刀具或砂轮的耐用度，而减少换刀和调刀时间是通过改进刀具的装夹和调整方法，采用对刀辅具来实现的。例如，采用各种机外对刀的快速换刀夹具、专用对刀样板或样件以及自动换刀装置等。目前，在车削和铣削中已广泛采用机械夹固的可转位硬质合金刀片，既能减少换刀次数，又减少了刀具的装卸、对刀和刃磨时间，从而大大提高了生产效率。

4. 缩短准备与终结时间

缩短准备与终结时间的主要方法是扩大零件的批量和减少调整机床、刀具和夹具的时间。

1.7.3　工艺过程的技术经济分析

制订机械加工工艺规程时，通常应提出几种方案。这些方案应都能满足零件的设计要求，但成本则会有所不同。为了选取最佳方案，需要进行技术经济分析。

1．生产成本和工艺成本

制造一个零件或一件产品所必需的一切费用的总和，称为该零件或产品的生产成本。生产成本实际上包括与工艺过程有关的费用和与工艺过程无关的费用两类。因此，对不同的工艺方案进行经济分析和评价时，只需分析、评价与工艺过程直接相关的生产费用，即所谓的工艺成本。

在进行经济分析时，应首先统计出每一方案的工艺成本，再对各方案的工艺成本进行比较，以其中成本最低、见效最快的为最佳方案。

工艺成本由两部分构成，即可变成本(V)和不变成本(S)。

(1) 可变成本(V)是指与生产纲领 N 直接有关，并随生产纲领成正比例变化的费用。它包括工件材料(或毛坯)费用、操作工人工资、机床电费、通用机床的折旧费和维修费、通用工艺装备的折旧费和维修费等。

(2) 不变成本(S)是指与生产纲领 N 无直接关系，不随生产纲领的变化而变化的费用。它包括调整工人的工资、专用机床的折旧费和维修费、专用工艺装备的折旧费和维修费等。

零件加工的全年工艺成本(E)为

$$E = V \cdot N + S \tag{1-4}$$

式(1-4)为直线方程，其坐标关系如图 1-28 所示，可以看出，E 与 N 是线性关系，即全年工艺成本与生产纲领成正比，直线的斜率为工件的可变费用，直线的起点为工件的不变费用。当生产纲领产生ΔN 的变化时，年工艺成本的变化为ΔE。

单件工艺成本 E_d 可由式(1-4)变换得到，即

$$E_d = V + S / N \tag{1-5}$$

图 1-29 为单件工艺成本与生产纲领的关系，由图 1-29 可知，E_d 与 N 呈双曲线关系，当 N 增大时，E_d 逐渐减小，极限值接近可变费用。

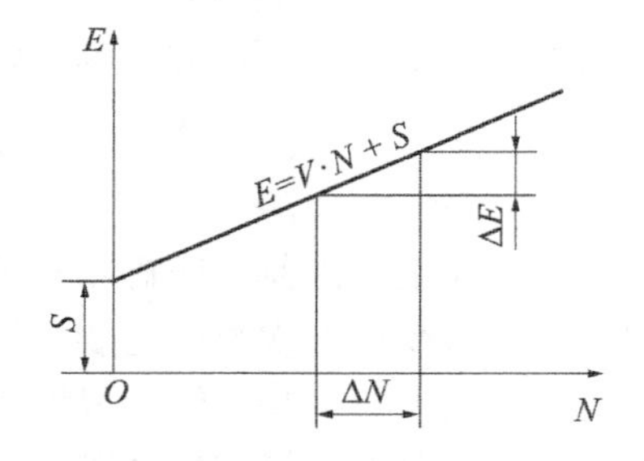

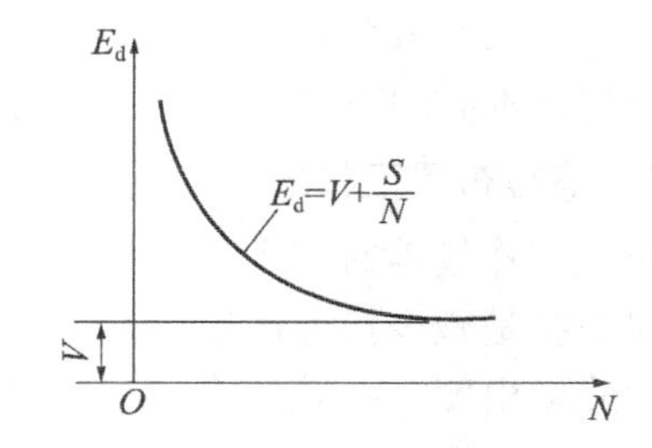

图 1-28　全年工艺成本与生产纲领的关系　　图 1-29　单件工艺成本与生产纲领的关系

2．不同工艺方案的经济性比较

在进行不同工艺方案的经济分析时，常对零件或产品的全年工艺成本进行比较，这是因为全年工艺成本与生产纲领呈线性关系，容易比较。设两种不同方案分别为Ⅰ和Ⅱ，它们的全年工艺成本分别为

$$E_1=V_1 N+S_1, \quad E_2=V_2N+S_2$$

两种方案比较时，往往一种方案的可变费用较大，另一种方案的不变费用就会较大。如果某方案的可变费用和不变费用均较大，那么该方案在经济上是不可取的。

在同一坐标图上分别画出方案 I 和方案II的全年工艺成本与年产量的关系，如图 1-30 所示。由图可知，两条直线相交于 $N=N_K$ 处，N_K 称为临界产量，在此年产量时，两种工艺路线的全年工艺成本相等。由 $V_1 N_K + S_1 = V_2N_K + S_2$ 可得

$$N_K = (S_1 - S_2) / (V_2 - V_1)$$

当 $N<N_K$ 时，宜采用方案II，即年产量小时，宜采用不变费用较少的方案；当 $N > N_K$ 时，宜采用方案I，即年产量大时，宜采用可变费用较少的方案。

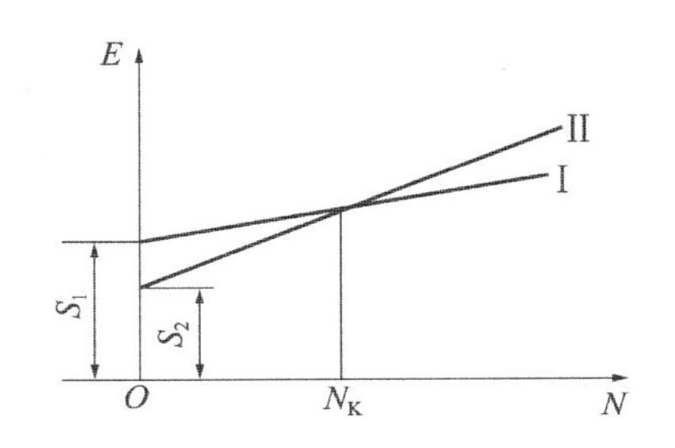

图 1-30　两种方案全年工艺成本的比较

如果需要比较的工艺方案中基本投资差额较大，还应考虑不同方案的基本投资差额的回收期。投资回收期必须满足以下要求：

(1) 小于采用设备和工艺装备的使用年限。

(2) 小于该产品由于结构性能或市场需求等因素所决定的生产年限。

(3) 小于国家规定的标准回收期，即新设备的回收期应小于 4～6 年，新夹具的回收期应小于 2～3 年。

1.8　工艺尺寸链

【学习目标】　掌握工艺尺寸链的定义；了解工艺尺寸链的组成、分类及计算方法；掌握极值法解尺寸链的基本计算公式；掌握利用尺寸链计算工序尺寸及公差的方法。

1.8.1　尺寸链的基本概念

1. 尺寸链的定义

在机器装配或零件加工过程中，由相互连接的尺寸形成封闭的尺寸组称为尺寸链。如图 1-31(a)所示台阶零件，零件图样上标注设计尺寸 A_1 和 A_0。当用调整法最后加工表面 B 时(其他表面均已加工完成)，为了使工件定位可靠和夹具结构简单，常选 A 面为定位基准，按尺寸 A_2 对刀加工 B 面，间接保证尺寸 A_0。这样，尺寸 A_1、A_2 和 A_0 是在加工过程中，由相互连接的尺寸形成封闭的尺寸组，如图 1-31(b)所示，它就是一个尺寸链。

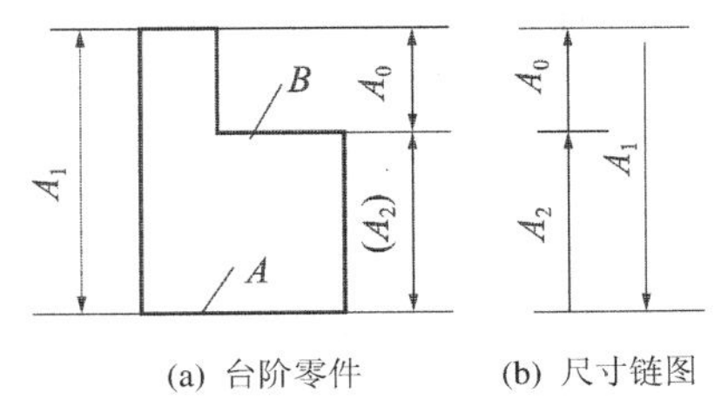

图 1-31　零件加工过程中的尺寸链

在设计、装配和测量过程中也都会形成类似的封闭尺寸组，即形成尺寸链。

2. 尺寸链的组成

为了便于分析和计算尺寸链，对尺寸链中各尺寸作如下定义：

(1) 环：列入尺寸链中的每一尺寸。图 1-31 中的 A_1、A_2 和 A_0 都称为尺寸链的环。

(2) 封闭环：尺寸链中在装配过程或加工过程最后(自然或间接)形成的一环。图 1-31 中的 A_0 是封闭环。封闭环以下角标“0”表示。

(3) 组成环：尺寸链中对封闭环有影响的全部环。这些环中任一环的变动必然引起封闭环的变动。图 1-31 中的 A_1 和 A_2 均是组成环。组成环以下角标“i”表示，i 从 1 到 m，m 是环数。

(4) 增环：尺寸链中的组成环，由于该环的变动引起封闭环同向变动。同向变动是指该环增大时封闭环也增大，该环减小时封闭环也减小。图 1-31 中的 A_1 是增环。

(5) 减环：尺寸链中的组成环，由于该环的变动引起封闭环反向变动。反向变动是指该环增大时封闭环减小，该环减小时封闭环增大。图 1-31 中的 A_2 是减环。

3. 尺寸链的特性

(1) 封闭性。由于尺寸链是封闭的尺寸组，因而它是由一个封闭环和若干个相互连接的组成环所构成的封闭图形，具有封闭性。不封闭就不能称为尺寸链，一个尺寸链有一个封闭环。

(2) 关联性。由于尺寸链具有封闭性，所以尺寸链中的各环都相互关联。尺寸链中封闭环随所有组成环的变动而变动，组成环是自变量，封闭环是因变量。

4. 尺寸链图

尺寸链图是将尺寸链中各相应的环按大致比例，用首尾相接的单箭头线顺序画出的尺寸图，如图 1-31(b)所示。用尺寸链图可迅速判别组成环的性质，凡是与封闭环箭头方向同向的环是减环，与封闭环箭头方向反向的环是增环。

5. 尺寸链的分类

(1) 按环的几何特征划分为长度尺寸链和角度尺寸链两种。

(2) 按其应用场合划分为装配尺寸链(全部组成环为不同零件的设计尺寸)、工艺尺寸链(全部组成环为同一零件的工艺尺寸，如图 1-31(b)所示)和零件尺寸链(全部组成环为同一零件的设计尺寸)。设计尺寸是指零件图样上标注的尺寸，工艺尺寸是指工序尺寸、测量尺寸和定位尺寸等。必须注意：零件图样上的尺寸不能注成封闭的。

(3) 按各环所处空间位置划分为直线尺寸链、平面尺寸链和空间尺寸链。

尺寸链还可分为基本尺寸链和派生尺寸链(它的封闭环为另一尺寸链的组成环)，标量尺寸链和矢量尺寸链等〔详见《尺寸链　计算方法》(GB/T 5847—2004)〕。

6. 尺寸链的计算公式

尺寸链的计算，是指计算封闭环与组成环的基本尺寸、公差及极限偏差之间的关系。计算方法分为极值法和统计(概率)法两类。极值法多用于环数少的尺寸链，统计(概率)法多用于环数多的尺寸链。以下介绍极值法解尺寸链的基本计算公式。

机械制造中的尺寸及公差要求，通常是用基本尺寸(A)及上、下偏差(ES_A、EI_A)来表示的。在尺寸链计算中，各环的尺寸及公差要求还可以用最大极限尺寸(A_{max})和最小极限尺寸

(A_{min})或用平均尺寸(A_M)和公差(T_A)来表示。这些尺寸、偏差和公差之间的关系如图 1-32 所示。

由基本尺寸求平均尺寸可按下式进行：

$$A_M = \frac{A_{max} + A_{min}}{2} = A + \varDelta_M A$$

$$\varDelta_M A = \frac{ES_A + EI_A}{2}$$

式中，$\varDelta_M A$ 为中间偏差。

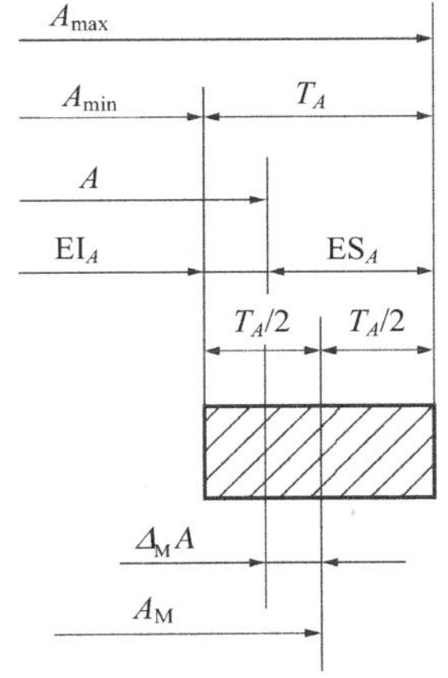

图 1-32　各种尺寸和偏差的关系

1) 封闭环的基本尺寸

封闭环的基本尺寸等于所有增环基本尺寸之和减去所有减环尺寸之和，即

$$A_0 = \sum_{i=1}^{m} A_i - \sum_{j=m+1}^{n} A_j$$

式中：A_0 为封闭环的基本尺寸；A_i 为增环的基本尺寸；A_j 为减环的基本尺寸；m 为增环的环数；n 为组成环的总环数(不包括封闭环)。

2) 封闭环的极限尺寸

封闭环的最大极限尺寸等于增环的最大极限尺寸之和减去减环的最小极限尺寸之和，即

$$A_{0\max} = \sum_{i=1}^{m} A_{i\max} - \sum_{j=m+1}^{n} A_{j\min}$$

同理，封闭的最小极限尺寸等于各增环的最小极限尺寸之和减去各减环的最大极限尺寸之和，即

$$A_{0\min} = \sum_{i=1}^{m} A_{i\min} - \sum_{j=m+1}^{n} A_{j\max}$$

3) 封闭环的上、下偏差

用封闭环的最大极限尺寸和最小极限尺寸分别减去封闭环的基本尺寸，可得到封闭环的上偏差 ES_0 和下偏差 EI_0，即

$$ES_0 = A_{0\max} - A_0 = \sum_{i=1}^{m} ES_i - \sum_{j=m+1}^{n} EI_j \tag{1-6}$$

$$EI_0 = A_{0\min} - A_0 = \sum_{i=1}^{m} EI_i - \sum_{j=m+1}^{n} ES_j \tag{1-7}$$

式中：ES_i、ES_j 分别为增环和减环的上偏差；EI_i、EI_j 分别为增环和减环的下偏差。

式(1-6)和式(1-7)表明，封闭环的上偏差等于所有增环上偏差之和减去所有减环下偏差之和，封闭环的下偏差等于所有增环下偏差之和减去所有减环上偏差之和。

4) 封闭环的公差

封闭环的上偏差减去封闭环的下偏差，可求出封闭环的公差，即

$$T_0 = \mathrm{ES}_0 - \mathrm{EI}_0 = \sum_{i=1}^{m} T_i + \sum_{j=m+1}^{n} T_j \tag{1-8}$$

式中，T_i、T_j 分别为增环和减环的公差。

式(1-8)表明，尺寸链封闭环的公差等于各组成环公差之和。由于封闭环公差比任何组成环的公差都大，因此在零件设计时，应尽量选择最不重要的尺寸作为封闭环。由于封闭环是加工中最后自然得到的，或者是装配的最终要求，不能任意选择，因此，为了减小封闭环的公差，就应当尽量减少尺寸链中组成环的环数。对于工艺尺寸链，则可通过改变加工工艺方案来改变工艺尺寸链，达到减少尺寸链环数的目的。

5) 封闭环的平均尺寸

封闭环的平均尺寸为

$$A_{0\mathrm{M}} = \frac{A_{0\max} + A_{0\min}}{2} = A_0 + \frac{\mathrm{ES}_0 + \mathrm{EI}_0}{2} = \sum_{i=1}^{m} A_{i\mathrm{M}} - \sum_{j=m+1}^{n} A_{j\mathrm{M}} \tag{1-9}$$

式中，$A_{i\mathrm{M}}$、$A_{j\mathrm{M}}$ 分别为增环和减环的平均尺寸。

式(1-9)表明，封闭环的平均尺寸等于所有增环平均尺寸之和减去所有减环平均尺寸之和。

在计算复杂尺寸链时，当计算出有关环的平均尺寸后，先将其公差对平均尺寸作双向对称分布，写成 $A_{0\mathrm{M}} \pm T_0/2$ 的形式，全部计算完成后，再根据加工、测量等方面的需要，改注成具有整数基本尺寸和上、下偏差的形式。这样往往可使计算过程简化。

7. 尺寸链的计算形式

计算尺寸链时，会遇到下列三种形式：

(1) 正计算形式：已知各组成环的基本尺寸、公差及极限偏差，求封闭环的基本尺寸、公差及极限偏差。它的计算结果是唯一的。产品设计的校验工作常遇到此形式。

(2) 反计算形式：已知封闭环的基本尺寸、公差及极限偏差，求各组成环的基本尺寸、公差及极限偏差。由于组成环有若干个，所以反计算形式是将封闭环的公差值合理地分配给各组成环，以求得最佳分配方案。产品设计工作常遇到此形式。

(3) 中间计算形式：已知封闭环和部分组成环的基本尺寸、公差及极限偏差，求其余组成环的基本尺寸、公差及极限偏差。工艺尺寸链多属此种计算形式。

1.8.2 工艺尺寸链的应用和解算方法

应用工艺尺寸链解决实际问题的关键是找出工艺尺寸之间的内在联系，确定封闭环及组成环，即建立工艺尺寸链。当确定好尺寸链的封闭环及组成环后，就能运用尺寸链的计算公式进行具体计算。下面，由简到繁，通过几种典型的应用实例，分析工艺尺寸链的建立和计算方法。

1. 工艺基准与设计基准重合时工艺尺寸链的建立和计算

这种情况就是工序基准、定位基准、测量基准与设计基准重合，表面多次加工时工序尺寸及其公差的计算。具体计算方法已在本章第六节中分析过。现用工艺尺寸链来分析工序尺寸和余量之间的关系。如图 1-33 所示，上工序尺寸 A_1、本工序尺寸 A_2 和工序基本余量 Z 形成三环的工艺尺寸链。尺寸链中，A_1 在本工序加工前已经形成，一般情况下，尺寸 A_2 是本工序控制的工序尺寸，因而它们都是组成环。只有工序基本余量是最后形成的环，即封闭环。每个工序基本余量都是一个三环工艺尺寸链的封闭环。工艺尺寸链建立后，就可按尺寸链的计算公式计算各尺寸及其公差。如图 1-33 所示尺寸链是直线尺寸链，因而

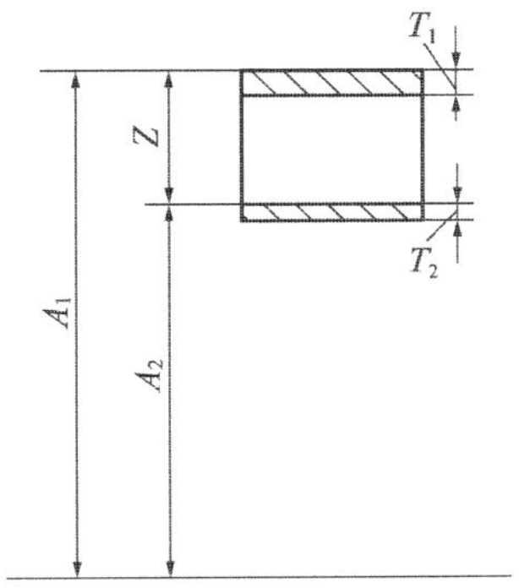

图 1-33　余量为封闭环的三环尺寸链

$$Z = A_1 - A_2$$

$$T_Z = T_1 + T_2$$

式中：T_Z 为余量的公差；T_1 为工序尺寸 A_1 的公差；T_2 为工序尺寸 A_2 的公差。

由上面两公式可知：工序余量的基本值影响工序尺寸的基本尺寸，工序尺寸的公差则影响工序余量的变化。一般情况，工序尺寸的公差按经济精度选定后，就可计算最大工序余量和最小工序余量，并验算工序余量是否过大或过小，以便修改工序余量。

若加工时直接控制工序余量，而不是直接控制工序尺寸，如靠火花磨削，则工序余量就成为组成环，而本工序的工序尺寸是最后形成的封闭环。

2. 工艺基准与设计基准不重合时工艺尺寸链的建立和计算

为简便起见，设工序基准与定位基准或测量基准重合(一般情况下与生产实际相符)。此时，工艺基准与设计基准不重合，就变为测量基准或定位基准与设计基准不重合的两种情况。

1) 测量基准与设计基准不重合时测量尺寸的换算

(1) 测量尺寸的换算。

如图 1-34 所示的套筒零件，设计图样上根据装配要求标注尺寸 $50_{-0.17}^{\ 0}$ mm 和 $10_{-0.36}^{\ 0}$ mm，大孔深度尺寸未标注。零件上设计尺寸 $A_1(50_{-0.17}^{\ 0}$ mm)、$A_2(10_{-0.36}^{\ 0}$ mm)和大孔的深度尺寸形成零件尺寸链，如图 1-34(b)所示。大孔深度尺寸 A_0 是最后形成的封闭环，根据计算公式可得 $A_0 = 40_{-0.17}^{+0.36}$ mm。

加工时，由于尺寸 $10_{-0.36}^{\ 0}$ mm 测量比较困难，改用游标深度尺测量大孔深度，因而 $10_{-0.36}^{\ 0}$ mm 就成为如图 1-34(c)所示工艺尺寸链的封闭环 A_0'，组成环为 $A_1' = 50_{-0.17}^{\ 0}$ mm 和 A_2'。根据计算公式可得 $A_2' = 40_{\ 0}^{+0.19}$ mm。

比较大孔深度的测量尺寸 $A_2' = 40_{\ 0}^{+0.19}$ mm 和原设计要求 $A_0 = 40_{-0.17}^{+0.36}$ mm 可知，由于测量基准与设计基准不重合，就要进行尺寸换算。换算的结果明显地提高了对测量尺寸的精度要求。

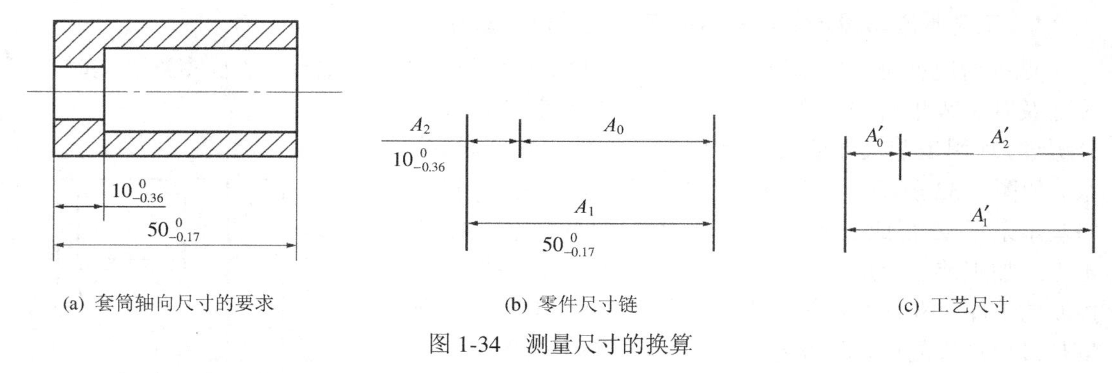

(a) 套筒轴向尺寸的要求　(b) 零件尺寸链　(c) 工艺尺寸

图 1-34　测量尺寸的换算

(2) 假废品的分析。

对零件进行测量，当 A'_2 的实际尺寸在 $A'_2=40_{\ 0}^{+0.19}$ mm 之间、A'_1 的实际尺寸在 $50_{-0.17}^{\ 0}$ mm 之间时，A'_0 必在 $10_{-0.36}^{\ 0}$ mm 之间，零件为合格品。

若 A'_2 的实际尺寸超出 $A'_2=40_{\ 0}^{+0.19}$ mm 范围，但仍在原设计要求 $40_{-0.17}^{+0.36}$ mm 之间，工序检验时则认为该零件为不合格品。此时，检验人员将会逐个测量另一组成环 A'_1，再由 A'_1 和 A'_2 的具体值计算出 A'_0 值，并判断零件是否合格。

假如 A'_2 的实际尺寸比换算后允许的最小值($A'_{2\min}=40$ mm)还小 0.17 mm，即 $A'_{2C}=(40-0.17)$ mm $=39.83$ mm，如果 A'_1 刚巧也为最小，即 $A'_{1\min}=(50-0.17)$mm $=49.83$ mm，则此时 A'_0 实际尺寸为

$$A'_0=A'_{1\min}-A'_{2\min}=(49.83-39.83)\text{ mm}=10\text{ (mm)}$$

零件为合格品。

同样，当 A'_2 的实际尺寸比换算后允许的最大值($A'_{2\max}=40.19$ mm)还大 0.17 mm，即 $A'_{2C}=(40.19+0.17)$ mm $=40.36$ mm，如果 A'_1 刚巧也为最大，即 $A'_{1\max}=50$ mm，则此时 A'_0 的实际尺寸为

$$A'_0=A'_{1\max}-A'_{2\max}=(50-40.36)\text{mm}=9.64\text{ (mm)}$$

零件仍为合格品。

由上可见，在实际加工中，由于测量基准与设计基准不重合，因而要换算测量尺寸。如果零件换算后的测量尺寸超差，只要它未超出按零件图尺寸链计算出的尺寸($40_{-0.17}^{+0.36}$ mm)范围，则该零件有可能是假废品，应对该零件进行复检，逐个测量并计算出零件的实际尺寸，由零件的实际尺寸来判断合格与否。

(3) 设计工艺装备来保证设计尺寸。

如图 1-35(a)所示轴承座零件，设计尺寸为 $50_{-0.1}^{\ 0}$ mm 和 $10_{-0.15}^{\ 0}$ mm(尺寸标注在图样上方)。由于设计尺寸 $50_{-0.1}^{\ 0}$ mm 在加工时不易测量，如改测尺寸 x，则尺寸 10 mm、50 mm 和 x 三尺寸形成工艺尺寸链，其中尺寸 50 mm 是封闭环。由于封闭环的公差已小于组成环 10 mm 的公差，所以必须压缩尺寸 10 mm 的公差至 T'_{10}，使 $T_{50}\geqslant T'_{10}+T_x$。设 $T'_{10}=0.05$ mm，并标注为 $10_{-0.05}^{\ 0}$ mm(见图 1-35(a)零件图样的下方)，则通过计算求得 $x=60_{-0.10}^{-0.05}$ mm。可见，换算后的测量尺寸精度高于原设计要求。

在成批和大量生产中，可设计心轴和卡板来进行加工和测量，如图 1-35(b)所示。图中尺寸 50 mm、80 mm 和 b 形成工艺尺寸链，其中 $50_{-0.1}^{\ 0}$ mm 是封闭环。组成环 80 mm 尺寸因是夹具尺寸，故定为 $80_{-0.02}^{\ 0}$ mm，通过计算可得另一组成环 b 为 $30_{\ 0}^{+0.08}$ mm，即卡板的过端和止端尺寸。由上述分析可知，因测量基准与设计基准不重合，仍要进行尺寸换算，所不同的是工艺尺寸链中的组成环用夹具尺寸替代零件尺寸，从而降低了对测量尺寸的精度要求。但是，该测量尺寸的精度要求仍然比原设计要求高(由原设计要求的公差 0.1 mm 缩小到 0.08 mm)。可见，最理想的方案是避免测量尺寸的换算。

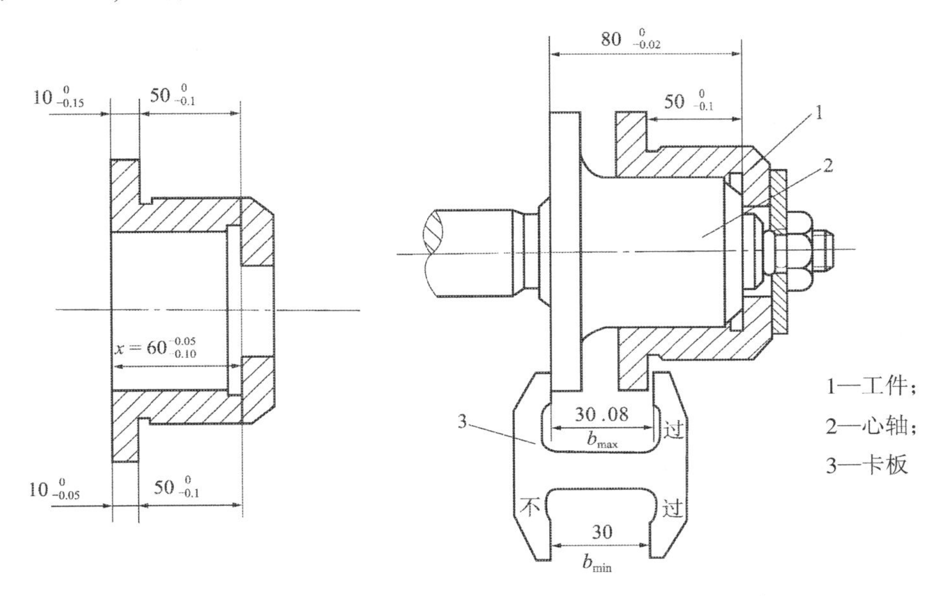

(a) 轴承座的设计尺寸和换算尺寸　　(b) 采用心轴和卡板的加工和测量方法

图 1-35　轴承座的尺寸换算、加工和测量方法

2) 定位基准与设计基准不重合时工序尺寸及其公差的换算

如图 1-13 所示，设计基准与定位基准不重合时，用调整法加工主轴箱箱体孔的尺寸关系。此时，孔的设计基准是底面 D，设计尺寸为 B；孔的定位基准是顶面 F，工序尺寸为 A。应该怎样确定工序尺寸 A 及其公差 T_A，才能保证设计尺寸 B 及其公差 T_B 的要求呢?

首先，要建立设计尺寸 B 和工序尺寸 A 之间的工艺尺寸链，然后进行尺寸链计算，确定工序尺寸 A 及其公差 T_A。

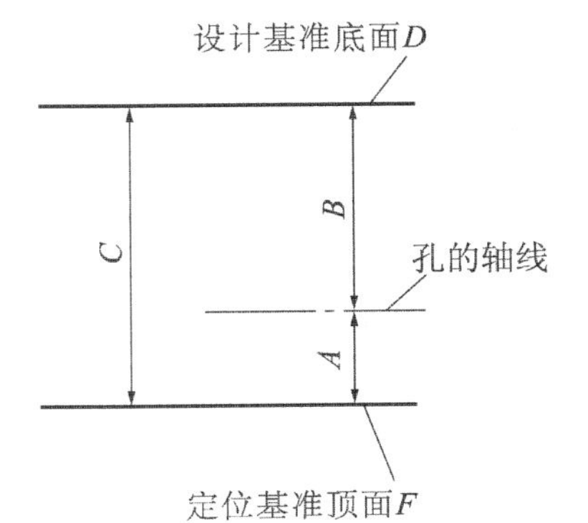

图 1-36　定位基准与设计基准不重合时工序尺寸的换算

如图 1-36 所示包含 A、B、C 三尺寸的工艺尺寸链，即为所求尺寸链。其中，尺寸 C 是上工序尺寸，尺寸 A 是本工序加工时控制的尺寸，因而都是组成

环，只有设计尺寸 B 才是最后形成的封闭环。它们之间的公差关系可按尺寸链计算公式确定，即

$$T_B = T_A + T_C$$

式中，已知设计尺寸公差 T_B，因而工序尺寸公差可由设计尺寸的公差按“反计算”形式分配而得。

综上可知，定位基准与设计基准不重合时，工序尺寸及其公差的换算方法是，先找出以设计尺寸为封闭环、以工序尺寸为组成环的工艺尺寸链，再按尺寸链“中间计算”形式分配工序尺寸公差。

下面是定位基准与设计基准不重合的常见应用类型：

(1) 从待加工的设计基准标注工序尺寸时工序尺寸及其公差的换算。

从待加工的设计基准标注工序尺寸，因为待加工的设计基准与设计基准两者差一个余量，所以它仍然是设计基准与定位基准不重合。现通过两个实例的分析，进一步加深对基准不重合时工艺尺寸链的建立和计算的理解。

【例 1-2】 图 1-37(a)为某齿轮孔的局部视图，其设计尺寸为：孔径 $\phi40^{+0.05}_{0}$ 需淬硬，键槽深度尺寸为 $46^{+0.3}_{0}$。其加工顺序如下：

① 镗孔至 $\phi39.6^{+0.1}_{0}$ mm。

② 插键槽，工序尺寸为 A。

③ 热处理淬火。

④ 磨孔至 $\phi40^{+0.05}_{0}$ mm，同时保证 $46^{+0.3}_{0}$ mm(假设磨孔和镗孔的同轴度误差很小，可忽略)。

试求插键槽的工序尺寸及公差。

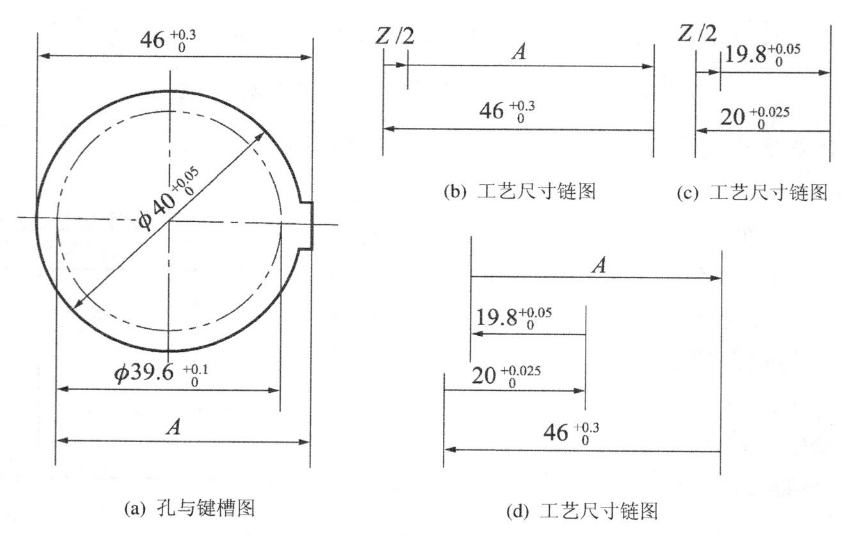

图 1-37　孔与键槽加工的工艺尺寸链

解　① 建立工艺尺寸链，包括画尺寸链图，确定封闭环和判别组成环性质。

设计要求尺寸 $46^{+0.3}_{0}$ mm 和工序尺寸 A 两者仅差半径方向的磨削工序余量，即 $Z/2$(Z 是

磨削余量)。因此，尺寸 46 mm、A 和 $Z/2$ 形成三环工艺尺寸链，如图 1-37(b)所示。其中尺寸 A 是插键槽时已形成的尺寸，因而不是封闭环；尺寸 46 mm 是在磨孔时最后形成的环，因而尺寸 46 mm 是封闭环。

另一方面，磨削余量 $Z/2$ 又是基准重合，表面两次加工时工序尺寸的封闭环，如图 1-37(c)所示。组成环是镗孔和磨孔工序的半径尺寸 $19.8^{+0.05}_{0}$ mm 和 $20^{+0.025}_{0}$ mm。若把如图 1-37(b)、(c)所示的两个工艺尺寸链串联起来，则可得到如图 1-37(d)所示的四环工艺尺寸链。其中，设计尺寸 $46^{+0.3}_{0}$ mm 是封闭环，三个工序尺寸(A、$19.8^{+0.05}_{0}$ mm 和 $20^{+0.025}_{0}$ mm)是组成环。由尺寸链图可知 A 和 $20^{+0.025}_{0}$ mm 是增环，$19.8^{+0.05}_{0}$ mm 是减环。若不忽略磨孔和镗孔的同轴度误差，则尺寸链中增加一个同轴度误差的组成环即可。

② 计算工序尺寸及其公差。建立工艺尺寸链后，就可计算工序尺寸 A 及其公差。本例按“中间计算”形式进行。

按基本尺寸公式求尺寸 A：

因为　　$46 = 20 + A - 19.8$

所以　　$A = 45.8$ mm

按上偏差公式求 ES_A：

因为　　$+0.30 = (+0.025 + ES_A) - 0$

所以　　$ES_A = 0.275$ mm

按下偏差公式求 EI_A：

因为　　$+0 = (0 + EI_A) - (+0.05)$

所以　　$EI_A = 0.05$ mm

插键槽的工序尺寸及其偏差为：

$$A = 45.80^{+0.275}_{+0.050}$$

按“入体原则”标注偏差，并圆整得

$$A = 45.85^{+0.23}_{0}$$

从上述分析可知，从待加工的设计基准标注工序尺寸时的工序尺寸换算和定位基准与设计基准不重合时的工序尺寸换算一样，都是先找出以设计尺寸为封闭环和以工序尺寸为组成环的工艺尺寸链，然后再按尺寸链的计算公式，以“反计算”或“中间计算”形式确定所求工序尺寸及其公差值。

【例 1-3】 图 1-38(a)为轴套零件图，其轴向的设计尺寸为 $50^{0}_{-0.34}$ mm、$10^{0}_{-0.30}$ mm、(15±0.2) mm。加工顺序如下：

① 镗孔及车端面，工序尺寸为 L_1，如图 1-38(b)所示。

② 车外圆及端面，工序尺寸为 L_2 和 L_3，如图 1-38(c)所示。

③ 钻孔，工序尺寸为 L_4，如图 1-38(d)所示。

④ 磨外圆及台肩，工序尺寸为 L_5，如图 1-38(e)所示。

试确定各轴向工序尺寸及其公差。

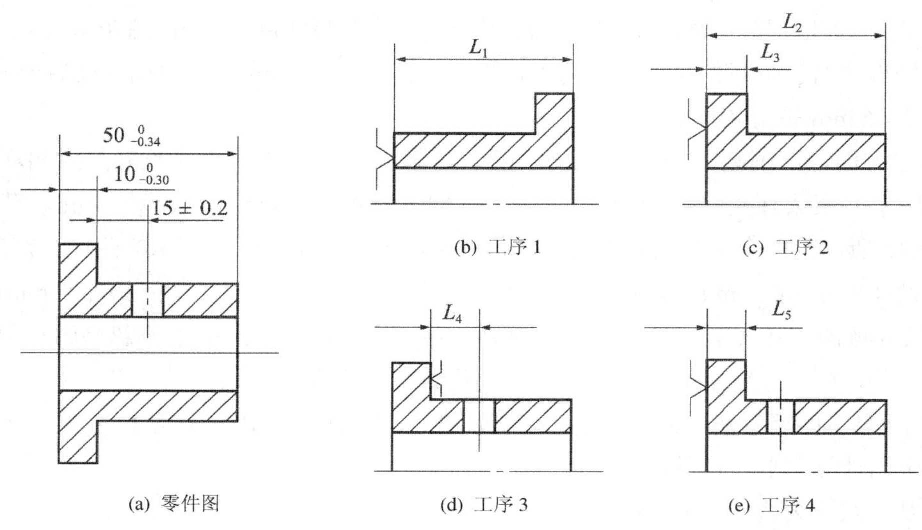

(a) 零件图 (b) 工序1 (c) 工序2 (d) 工序3 (e) 工序4

图 1-38 套筒的轴向尺寸加工顺序

解 ① 确定基准重合时表面多次加工的工序尺寸及其公差。

工序尺寸 L_1 和 L_2 以及 L_3 和 L_5 均属基准重合时表面多次加工的工序尺寸。其中，最后工序的尺寸 L_2 和 L_5 应满足设计要求，即 $L_2=50_{-0.34}^{\ 0}$ mm、$L_5=10_{-0.30}^{\ 0}$ mm。前工序的工序尺寸 L_1 和 L_3，要先查出工序余量再计算确定，现查得端面车削余量为 1 mm，磨台肩面余量为 0.4 mm，因而

$$L_1 = L_2 + 1 = 51\ (\text{mm})$$

$$L_3 = L_5 + 0.4 = 10.4\ (\text{mm})$$

工序尺寸公差按经济精度确定。查得 $T_1 = 0.4$ mm，$T_2 = 0.2$ mm，并按"入体原则"标注偏差得 $L_1 = 51_{-0.40}^{\ 0}$ mm，$L_3 = 10.4_{-0.20}^{\ 0}$ mm。

② 确定基准不重合时的工序尺寸及其公差。L_4 是从待加工的设计基准标注的工序尺寸，按下列步骤求解:

建立工艺尺寸链。设计尺寸(15±0.2) mm 和工序尺寸 L_4 仅差磨削时的工序余量 Z，因而尺寸(15±0.2) mm、L_4 和 Z 形成三环的工艺尺寸链，如图 1-39(a)所示。其中，设计尺寸(15±0.2) mm 是封闭环。

另一方面，磨削余量 Z 又是基准重合时表面两次加工后工序尺寸 L_3 和 L_5 的封闭环，三个尺寸形成如图 1-39(b)所示的工艺尺寸链。把图 1-39(a)和图 1-39(b)两个三环尺寸链串联成一个四环尺寸链，如图 1-39(c)所示。其中，设计尺寸(15±0.2) mm 是封闭环，工序尺寸 L_3、L_4 和 L_5 是组成环；L_3 和 L_4 是增环，L_5 是减环。

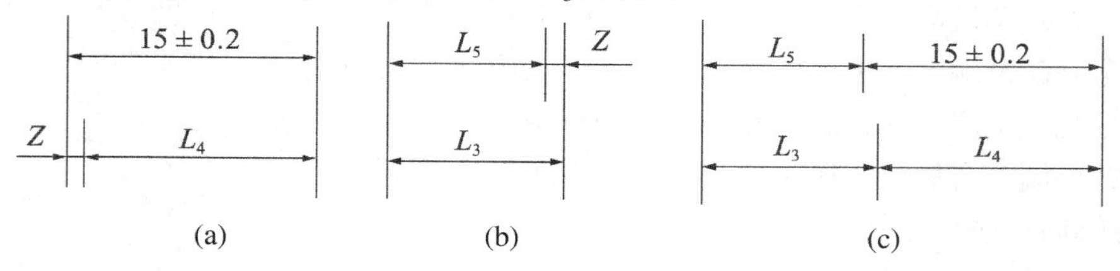

(a) (b) (c)

图 1-39 轴套零件轴向尺寸的工艺尺寸链

计算(或校验)各工序尺寸及其公差。由封闭环的极值公差公式，按“反计算”形式分配各组成环公差，即

$$T_{0L}=\sum_{i=1}^{m}T_i$$

所以 $$T_{0L}=0.4\ \text{mm}=T_3+T_4+T_5$$

由基准重合、表面多次加工时，求得 $T_3=0.2$ mm，$T_5=0.3$ mm，代入上式可知，实际加工误差已超过零件设计要求。为此，必须压缩有关工序尺寸公差。现定为 $T_3=T_5=0.1$ mm，并按“入体原则”标注偏差得 $L_3=10.4_{-0.10}^{\ 0}$ mm，$L_5=10_{-0.10}^{\ 0}$ mm。通过计算可得 $L_4=(14.6\pm0.1)$ mm。

从上述两例的分析可知：

① 两例的第 4 工序磨削都是同时保证两个设计尺寸：例 1-2 工序 4 同时保证 $\phi40_{\ 0}^{+0.05}$ mm 和 $46_{\ 0}^{+0.30}$ mm，例 1-3 工序 4 同时保证 $10_{-0.30}^{\ 0}$ mm 和 (15 ± 0.2) mm。其中一个设计尺寸是直接获得的，它们分别为 $\phi40_{\ 0}^{+0.05}$ mm 或 $10_{-0.30}^{\ 0}$ mm；另一个设计尺寸是最后自然形成的封闭环，它们分别为 $46_{\ 0}^{+0.30}$ mm 或 (15 ± 0.2) mm。因此，也有把“从待加工的设计基准标注工序尺寸的工艺尺寸链计算”称为“多尺寸同时保证的工艺尺寸链计算”。实质上，它们又都是定位基准和设计基准不重合的工艺尺寸链计算的一种特例。

② 尺寸链换算的结果明显地提高了加工要求。因此，要避免尺寸链换算，就要尽量避免定位基准和设计基准不重合，避免从待加工的设计基准标注工序尺寸，避免多尺寸同时保证。在例 1-3 中，若将工序 3 的钻孔改在最后进行，则可避免工艺尺寸链的换算，降低工件的加工要求。

(2) 多尺寸保证时工艺尺寸链的计算。

【例 1-4】 在如图 1-40(a)所示的零件中，A 面为主要轴向设计基准，直接从它标注的设计尺寸有 4 个，分别为(52 ± 0.4) mm、$9.5_{\ 0}^{+1}$ mm、$5_{-0.16}^{\ 0}$ mm 和(2 ± 0.20) mm。由于 A 面要求高，安排在最后加工，但在磨削加工工序中(见图 1-40(b))，只能直接控制(即图中标注的)一个尺寸。这个尺寸通常是同一设计基准标注的设计尺寸中精度最高的，本例中为 $5_{-0.16}^{\ 0}$ mm，而其他 3 个尺寸则需通过换算来间接保证，即要求计算表面 A 磨削前的车削工序中，上述各设计尺寸的控制尺寸及公差。

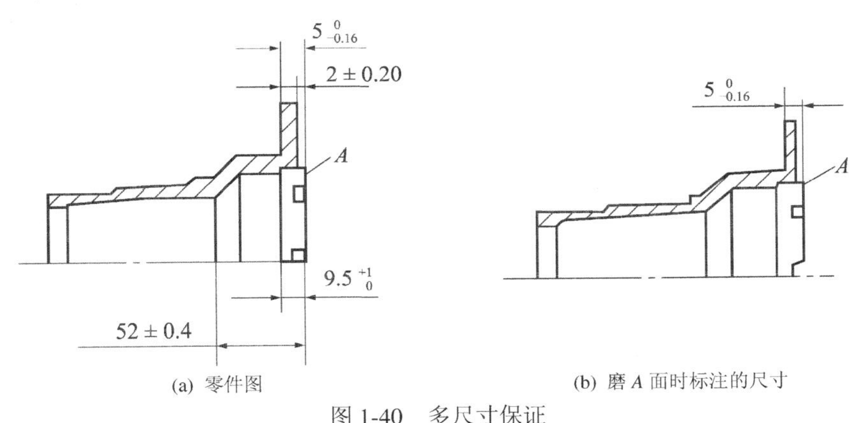

(a) 零件图　　(b) 磨 A 面时标注的尺寸

图 1-40　多尺寸保证

解　在如图 1-41 所示的尺寸链图中，假定尺寸 $5_{-0.16}^{0}$ mm 磨削前的车削尺寸控制在 $A \pm T_A =$ (5.3 ± 0.05)mm，此时磨削余量 Z 为封闭环，则

$$ES_Z = +0.05 - (-0.16) = 0.21\ (\text{mm})$$

$$EI_Z = -0.05 - 0 = -0.05\ (\text{mm})$$

因此，余量尺寸 $Z = 0.3_{-0.05}^{+0.21}$ mm。

为了在 A 面磨削后，其余的 3 个设计尺寸达到要求，则磨削前的车削尺寸 B、C、D 也应控制。此时磨后的各尺寸为封闭环，磨削余量 Z 为组成环之一，按尺寸链图分别求出磨前各尺寸为 $B = 2.3_{-0.01}^{+0.15}$ mm，$C = 9.8_{+0.21}^{+0.95}$ mm，$D = 52.3_{-0.19}^{+0.35}$ mm。

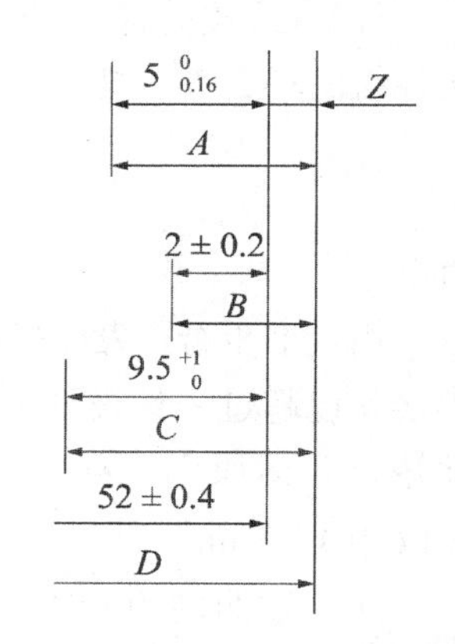

图 1-41　多尺寸保证时的尺寸链

(3) 余量校核。

工序余量的变化量取决于本工序以及前面有关工序加工误差的大小，在已知工序尺寸及其公差的条件下，用工艺尺寸链可以计算余量的变化，校核其大小是否合适。通常只需要校核精加工余量。

【例 1-5】　如图 1-42(a)所示小轴的轴向尺寸需做以下加工：

① 车端面 1。

② 车端面 2，保证端面 1 和端面 2 之间距离尺寸 A_2=$49.5_{0}^{+0.3}$ mm。

③ 车端面 3，保证总长 A_3=$80_{-0.2}^{0}$ mm。

④ 磨端面 2，保证端面 2 与端面 3 之间距离尺寸 A_1=$30_{-0.14}^{0}$ mm。

试校核磨端面 2 的余量。

解　由如图 1-42(b)所示的轴向尺寸工艺尺寸链，因余量 Z 是在加工中间接获得的，故是尺寸链的封闭环。按尺寸链的计算公式，有

$$Z = A_3 - (A_1 + A_2) = 80 - (30 + 49.5) = 0.5(\text{mm})$$

$$Z_{max} = A_{3max} - (A_{1min} + A_{2min}) = 80 - (30-0.14) - (49.5-0) = 0.64(\text{mm})$$

$$Z_{min} = A_{3min} - (A_{1max} + A_{2max}) = (80-0.2) - (30-0) - (49.5+0.3) = 0(\text{mm})$$

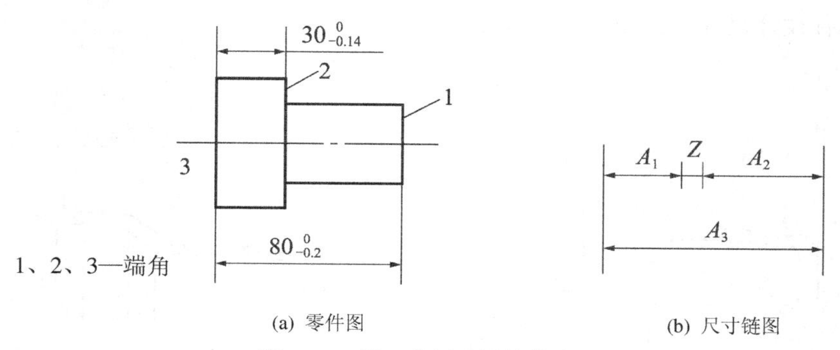

(a) 零件图　　(b) 尺寸链图

图 1-42　用工艺尺寸链校核余量

由于 Z_{min}=0，因此对有些零件，磨端面 2 时就可能没有余量，故必须加大 Z_{min}。因 A_{3min} 和 A_{1max} 是设计尺寸，不能更改，所以只有让 A_{2max} 减小。令 Z_{min}=0.1 mm，代入上式可得

$$A_{2\max} = 49.7\ \text{mm}$$

所以工序尺寸 $A_2 = 49.5^{+0.2}_{\ 0}$ mm。

必须指出，A_2 的基本尺寸不能更改，否则尺寸链中的基本尺寸就不封闭了。

(4) 零件进行表面热处理时的工序尺寸换算。

① 零件进行表面镀层处理(镀铬、镀锌、镀铜等)时的工序尺寸换算。

【例 1-6】 如图 1-43(a)所示的圆环，外圆表面要求镀铬，镀前进行磨削加工，需保证尺寸 $\phi 28^{\ 0}_{-0.045}$ mm。试确定磨削时的工序尺寸 ϕA 及其上、下偏差。

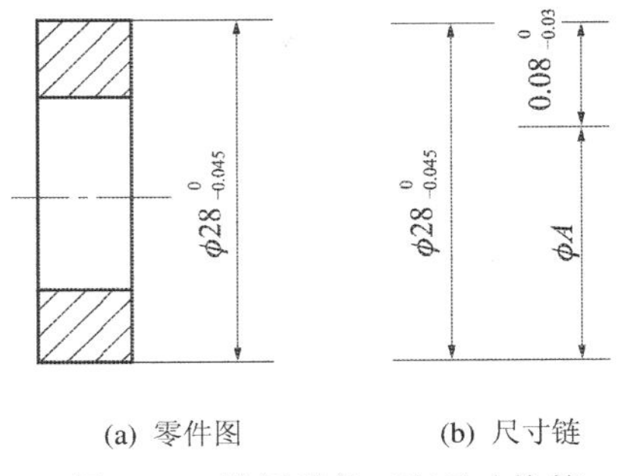

(a) 零件图　　(b) 尺寸链

图 1-43　镀层零件工序尺寸换算

解　由于零件尺寸 $\phi 28^{\ 0}_{-0.045}$ mm 是镀后间接保证的，所以它是封闭环。列出工艺尺寸链(见图 1-43(b))，解之可得

$$A = 28-0.08 = 27.92(\text{mm})$$

$$ES_A = 0-0 = 0(\text{mm})$$

$$EI_A = -0.45-(-0.03) = -0.42(\text{mm})$$

所以镀前磨削工序尺寸 $\phi A=27.92^{\ 0}_{-0.42}$ mm。

应当指出，某些进行镀层处理的零件(如手柄、罩壳等)，只是为了美观和防锈，镀层表面没有精度要求，就不存在工序尺寸换算问题。

② 零件表面渗碳、渗氮处理时的工序尺寸换算。

【例 1-7】 如图 1-44(a)所示的轴承衬套，内孔要求渗氮处理，渗氮层深度 t_0(单边)为 $0.3^{+0.2}_{\ 0}$ mm，有关加工工序是：磨内孔保证尺寸 $\phi 144.76^{+0.04}_{\ 0}$ mm；渗氮并控制渗层深度为 t_1(单边)；最后精磨内孔，保证尺寸 $\phi 145^{+0.04}_{\ 0}$ mm，同时保证渗层深度达到图纸规定的要求。试确定 t_1。

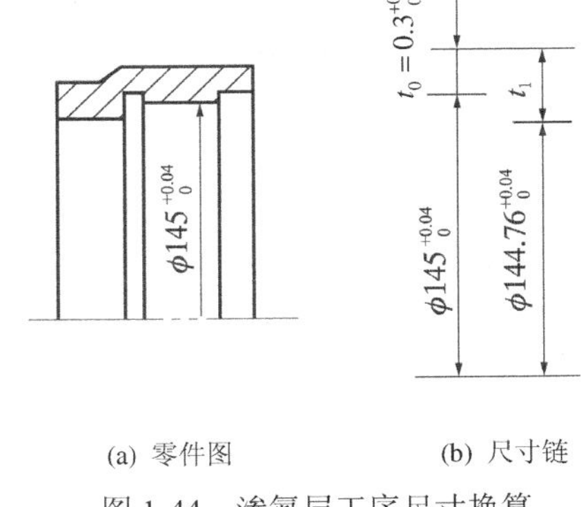

(a) 零件图　　(b) 尺寸链

图 1-44　渗氮层工序尺寸换算

解　由于图纸规定的渗层深度是精磨内孔后间接保证的尺寸(t_0)，因而是尺寸链的封闭环(见图 1-44(b))。解尺寸链得

$$t_1 = (145/2 + 0.3 - 144.76/2) = 0.42(\text{mm})$$

$$ES_{t1} = 0.2-0.02+0 = 0.18(\text{mm})$$

$$EI_{t1} = 0-0+0.02 = 0.02(\text{mm})$$

即精磨前渗氮层深度 $t_1 = 42^{+0.18}_{+0.02}$ mm。

3. 工序尺寸的图解法

在工序较多、工序中的工艺基准与设计基准又不重合，且各工序的工艺基准需多次转换时，工序尺寸及其公差的换算会变得很复杂，难以迅速地建立工艺尺寸链，而且容易出错。采用把全部工序尺寸、工序余量画在一张图表(计算卡)上的图解法，可以直观、简便地建立工艺尺寸链，进而计算工序尺寸及其公差和验算工序余量，还便于利用计算机辅助建立和计算工艺尺寸链。

在利用图解法计算零件加工过程的工序尺寸及公差时，不是所有的设计尺寸都需要进行计算，对于两类尺寸是不需要列入的。其一是精度很低(IT12 级左右)且加工精度高低对装配精度没有影响的尺寸，其二是这些尺寸在工程尺寸设计时已经做了处理，且加工精度高低不影响装配精度。

下面以齿轮各端面加工时轴向工序尺寸及其公差的计算为例，具体介绍图解法的绘制和建立，及计算工艺尺寸链的方法。为简明起见，仅求与设计尺寸 $68_{-0.74}^{\ 0}$ mm 及 $49.9_{\ 0}^{+0.068}$ mm 有关的工序尺寸及其公差，表 1-15 为工艺尺寸链的计算卡。

表 1-15　工艺尺寸链计算卡

代表符号：定位基准；工序基准；加工表面；工序尺寸；封闭环尺寸；切去余量		工序平均尺寸	工序对称偏差	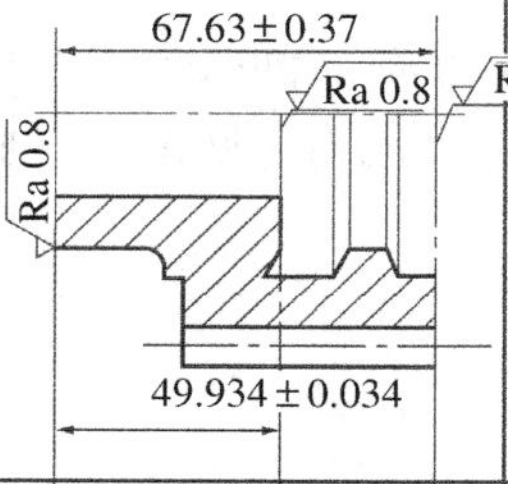 67.63±0.37；Ra 0.8；Ra 6.3；Ra 0.8；49.934±0.034	最小余量	余量变动量	平均余量	工序尺寸及偏差
工序号	工序名称	L_{iM}	$\pm\frac{1}{2}T_i$	A　B　C	$Z_{i\min}$	$\pm\frac{1}{2}T_{Zi}$	Z_{iM}	$L_i{}_{EI_i}^{ES_i}$
I	转塔粗车	70.2	±0.2	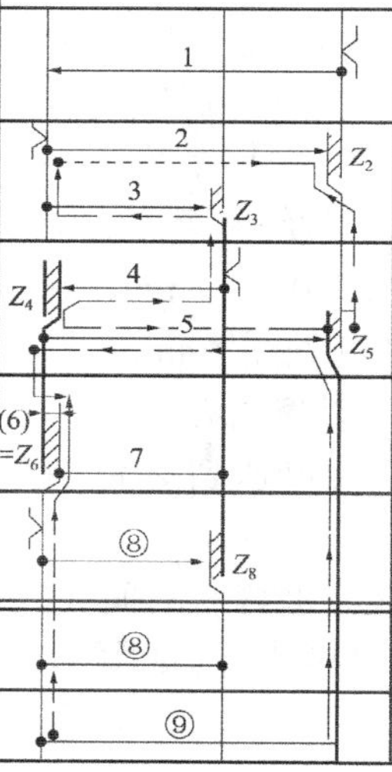 1				$70.40_{-0.4}^{\ 0}$
II	转塔粗车	68.7 50.6	±0.15 ±0.15	2　Z_2 3　Z_3	1.2	±0.35	1.55	$68.85_{-0.3}^{\ 0}$ $50.75_{-0.3}^{\ 0}$
III	精　　车	50.27 67.73	±0.10 ±0.10	Z_4　4 -5-　Z_5	0.1 0.1	±0.25 ±0.5	0.35 0.6	$50.37_{-0.2}^{\ 0}$ $67.83_{-0.2}^{\ 0}$
IV	内圆靠火花磨端面	50.17	(±0.02) ±0.12	(6)=Z_6　7	0.08	±0.02	0.1	$59.29_{-0.24}^{\ 0}$ (封闭环)
V	磨端面	(49.934)	±0.034	⑧　Z_8	0.08	±0.154	0.234	($49.9_{\ 0}^{+0.068}$)
结果尺寸校核	49.934±0.034	49.934	±0.034	⑧	合　格			
	67.63±0.37	67.63	±0.12	⑨	合　格			
	设计尺寸	实际获得尺寸	计算关系式					
			$L_{5M}=L_{9M}+Z_{6M}=67.73$; $L_{4M}=L_{8M}+Z_{6M}+Z_{8M}=50.27$;					
			$L_{7M}=L_{4M}-Z_{6M}=50.17$; $L_{3M}=L_{4M}+Z_{4M}=50.62$;					
			$L_{2M}=L_{3M}-L_{4M}+L_{5M}+Z_{5M}=68.66$; $L_{1M}=L_{2M}+Z_{2M}=70.21$;					

1) 图表的绘制

绘制图表的步骤如下：

(1) 在图表正上方画出工件简图。简图中标出与工艺计算有关的轴向设计尺寸。为了便于计算，设计尺寸都按平均尺寸表示，即 $68_{-0.74}^{\ 0}$ mm = (67.63±0.37) mm 和 $49.9_{\ 0}^{+0.068}$ mm =

(49.934±0.034) mm。将有关表面向下引出三条直线，并按 A、B、C 顺序编好。

(2) 自上而下画出表格，依次分栏说明各工序的名称和加工内容。

(3) 用表中左上方的代表符号，画出各工序的定位基准、工序基准、加工表面、工序尺寸、切去余量以及封闭环尺寸等。

(4) 在图表的左侧，写明工序号、工序名称、工序平均尺寸和工序对称偏差等。在图表的右侧，写明最小余量、余量变动量、平均余量和工序尺寸及偏差。在图表的最下方，写明设计尺寸(并在其数字代号上标上圆圈，以示与未知工序尺寸相区别)、实际获得尺寸和计算关系式及其计算结果，并校核加工的结果。

(5) 各余量所处的位置，应画在待加工表面引线的体内位置，然后又折回原表面引线位置。在计算前工序尺寸时，应按所画余量的实际位置，予以相加或相减。

2) 用图解法建立工艺尺寸链的方法

(1) 确定全部封闭环。封闭环一般分为以下两种：

① 除“靠火花”磨削余量外的各工序余量(靠火花磨削时，该工序尺寸是封闭环)。

② 间接形成的设计尺寸(直接形成的设计尺寸是组成环)。

本例的封闭环是设计尺寸⑨等于(67.63±0.37) mm 和除工序Ⅳ靠火花磨削余量 Z_6 以外的全部余量，以及工序Ⅳ的工序尺寸 7。

(2) 按每个封闭环查找其组成环。图解法查找组成环的方法是：从封闭环的两端沿相应表面线同时向上寻找，当遇到尺寸箭头时，说明此表面是在该工序加工而得，因而可判定该工序尺寸就是一个组成环。此时，就应拐弯沿该工序尺寸的箭头逆向追踪至工序基准。然后，再沿该工序基准的相应表面线以上述方法继续向上寻找组成环，直到两条寻找线汇合封闭为止。显然，工艺尺寸链的组成环，应该是也只能是由那些在寻找时被经过的工序尺寸(或靠火花磨削时的余量)所组成的。表 1-15 中以设计尺寸⑨和余量 Z_5 为封闭环的实例，用虚线和箭头表示图解法寻找组成环所经过的封闭路线。

设计尺寸⑨为封闭环的工艺尺寸链图如图 1-45(a)所示，组成环有工序尺寸 5 和 Z_6(工序Ⅳ靠火花磨削的余量)。余量 Z_5 为封闭环的工艺尺寸链图如图 1-45(d)所示，组成环有工序尺寸 2、3、4 和 5 四个。工序Ⅳ靠火花磨削时的工序尺寸 7 也是封闭环，它需注明在工序卡中作为检验用的尺寸，其尺寸链图如图 1-45(c)所示，组成环为工序尺寸 4 和余量 Z_6。同样，还可建立余量 Z_8、Z_4 和 Z_2 等作为封闭环的工艺尺寸链图，分别如图 1-45(b)、(e)和(f)所示。

3) 计算工艺尺寸链的步骤和方法

计算工艺尺寸链的具体步骤如下：

(1) 确定各工序尺寸的公差。首先，确定要求严(即公差小)的工序尺寸，再确定公差大的工序尺寸。一般是先确定和设计尺寸有关的工序尺寸公差。这种工序尺寸出现在两种情况下：第一种情况，工序尺寸是以设计尺寸为封闭环中的组成环。此时，按“反计算”形式把设计尺寸的公差先按“等公差原则”均分，再根据加工难易和尺寸大小，适当调整后分配给各有关的工序尺寸(组成环)。第二种情况，工序尺寸等于设计尺寸。此时，工序尺寸公差直接按设计尺寸确定，工序尺寸公差等于设计尺寸公差。

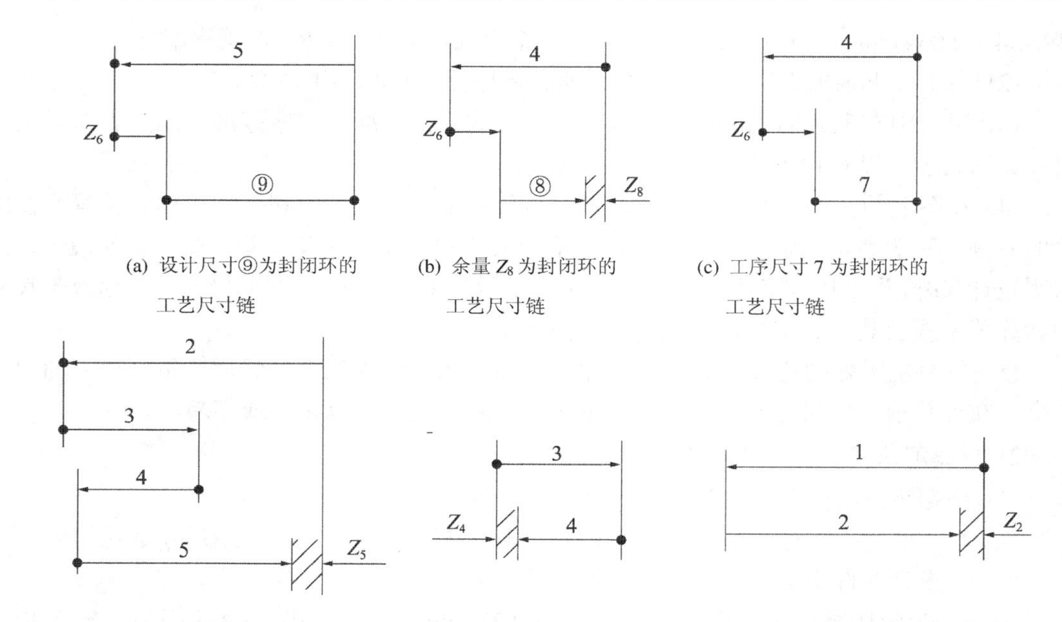

(a) 设计尺寸⑨为封闭环的工艺尺寸链　(b) 余量 Z_8 为封闭环的工艺尺寸链　(c) 工序尺寸 7 为封闭环的工艺尺寸链

(d) 余量 Z_5 为封闭环的工艺尺寸链　(e) 余量 Z_4 为封闭环的工艺尺寸链　(f) 余量 Z_2 为封闭环的工艺尺寸链

图 1-45　齿轮端面尺寸的工艺尺寸链图

其次，确定和设计尺寸要求无直接关系的工序尺寸公差。这些工序尺寸公差影响余量的变动量，常按该工序的经济精度确定。

从表 1-15 中可知，本实例中和设计尺寸有关且要求较严的工序尺寸是尺寸⑧，该工序尺寸直接等于设计尺寸，故工序尺寸⑧的公差等于设计尺寸 49.934 mm 的公差，即 $T_{⑧} = 0.068$ mm。与设计尺寸有关的工序尺寸，还有如图 1-45(a)所示的以设计尺寸⑨为封闭环的工艺尺寸链中的工序尺寸 5。因设计尺寸⑨的公差要求较低，即 $T_{⑨} = 0.74$ mm，故工序尺寸 5 可按经济精度确定。其余的工序尺寸和设计尺寸无直接关系，因此这些工序尺寸也均按经济精度确定。

按有关经济精度表格查得：精车时，$T_4 = T_5 = 0.2$ mm；粗车时，$T_2 = T_3 = 0.3$ mm，$T_1 = 0.4$ mm。靠火花磨削的磨削余量根据现场加工确定，即 $T_{Z6} = 0.04$ mm。最后，验算设计尺寸⑨的公差。由图 1-45(a)可知

$$T_{⑨} = T_5 + T_{Z6}$$

代入数值后得

$$T_{⑨} = 0.2 + 0.04 = 0.24 < 0.74 \text{ mm}$$

故满足设计要求。

将确定的各工序尺寸公差化成对称偏差，即 $\pm\dfrac{T}{2}$，并填入计算卡中。

(2) 确定工序余量值。确定余量值的方法有两种：一种方法是先查出余量的基本值，在由余量为封闭环的工艺尺寸链中，求出余量的公差值即余量的变化范围，并验算最大余量和最小余量是否合理。若不合理，则调整余量的基本值，使其满足要求。另一种方法是先确定最小余量，在由余量为封闭环的工艺尺寸链中，求出余量的公差值，并求出平均余

量，此法不必返工，计算比较方便。本例按后一种方法确定工序余量值。

先确定最小工序余量 Z_{min}。按分析计算法确定的最小工序余量为：磨削时，$Z_{8min} = Z_{6min} = 0.08$ mm；精车时，$Z_{5min} = Z_{4min} = 0.1$ mm；粗车时，$Z_{2min} = 1.2$ mm。再求工序余量的变动范围和平均余量，各工序的平均余量计算如下：

$$Z_{8M} = Z_{8\min} + \frac{T_8 + T_{Z6} + T_4}{2} = 0.08 + \frac{0.068 + 0.04 + 0.2}{2} = 0.234\ (\text{mm})$$

$$Z_{6M} = Z_{6\min} + \frac{T_{Z6}}{2} = 0.08 + \frac{0.04}{2} = 0.1\ (\text{mm})$$

$$Z_{5M} = Z_{5\min} + \frac{T_5 + T_4 + T_3 + T_2}{2} = 0.1 + \frac{0.2 + 0.2 + 0.3 + 0.3}{2} = 0.6\ (\text{mm})$$

$$Z_{4M} = Z_{4\min} + \frac{T_3 + T_4}{2} = 0.1 + \frac{0.3 + 0.2}{2} = 0.35\ (\text{mm})$$

$$Z_{2M} = Z_{2\min} + \frac{T_1 + T_2}{2} = 1.2 + \frac{0.4 + 0.3}{2} = 1.55\ (\text{mm})$$

(3) 按一定次序求各工序尺寸。从表 1-15 中，由带圆圈的工序尺寸(已知的尺寸)逐步加或减余量(平均余量)，就能求出各工序的平均尺寸。各工序的平均尺寸计算如下：

$L_{5M} = L_{9M} + Z_{6M} = 67.63 + 0.1 = 67.73$ (mm)

$L_{4M} = L_{8M} + Z_{6M} + Z_{8M} = 49.934 + 0.1 + 0.234 = 50.268$ mm ≈ 50.27 (mm)

$L_{7M} = L_{4M} - Z_{6M} = 50.27 - 0.1 = 50.17$ (mm)

$L_{3M} = L_{4M} + Z_{4M} = 50.27 + 0.35 = 50.62$ (mm) ≈ 50.6 (mm)

$L_{2M} = L_{3M} - L_{4M} + L_{5M} + Z_{5M} = 50.6 - 50.27 + 67.73 + 0.6 = 68.66$ (mm) ≈ 68.7 (mm)

$L_{1M} = L_{2M} + Z_{2M} = 68.66 + 1.55 = 70.21$ (mm) ≈ 70.2 (mm)

最后，按“入体原则”标注工序尺寸及偏差。具体尺寸是：$L_1 = 70.40_{-0.4}^{\ 0}$ mm，$L_2 = 68.85_{-0.3}^{\ 0}$ mm，$L_3 = 50.75_{-0.3}^{\ 0}$ mm，$L_4 = 50.37_{-0.2}^{\ 0}$ mm，$L_5 = 67.83_{-0.2}^{\ 0}$ mm，$L_7 = 50.29_{-0.24}^{\ 0}$ mm，$L_8 = 49.9_{\ 0}^{+0.068}$ mm(设计尺寸)。全部计算结果填入表 1-15 中。

1.9　机械加工质量分析

【学习目标】　了解机械加工精度和表面质量的概念；了解影响机械加工精度和表面质量的因素；了解机械加工精度和表面质量误差分析的原理与方法，能有效地控制零件的加工精度和表面质量。

高产、优质、低消耗，产品技术性能好、使用寿命长，这是机械制造企业的基本要求，而质量问题则是最根本的问题。不断提高产品的质量，提高其使用效能和使用寿命，最大限度地消灭废品，减少次品，提高产品合格率，以便最大限度地节约材料和减少人力消耗，乃是机械制造行业必须遵循的基本原则。机械零件的加工质量直接关系到机械产品的最终质量，在制订零件加工工艺规程时，必须充分考虑零件的加工质量，必须认真分析加工过程中可能出现的质量问题并找出原因，提出改进措施以保证加工质量。

机械加工质量指标包括两方面的参数：一方面是宏观几何参数，指机械加工精度；另一方面是微观几何参数和表面物理力学性能等方面的参数，指机械加工表面质量。

1.9.1 机械加工精度

1. 加工精度的概念

所谓机械加工精度，是指零件在加工后的几何参数(尺寸大小、几何形状、表面间的相互位置)的实际值与理论值相符合的程度。符合程度高，加工精度也高；反之则加工精度低。机械加工精度包括尺寸精度、形状精度、位置精度三项内容，三者有联系，也有区别。

(1) 尺寸精度。尺寸精度是指用来限制加工表面与其基准间的尺寸误差不超过一定范围的尺寸公差要求。

(2) 形状精度。形状精度是指用来限制加工表面宏观几何形状误差，如圆度、圆柱度、平面度、直线度等，不超过一定范围的几何形状公差要求。

(3) 位置精度。位置精度是指用来限制加工表面与其基准之间的相互位置误差，如平行度、垂直度、同轴度、位置度等，不超过一定范围的相互位置公差要求。

由于机械加工中的种种原因，不可能把零件做得绝对精确，总会产生偏差，这种偏差即加工误差。实际生产中加工精度的高低用加工误差的大小表示。若加工误差小，则加工精度高；反之则低。保证零件的加工精度就是设法将加工误差控制在允许的偏差范围内；提高零件的加工精度就是设法降低零件的加工误差。

随着对产品性能要求的不断提高和现代加工技术的发展，对零件的加工精度要求也在不断地提高。一般来说，若零件的加工精度越高则加工成本越高，生产率则相对越低。因此，设计人员应根据零件的使用要求，合理地确定零件的加工精度，工艺人员则应根据设计要求、生产条件等采取适当的加工工艺方法，以保证零件的加工误差不超过零件图上规定的公差范围，并在保证加工精度的前提下，尽量提高生产率和降低成本。

2. 获得加工精度的方法

1) 获得尺寸精度的方法

在机械加工中获得尺寸精度的方法有试切法、调整法、定尺寸刀具法、自动控制法和主动测量法五种。

(1) 试切法。试切法是通过试切—测量—调整—再试切，反复进行到被加工尺寸达到要求的精度为止的加工方法。试切法不需要复杂的装备，加工精度取决于工人的技术水平和量具的精度，常用于单件小批量生产。

(2) 调整法。调整法是按零件规定的尺寸预先调整机床、夹具、刀具和工件的相互位置，并在加工一批零件的过程中保持这个位置不变，以保证零件加工尺寸精度的加工方法。调整法生产效率高，对调整工的要求高，对操作工的要求不高，常用于成批及大量生产。

(3) 定尺寸刀具法。定尺寸刀具法是用具有一定形状和尺寸精度的刀具进行加工，使加工表面达到要求的形状和尺寸的加工方法。如用钻头、铰刀、键槽铣刀等刀具的加工即为定尺寸刀具法。定尺寸刀具法生产率较高，加工精度较稳定，广泛地应用于各种生产类型。

(4) 自动控制法。自动控制法是把测量装置、进给装置和控制机构组成一个自动加工系统，使加工过程中的尺寸测量、刀具的补偿和切削加工一系列工作自动完成，从而自动获得所要求的尺寸精度的加工方法。该方法生产率高，加工精度稳定，劳动强度低，适应于批量生产。

(5) 主动测量法。主动测量法是在加工过程中，边加工边测量加工尺寸，并将测量结果与设计要求比较后，或使机床工作，或使机床停止工作的加工方法。该方法生产率较高，加工精度较稳定，适应于批量生产。

2) 获得形状精度的方法

在机械加工中获得形状精度的方法有轨迹法、成形法、仿形法和展成法四种。

(1) 轨迹法。轨迹法是依靠刀尖运动轨迹来获得形状精度的方法。刀尖的运动轨迹取决于刀具和工件的相对成形运动，因而所获得的形状精度取决于成形运动的精度。普通车削、铣削、刨削、磨削等均为刀尖轨迹法。

(2) 成形法。成形法是利用成形刀具对工件进行加工的方法。成形法所获得的形状精度取决于成形刀具的形状精度和其他成形运动精度。用成形刀具或砂轮进行车、铣、刨、磨、拉等加工的均为成形法。

(3) 仿形法。仿形法是刀具依照仿形装置进给获得工件形状精度的方法。如使用仿形装置车手柄、铣凸轮轴等。

(4) 展成法。展成法又称为范成法，它是依据零件曲面的成形原理，通过刀具和工件的展成切削运动进行加工的方法。展成法所得的被加工表面是刀刃和工件在展成运动过程中所形成的包络面，刀刃必须是被加工表面的共轭曲线，因而所获得的精度取决于刀刃的形状和展成运动的精度。滚齿、插齿等均为展成法。

3) 获得位置精度的方法

工件的位置精度取决于工件的安装(定位和夹紧)方式及其精度。获得位置精度的方法有找正安装法、夹具安装法、机床控制法三种。

(1) 找正安装法。找正是用工具和仪表根据工件上有关基准，找出工件有关几何要素相对于机床的正确位置的过程。用找正法安装工件称为找正安装，找正安装又可分为以下两种：

① 划线找正安装：即用划针根据毛坯或半成品上所划的线为基准找正它在机床上正确位置的一种安装方法。

② 直接找正安装：即用划针和百分表或通过目测直接在机床上找正工件正确位置的安装方法。此法的生产率较低，对工人的技术水平要求高，一般只用于单件小批量生产中。

(2) 夹具安装法。夹具是用以安装工件和引导刀具的装置。在机床上安装好夹具，工件放在夹具中定位，能使工件迅速获得正确位置，并使其固定在夹具和机床上。因此，此法工件定位方便，定位精度高且稳定，装夹效率也高。

(3) 机床控制法。机床控制法是利用机床本身所设置的保证相对位置精度的机构保证工件位置精度的安装方法。如坐标镗床、数控机床等。

3. 影响加工精度的因素及其分析

在机械加工过程中，机床、夹具、刀具和工件组成了一个完整的系统，称为工艺系统。

工件的加工精度问题也就涉及整个工艺系统的精度问题。工艺系统中各个环节所存在的误差，在不同的条件下，以不同的程度和方式反映为工件的加工误差，它是产生加工误差的根源，因此工艺系统的误差被称为原始误差，如图 1-46 所示。原始误差主要来自两方面：一方面是在加工前就存在的工艺系统本身的误差(几何误差)，包括加工原理误差，机床、夹具、刀具的制造误差，工件的安装误差，工艺系统的调整误差等；另一方面是加工过程中工艺系统的受力变形、工艺系统的热变形、工件内应力引起的变形、刀具的磨损等引起的误差，以及加工后因内应力引起的变形和测量引起的误差等。下面即对工艺系统中的各类原始误差分别进行阐述。

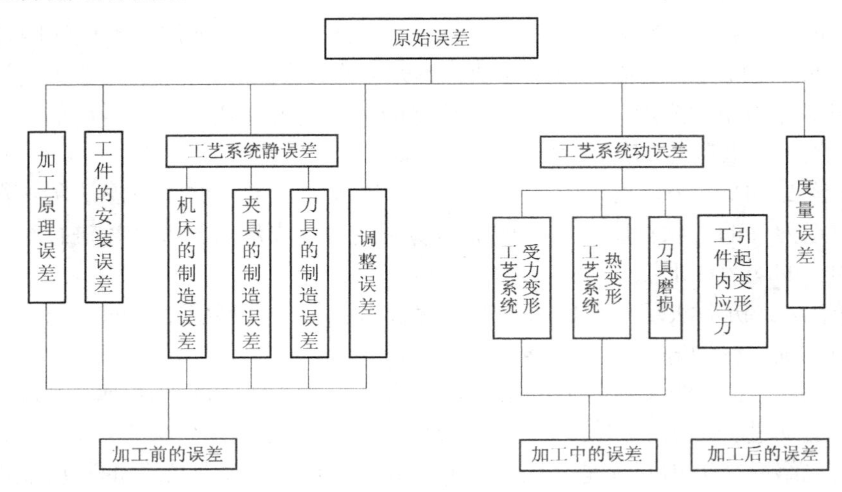

图 1-46　原始误差

1) *加工原理误差*

加工原理误差是指采用了近似的成形运动或近似的刀刃轮廓进行加工而产生的误差。生产中采用近似的加工原理进行加工的例子很多，例如用齿轮滚刀滚齿就有两种原理误差：一种是为了滚刀制造方便，采用了阿基米德蜗杆或法向直廓蜗杆代替渐开线蜗杆而产生的近似造型误差；另一种是由于齿轮滚刀刀齿数有限，使实际加工出的齿形是一条由微小折线段组成的曲线，而不是一条光滑的渐开线。采用近似的加工方法或近似的刀刃轮廓，虽然会带来加工原理误差，但往往可简化工艺过程及机床和刀具的设计和制造，提高生产率，降低成本，但由此带来的原理误差必须控制在允许的范围内。

2) *机床几何误差*

机床几何误差包括机床本身各部件的制造误差、安装误差和使用过程中的磨损引起的误差。这里着重分析对加工影响较大的主轴回转误差、机床导轨误差以及传动链误差。

(1) 主轴回转误差。

机床主轴是用来安装工件或刀具并将运动和动力传递给工件或刀具的重要零件，它是工件或刀具的位置基准和运动基准，它的回转精度是机床精度的主要指标之一，因此主轴回转误差直接影响着工件精度的高低。为了保证加工精度，机床主轴回转时其回转轴线的空间位置应是稳定不变的，但实际上由于受主轴部件结构、制造、装配、使用等种种因素的影响，主轴在每一瞬时回转轴线的空间位置都是变动的，即存在着回转误差。主轴回转轴心线的运动误差表现为纯径向跳动、轴向窜动和角度摆动三种形式，如图 1-47 所示。

机床的主轴是以其轴颈支承在床头箱前后轴承内的，因此影响主轴回转精度的主要因素是轴承精度、主轴轴颈精度和床头箱主轴承孔的精度。如果采用滑动轴承，则影响主轴回转精度的主要因素是主轴颈的圆度、与其配合的轴承孔的圆度和配合间隙。不同类型的机床其主轴回转误差所引起的加工误差的形式也会不同。对于工件回转类机床(如车床，内、外圆磨床)，因切削力的方向不变，主轴回转时作用在支承上的作用力方向也不变，因而主轴颈与轴承孔的接触点的位置也是基本固定的，即主轴颈在回转时总是与轴承孔的某一段接触，因此轴承孔的圆度误差对主轴回转精度的影响较小，而主轴颈的圆度误差则影响较大。对于刀具回转类机床(如镗床、钻床)，因切削力的方向是变化的，所以轴承孔的圆度误差对主轴回转精度的影响较大，而主轴颈的圆度误差影响较小。

不同类型的机床，主轴回转误差的敏感方向是不同的。工件回转类机床的主轴回转误差的敏感方向，如图 1-48 所示，在车削圆柱表面，当主轴在 y 方向存在误差Δy 时，此误差将 1∶1 地反映到工件的半径方向上去($\Delta R_y=\Delta y$)。当 z 方向存在误差Δz 时，反映到工件半径方向上的误差为ΔR_z。其关系式为

$$R_0^2+\Delta z^2=\left(R_0+\Delta R_z\right)^2=R_0^2+2R_0\cdot\Delta R_z+\Delta R_z^2$$

因 ΔR_z^2 很小，可以忽略不计，故此式化简后得

$$\Delta R_z\approx\frac{\Delta z^2}{2R_0}<<\Delta y$$

所以Δy 所引起的半径误差远远大于由Δz 所引起的半径误差。通常把对加工精度影响最大的那个方向称为误差的敏感方向，把对加工精度影响最小的那个方向称为误差的非敏感方向。

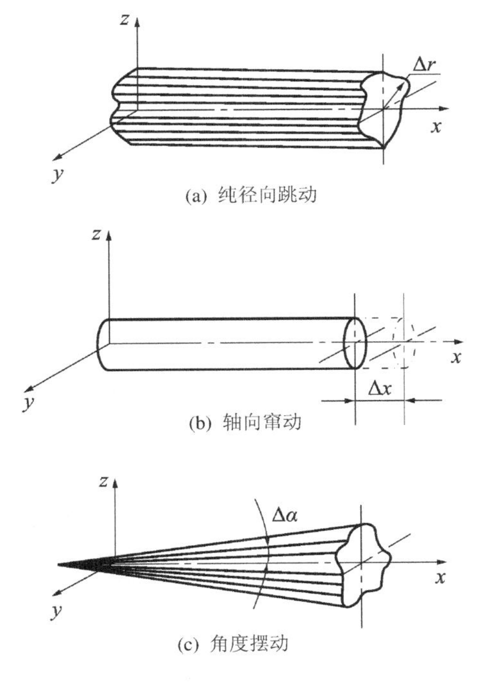

图 1-47　主轴回转轴心线的运动误差

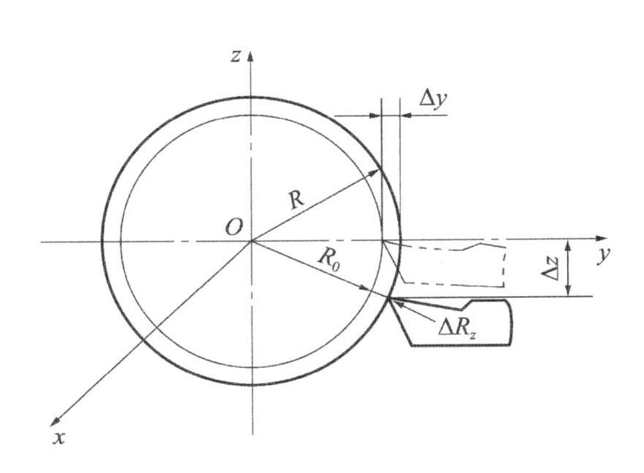

图 1-48　车外圆的敏感方向

刀具回转类机床的主轴回转误差的敏感方向是不断变化的。如镗削时，刀具随主轴一起旋转，切削刃加工表面的法向随刀具回转而不断变化，因而误差的敏感方向也在不断变化。

(2) 机床导轨误差。

床身导轨既是装配机床各部件的基准件，又是保证刀具与工件之间导向精度的导向件，因此导轨误差对加工精度有直接的影响。导轨误差分为以下几类：

① 导轨在水平面内的直线度误差Δy。这项误差使刀具产生水平位移，如图 1-49 所示，使工件表面产生的半径误差为ΔR_y，$\Delta R_y = \Delta y$，使工件表面产生圆柱度误差(鞍形或鼓形)。

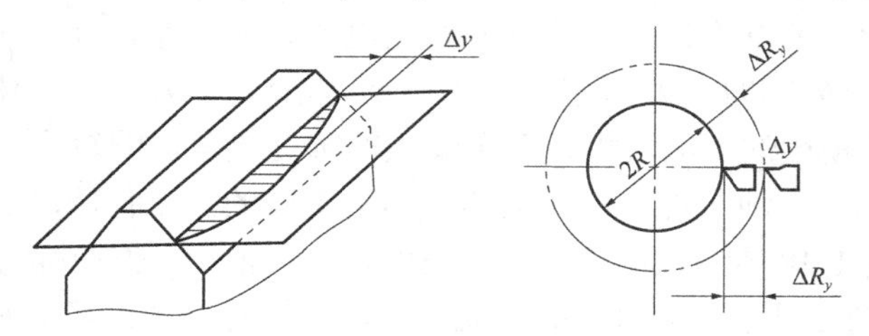

图 1-49　机床导轨在水平面内的直线度对加工精度的影响

② 导轨在垂直平面内的直线度误差Δz。这项误差使刀具产生垂直位移，如图 1-50 所示，使工件表面产生的半径误差为ΔR_z，$\Delta R_z \approx \Delta z^2/(2R_0)$，其值甚小，对加工精度的影响可以忽略不计；但在龙门刨这类机床上加工薄长件，由于工件刚性差，如果机床导轨为中凹形，则工件也会是中凹形。

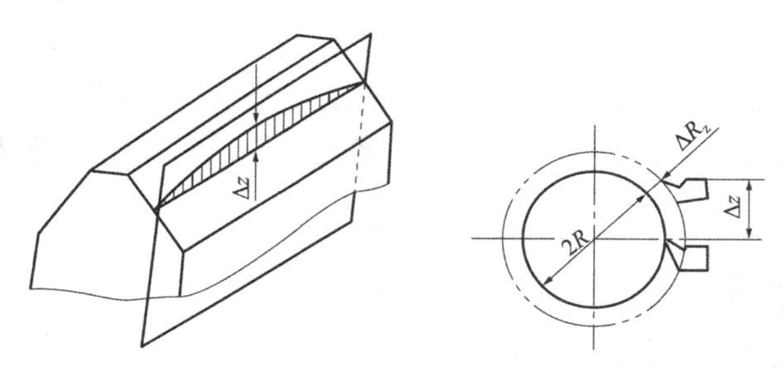

图 1-50　机床导轨在垂直面内的直线度对加工精度的影响

③ 前后导轨的平行度误差。当前后导轨不平行，存在扭曲时，刀架产生倾倒，刀尖相对于工件在水平和垂直两个方向上发生偏移，从而影响加工精度，如图 1-51 所示。在某一截面内，工件加工半径误差为

$$\Delta R \approx \Delta y = \frac{H}{B}\delta$$

式中：H 为车床中心高；B 为导轨宽度；δ 为前后导轨的最大平行度误差。

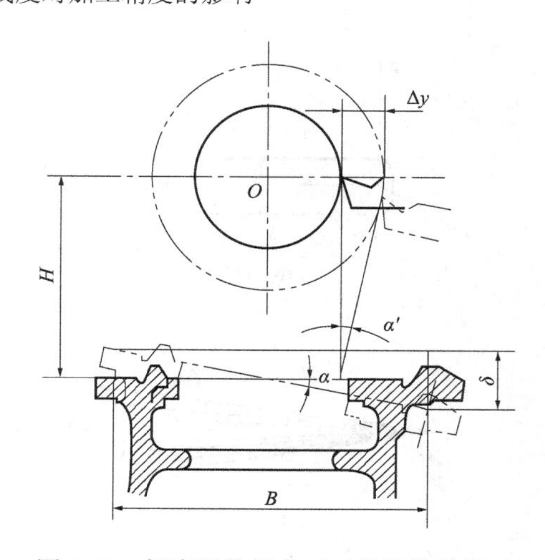

图 1-51　机床导轨扭曲对工件形状的影响

(3) 传动链误差。

传动链误差是指机床内联系传动链始末两端传动元件之间相对运动的误差。它是影响螺纹、齿轮、蜗轮、蜗杆以及其他按展成原理加工的零件加

工精度的主要因素。传动链始末两端的联系是通过一系列的传动元件来实现的，当这些传动元件存在加工误差、装配误差和磨损时，就会破坏正确的运动关系，使工件产生加工误差，这些误差即传动链误差。为了减少机床的传动链误差对加工精度的影响，可以采取以下措施：

① 尽量减少传动元件数量，缩短传动链，以缩小误差的来源。

② 采用降速传动(即降速传动比 $i \ll 1$)。降速传动是保证传动精度的重要措施。对于螺纹加工机床，为保证降速传动，机床传动丝杠的导程应大于工件的导程；齿轮加工机床的最后传动副为蜗轮副，为了使降速传动比 $i \ll 1$，应使蜗轮的齿数远远大于工件的齿数。

③ 提高传动链中各元件，尤其是末端元件的加工和装配精度，以保证传动精度。

④ 设法消除传动链中齿轮间的间隙，以提高传动精度。

⑤ 采用误差校正装置来提高传动精度。

3) *刀具的制造误差与磨损*

刀具的制造误差对加工精度的影响，根据刀具种类不同而异。当采用定尺寸刀具如钻头、铰刀、拉刀、键槽铣刀等加工时，刀具的尺寸精度将直接影响到工件的尺寸精度；当采用成形刀具如成形车刀、成形铣刀等加工时，刀具的形状精度将直接影响工件的形状精度；当采用展成刀具如齿轮滚刀、插齿刀等加工时，刀刃的形状必须是加工表面的共轭曲线，因此刀刃的形状误差会影响加工表面的形状精度；当采用一般刀具如车刀、镗刀、铣刀等加工时，其制造误差对零件的加工精度并无直接影响，但其磨损对加工精度、表面粗糙度有直接的影响。

任何刀具在切削过程中都不可避免地要产生磨损，并由此引起工件尺寸和形状误差。例如用成形刀具加工时，刀具刃口的不均匀磨损将直接复映到工件上造成形状误差；在加工较大表面(一次走刀时间长)时，刀具的尺寸磨损也会严重影响工件的形状精度；用调整法加工一批工件时，刀具的磨损会扩大工件尺寸的分散范围；刀具磨损使同一批工件的尺寸前后不一致。

4) *夹具的制造误差与磨损*

夹具的制造误差与磨损包括以下三个方面：

(1) 定位元件、刀具导向元件、分度机构、夹具体等的制造误差。

(2) 夹具装配后，定位元件、刀具导向元件、分度机构等元件工作表面间的相对尺寸误差。

(3) 夹具在使用过程中定位元件、刀具导向元件工作表面的磨损。

这些误差将直接影响到工件加工表面的位置精度或尺寸精度。一般来说，夹具误差对加工表面的位置误差影响最大，在设计夹具时，凡影响工件精度的尺寸应严格控制其制造误差，一般可取工件上相应尺寸或位置公差的1/5～1/2作为夹具元件的公差。

5) *工件的安装误差、调整误差以及度量误差*

工件的安装误差是由定位误差、夹紧误差和夹具误差等三项组成的。其中，夹具误差如上所述，定位误差这部分内容在《机床夹具设计》中已有介绍，此处不再赘述。夹紧误差是指工件在夹紧力作用下发生的位移，其大小是工件基准面至刀具调整面之间距离的最大与最小尺寸之差。它包括工件在夹紧力作用下的弹性变形、夹紧时工件发生的位移或偏转而改变了工件在定位时所占有的正确位置、工件定位面与夹具支承面之间的接触部分的变形。

机械加工过程中的每一道工序都要进行各种各样的调整工作，由于调整不可能绝对准确，因此必然会产生误差，这些误差称为调整误差。调整误差的来源随调整方式的不同而不同，可分为以下两种情况：

(1) 采用试切法加工时，引起调整误差的因素有：由于量具本身的误差和测量方法、环境条件(温度、振动等)、测量者主观因素(视力、测量经验等)造成的测量误差；在试切时，由于微量调整刀具位置而出现的进给机构的爬行现象，导致刀具的实际位移与刻度盘上的读数不一致造成的微量进给加工误差；精加工和粗加工切削时切削厚度相差很大，造成试切工件时尺寸不稳定，引起尺寸误差。

(2) 采用调整法加工时，除试切法引起调整误差的因素对其也同样有影响外，还有：成批生产中，常用定程机构如行程挡块、靠模、凸轮等来保证刀具与工件的相对位置，定程机构的制造误差、调整误差、受力变形和与定程机构配合使用的电动、液动、气动元件的灵敏度等会成为调整误差的主要来源；若采用样件或样板来决定刀具与工件间相对位置，则它们的制造误差、安装误差、对刀误差以及它们的磨损等都对调整精度有影响；工艺系统调整时由于试切工件数不可能太多，不能完全反映整批工件加工过程的各种随机误差，故其平均尺寸与总体平均尺寸不可能完全符合而造成加工误差。

为了保证加工精度，任何加工都少不了测量，但测量精度并不等于加工精度，因为有些精度测量仪器分辨不出，有时测量方法失当，均会产生度量误差。引起度量误差的原因主要有：量具本身的制造误差；测量方法、测量力、测量温度引起，如读数有误、操作失当、测量力过大或过小等。

减少或消除度量误差的措施主要是：提高量具精度，合理选择量具；注意操作方法；注意测量条件，精密零件应在恒温中测量。

6) 工艺系统受力变形对加工精度的影响

(1) 工艺系统的受力变形。

机械加工过程中，工艺系统在切削力、传动力、惯性力、夹紧力、重力等外力的作用下，各环节将产生相应的变形，使刀具和工件间已调整好的正确位置关系遭到破坏而造成加工误差。例如，在车床上车削细长轴时，如图 1-52 所示，工件在切削力的作用下会发生变形，使加工出的工件出现两头细中间粗的腰鼓形。由此可见，工艺系统受力变形是加工中一项很重要的原始误差，它严重地影响工件的加工精度。工艺系统的受力变形通常是弹性变形，一般来说，工艺系统抵抗弹性变形的能力越强，加工精度越高。

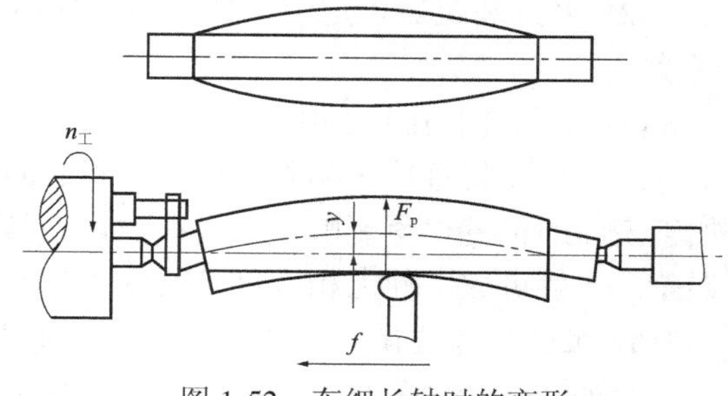

图 1-52 车细长轴时的变形

(2) 工艺系统的刚度。

工艺系统是一个弹性系统。弹性系统在外力作用下所产生的变形位移的大小取决于外力的大小和系统抵抗外力的能力。工艺系统抵抗外力使其变形的能力称为工艺系统的刚度。工艺系统的刚度用切削力和在该力方向上所引起的刀具和工件间相对变形位移的比值表示。由于切削力有三个分力，在切削加工中对加工精度影响最大的是刀刃沿加工表面的法线方向(y 方向上)的分力，因此计算工艺系统刚度时，通常只考虑此方向上的切削分力 F_y 和变形位移量 y，即

$$k = \frac{F_y}{y}$$

(3) 工艺系统受力变形对加工精度的影响。

工艺系统受力变形对加工精度的影响可归纳为下列几种常见的形式：

① 受力点位置变化产生形状误差。在切削过程中，工艺系统的刚度会随着切削力作用点位置的变化而变化，因此使工艺系统受力变形也随之变化，引起工件形状误差。例如车削加工时，由于工艺系统沿工件轴向方向各点的刚度不同，因此会使工件各轴向截面直径尺寸不同，使车出的工件沿轴向产生形状误差(出现鼓形、鞍形、锥形)。

② 切削力变化引起加工误差。在切削加工中，由于工件加工余量和材料硬度不均将引起切削力的变化，从而造成加工误差。例如车削如图 1-53 所示的毛坯时，由于它本身有圆度误差(椭圆)，背吃刀量 a_p 将不一致($a_{p1} > a_{p2}$)，当工艺系统的刚度为常数时，切削分力 F_y 也不一致($F_{y1} > F_{y2}$)，从而引起工艺系统的变形不一致($y_1 > y_2$)，这样在加工后的工件上仍留有较小的圆度误差。这种在加工后的工件上出现与毛坯形状相似的误差的现象称为“误差复映”。

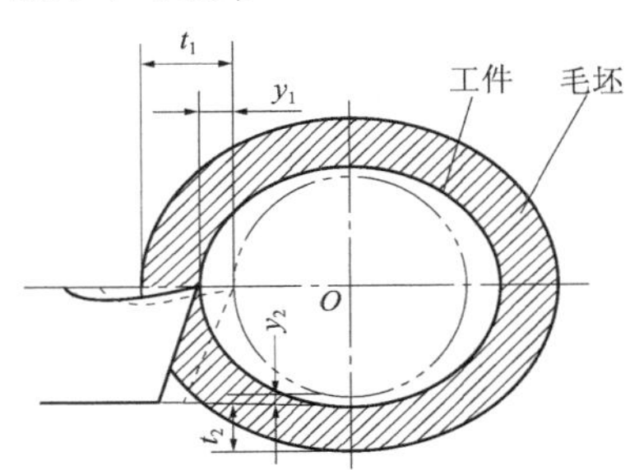

图 1-53　毛坯形状误差的复映

由于工艺系统具有一定的刚度，因此在加工表面上留下的误差比毛坯表面的误差数值上已大大减小了。也就是说，工艺系统刚度愈高，加工后复映到被加工表面上的误差愈小，当经过数次走刀后，加工误差也就逐渐缩小到所允许的范围内了。

③ 其他作用力引起的加工误差。传动力和惯性力引起的加工误差。当在车床上用单爪拨盘带动工件回转时，传动力在拨盘的每一转中不断改变其方向，对高速回转的工件，如其质量不平衡，将会产生离心力，它和传动力一样在工件的转动中不断地改变方向。这样，工件在回转中因受到不断变化方向的力的作用而造成加工误差，如图 1-54 和图 1-55 所示。

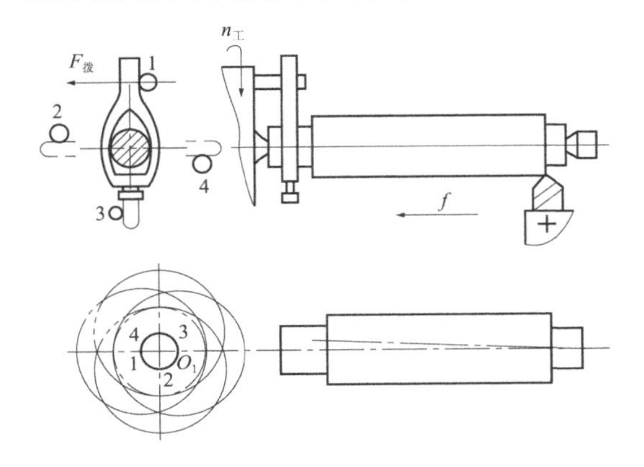

图 1-54　传动力所引起的加工误差

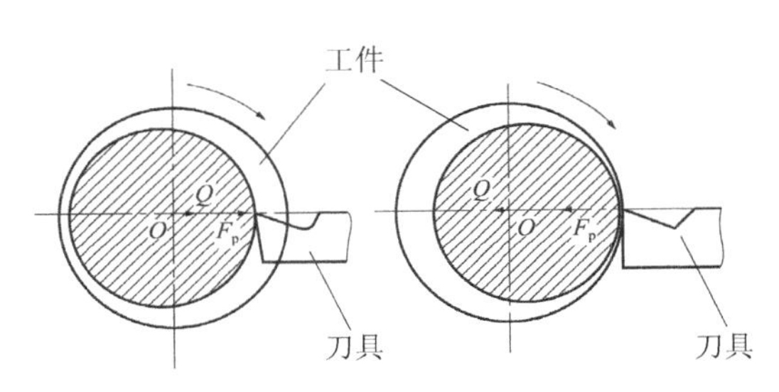

图 1-55　离心惯性所引起的加工误差

④ 重力所引起的误差。在工艺系统中，有些零、部件在自身重力作用下产生的变形也会造成加工误差。例如，龙门铣床、龙门刨床的横梁在刀架自重下引起的变形将造成工件的平面度误差。对于大型工件，因自重而产生的变形有时会成为引起加工误差的主要原因，所以在安装工件时，应通过恰当地布置支承的位置或通过平衡措施来减少自重的影响。

⑤ 夹紧力所引起的加工误差。工件在安装时，由于工件刚度较低或夹紧力的作用点和方向不当，会引起工件产生相应的变形，造成加工误差。图1-56为加工连杆大端孔的安装示意图，由于夹紧力作用点不当，造成加工后两孔中心线不平行及中心线与定位端面不垂直。

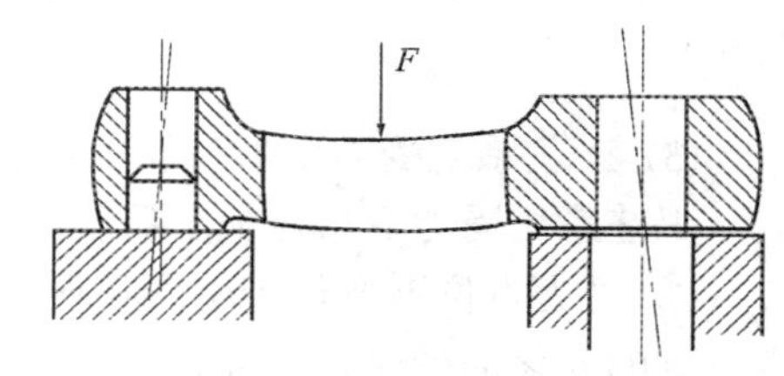

图 1-56　夹紧力不当所引起的加工误差

(4) 减少工艺系统受力变形的主要措施。

减少工艺系统受力变形是保证加工精度的有效途径之一。实际生产中常采取如下措施：

① 提高接触刚度。所谓接触刚度，就是互相接触的两表面抵抗变形的能力。提高接触刚度是提高工艺系统刚度的关键，常用的方法是改善工艺系统主要零件接触面的配合质量，使配合面的表面粗糙度和形状精度得到改善和提高，实际接触面积增加，微观表面和局部区域的弹性、塑性变形减少，从而有效地提高接触刚度。

② 提高工件定位基面的精度和表面质量。工件的定位基面如存在较大的尺寸误差、形位误差和表面质量误差，在承受切削力和夹紧力时可能产生较大的接触变形，因此精密零件加工用的基准面需要随着工艺过程的进行逐步提高精度。

③ 设置辅助支承，提高工件刚度，减小受力变形。切削力引起的加工误差往往是因为工件本身刚度不足或工件各个部位刚度不均匀而产生的。当工件材料和直径一定时，工件长度和切削分力是影响变形的决定性因素。为了减少工件的受力变形，常采用中心架或跟刀架，以提高工件的刚度，减小受力变形。

④ 合理装夹工件，减少夹紧变形。当工件本身薄弱、刚性差时，夹紧时应特别注意选择适当的夹紧方法，尤其是在加工薄壁零件时，为了减少加工误差，应使夹紧力均匀分布。应缩短切削力作用点和支承点的距离，以提高工件刚度。

⑤ 对相关部件预加载荷。例如，机床主轴部件在装配时通过预紧主轴后端面的螺母给主轴滚动轴承以预加载荷，这样不仅能消除轴承的配合间隙，而且在加工开始阶段就使主轴与轴承有较大的实际接触面积，从而提高了配合面间的接触刚度。

⑥ 合理设计系统结构。在设计机床夹具时，应尽量减少组成零件数，以减少总的接触变形量；选择合理的结构和截面形状；注意刚度的匹配，防止出现局部环节刚度低。

⑦ 提高夹具、刀具刚度，改善材料性能。

⑧ 控制负载及其变化。适当减少进给量和背吃刀量，可减少总切削力对零件加工精度的影响；改善工件材料性能以及改变刀具几何参数(如增大前角等)都可减少受力变形；将毛坯合理分组，使每次调整中加工的毛坯余量比较均匀，能减小切削力的变化，减小误差复映。

7) 工艺系统热变形对加工精度的影响

在机械加工中，工艺系统在各种热源的影响下会产生复杂的变形，使得工件与刀具间正确的相对位置关系遭到破坏，造成加工误差。

(1) 工艺系统热变形的热源。

引起工艺系统热变形的热源主要来自两个方面：一是内部热源，指轴承、离合器、齿轮副、丝杠螺母副、高速运动的导轨副、镗模套等工作时产生的摩擦热，以及液压系统和润滑系统等工作时产生的摩擦热；切削和磨削过程中由于挤压、摩擦和金属塑性变形产生的切削热；电动机等工作时产生的电磁热、电感热。二是外部热源，指由于室温变化及车间内不同位置、不同高度和不同时间存在的温度差别，以及因空气流动产生的温度差等；日照、照明设备以及取暖设备的辐射热等。工艺系统在上述热源的作用下，温度逐渐升高，同时其热量也通过各种传导方式向周围散发。

(2) 工艺系统热变形对加工精度的影响。

① 机床热变形对加工精度的影响。机床在运转与加工过程中受到各种热源的作用，温度会逐步上升，由于机床各部件受热程度的不同，温升存在差异，因此各部件的相对位置将发生变化，从而造成加工误差。

车床、铣床、镗床这类机床主要热源是床头箱内的齿轮、轴承、离合器等传动副的摩擦热，它使主轴分别在垂直面内和水平面内产生位移与倾斜，也使支承床头箱的导轨面受热弯曲；床鞍与床身导轨面的摩擦热会使导轨受热弯曲，中间凸起。磨床类机床都有液压系统和高速砂轮架，故其主要热源是砂轮架轴承和液压系统的摩擦热；轴承的发热会使砂轮轴线产生位移及变形，如果前、后轴承的温度不同，砂轮轴线还会倾斜；液压系统的发热使床身温度不均产生弯曲和前倾，影响加工精度。大型机床如龙门铣床、龙门刨床、导轨磨床等，这类机床的主要热源是工作台导轨面与床身导轨面间的摩擦热及车间内不同位置的温差。

② 工件热变形及其对加工精度的影响。在加工过程中，工件受热将产生热变形，工件在热膨胀的状态下达到规定的尺寸精度，冷却收缩后尺寸会变小，甚至可能超出公差范围。工件的热变形可能有两种情况：比较均匀地受热，如车、磨外圆和螺纹，镗削棒料的内孔等；不均匀受热，如铣平面和磨平面等。

③ 刀具热变形对加工精度的影响。在切削加工过程中，切削热传入刀具会使得刀具产生热变形，虽然传入刀具的热量只占总热量的很小部分，但是由于刀具的体积和热容量小，所以由于热积累引起的刀具热变形仍然是不可忽视的。例如，在高速车削中刀具切削刃处的温度可达850℃左右，此时刀杆伸长，可能使加工误差超出公差带。

(3) 环境温度变化对加工精度的影响。

除了工艺系统内部热源引起的变形以外，工艺系统周围环境的温度变化也会引起工件的热变形。一年四季的温度波动，有时昼夜之间的温度变化可达10℃以上，这不仅影响机床的几何精度，还会直接影响加工和测量精度。

(4) 对工艺系统热变形的控制。

可采用如下措施减少工艺系统热变形对加工精度的影响：

① 隔离热源。为了减少机床的热变形，将能从主机分离出去的热源(如电动机、变速箱、液压泵、油箱等)尽可能放到机外，也可采用隔热材料将发热部件和机床大件(如床身、立柱等)隔离开。

② 强制和充分冷却。对既不能从机床内移出，又不便隔离的大热源，可采用强制式的风冷、水冷等散热措施；对机床、刀具、工件等发热部位采取充分冷却措施，吸收热量，

控制温升，减少热变形。

③ 采用合理的结构减少热变形。如在变速箱中，尽量让轴、轴承、齿轮对称布置，使箱壁温升均匀，减少箱体变形。

④ 减少系统的发热量。对于不能和主机分开的热源(如主轴承、丝杠、摩擦离合器和高速运动导轨之类的部件)，应从结构、润滑等方面加以改善，以减少发热量；提高切削速度(或进给量)，使传入工件的热量减少；保证切削刀具锋利，避免其刃口钝化增加切削热。

⑤ 使热变形指向无害加工精度的方向。例如车细长轴时，为使工件有伸缩的余地，可将轴的一端夹紧，另一端架上中心架，使热变形指向尾端；外圆磨削时，为使工件有伸缩的余地，采用弹性顶尖等。

8) 工件内应力对加工精度的影响

(1) 产生内应力的原因。

内应力也称为残余应力，是指外部载荷去除后仍残存在工件内部的应力。有残余应力的工件处于一种很不稳定的状态，它的内部组织有要恢复到稳定状态的强烈倾向，即使在常温下这种变化也在不断地进行，直到残余应力完全消失为止。在这个过程中，零件的形状逐渐变化，从而逐渐丧失原有的加工精度。残余应力产生的实质原因是由于金属内部组织发生了不均匀的体积变化，而引起体积变化的原因主要有以下几个方面：

① 毛坯制造中产生的残余应力。在铸、锻、焊接以及热处理等热加工过程中，由于工件各部分厚度不均，冷却速度和收缩程度不一致，以及金相组织转变时的体积变化等，都会使毛坯内部产生残余应力，而且毛坯结构越复杂、壁厚越不均，散热的条件差别越大，毛坯内部产生的残余应力也越大。具有残余应力的毛坯暂时处于平衡状态，当切去一层金属后，这种平衡便被打破，残余应力重新分布，工件就会出现明显的变形，直至达到新的平衡为止。

② 冷校直带来的残余应力。某些刚度低的零件，如细长轴、曲轴和丝杠等，由于机械加工产生弯曲变形不能满足精度要求，常采用冷校直工艺进行校直。校直的方法是在弯曲的反方向加外力，如图 1-57(a)所示。在外力 F 的作用下，工件的内部残余应力的分布如图 1-57(b)所示，在轴线以上产生压应力(用负号表示)，在轴线以下产生拉应力(用正号表示)。在轴线和两条双点划线之间是弹性变形区域，在双点划线之外是塑性变形区域。当外力 F 去除后，外层的塑性变形区域阻止内部弹性变形的恢复，使残余应力重新分布，如图 1-57(c)所示。这时，冷校直虽然减小了弯曲，但工件却处于不稳定状态，如再次加工，又将产生新的变形。因此，高精度丝杠的加工，不允许冷校直，而是用多次人工时效来消除残余应力。

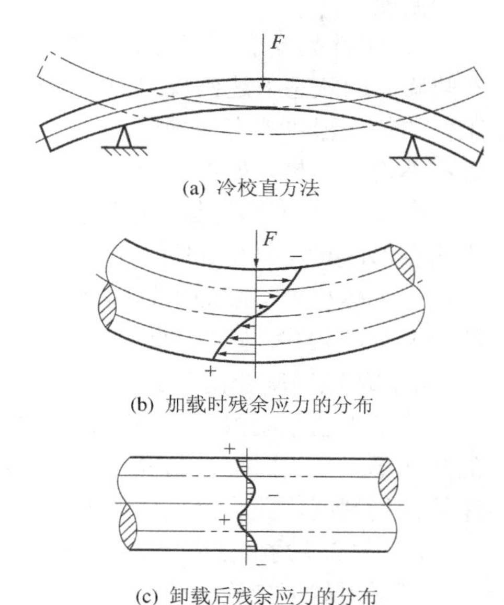

图 1-57　冷校直引起的残余应力

③ 切削加工产生的残余应力。加工表面在切削力和切削热的作用下，会出现不同程度的塑性变形和金相组织变化，同时也伴随有金属体积的改变，因而必然产生内应力，并在

加工后引起工件变形。

(2) 消除或减少内应力的措施。

① 合理设计零件结构。在零件结构设计中应尽量简化结构，保证零件各部分厚度均匀，以减少铸、锻件毛坯在制造过程中产生的内应力。

② 增加时效处理工序。一是对毛坯或在大型工件粗加工之后，让工件在自然条件下停留一段时间再加工，利用温度的自然变化使之多次热胀冷缩，进行自然时效。二是通过热处理工艺进行人工时效，例如对铸、锻、焊接件进行退火或回火；零件淬火后进行回火；对精度要求高的零件，如床身、丝杠、箱体、精密主轴等，在粗加工后进行低温回火，甚至对丝杠、精密主轴等在精加工后进行冰冷处理等。三是对一些铸、锻、焊接件以振动的形式将机械能加到工件上，进行振动时效处理，引起工件内部晶格蠕变，使金属内部结构状态稳定，消除内应力。

③ 合理安排工艺过程。将粗、精加工分别在不同工序中进行，使粗加工后有足够的时间变形，让残余应力重新分布，以减少对精加工的影响。对于粗、精加工需要在一道工序中来完成的大型工件，也应在粗加工后松开工件，让工件的变形恢复后，再用较小的夹紧力夹紧工件，进行精加工。

4. 加工误差的综合分析

前面讨论了各种工艺因素产生加工误差的规律，并介绍了一些加工误差的分析方法。在生产实际中，影响加工精度的工艺因素是错综复杂的。对于某些加工误差问题，不能仅用单因素分析法来解决，而需要用概率统计方法进行综合分析，找出产生加工误差的原因，加以消除。

1) 加工误差的性质

根据一批工件加工误差出现的规律，可将影响加工精度的误差因素按其性质分为以下两类：

(1) 系统误差。

在顺序加工的一批工件中，若加工误差的大小和方向都保持不变或按一定规律变化，则这类误差统称为系统误差。前者称为常值系统误差，后者称为变值系统误差。例如，加工原理误差，设计夹具选择定位基准时引起的定位误差，机床、刀具、夹具的制造误差，工艺系统的受力变形，调整误差等引起的加工误差均与加工时间无关，其大小和方向在一次调整中也基本不变，因此都属于常值系统误差。机床、夹具、量具等磨损速度很慢，在一定时间内也可看做常值系统误差。机床、刀具和夹具等在尚未达到热平衡前的热变形误差和刀具的磨损等，都是随加工时间而规律变化的，属于变值系统误差。

(2) 随机误差。

在顺序加工的一批工件中，若加工误差的大小和方向的变化是无规律的，则称为随机误差。例如，毛坯误差的复映、残余应力引起的变形误差和安装时的定位、夹紧误差等都属于随机误差。应注意的是，在不同的场合误差表现出的性质也是不同的。例如，对于机床在一次调整后加工出的一批工件而言，机床的调整误差为常值系统误差；但对多次调整机床后加工出的工件而言，每次调整时产生的调整误差就不可能是常值的，因此对于经多次调整所加工出来的大批工件，调整误差为随机误差。

2) 加工误差的数理统计方法

(1) 实际分布曲线(直方图)。

将零件按尺寸大小以一定的间隔范围分成若干组，同一尺寸间隔内的零件数称为频数 m_i，零件总数 n，频率为 m_i/n。以频数或频率为纵坐标，以零件尺寸为横坐标，画出直方图，进而画成一条折线，即为实际分布曲线，如图 1-58 所示。该分布曲线直观地反映了加工精度的分布状况。

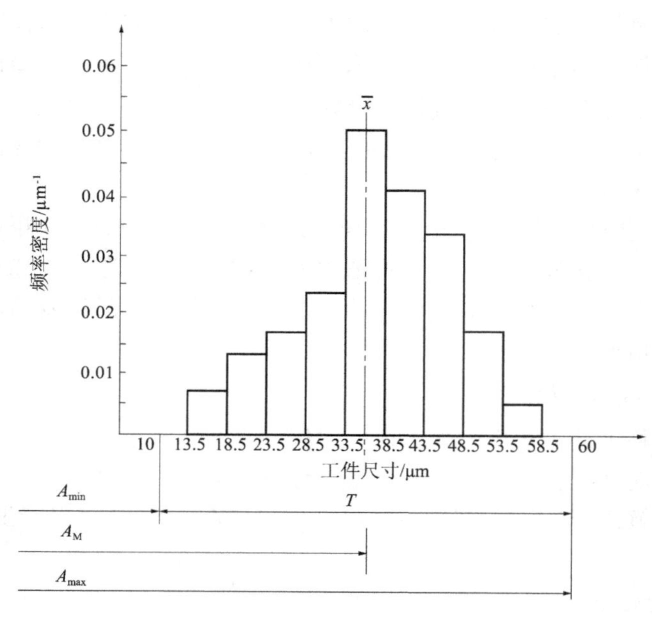

图 1-58　直方图

(2) 理论分布曲线(正态分布曲线)。

实践证明，当被测量的一批零件(机床上用调整法一次加工出来的一批零件)的数自己够大而尺寸间隔非常小时，所绘出的分布曲线非常接近“正态分布曲线”。

正态分布曲线如图 1-59 所示。其方程(表达式)为

$$y=\frac{1}{\sigma\sqrt{2\pi}}\mathrm{e}^{-\frac{1}{2}\left(\frac{x-\mu}{\sigma}\right)^2}$$

式中：y 为纵坐标，某尺寸的概率密度；x 为横坐标，实际尺寸；μ为全部实际尺寸的算术平均值；σ 为标准差，均方差。

由上式和图 1-59 可以看出，当 $x=\mu$ 时，这是曲线的最大值，也是曲线的分布中心，在它左右的曲线是对称的。

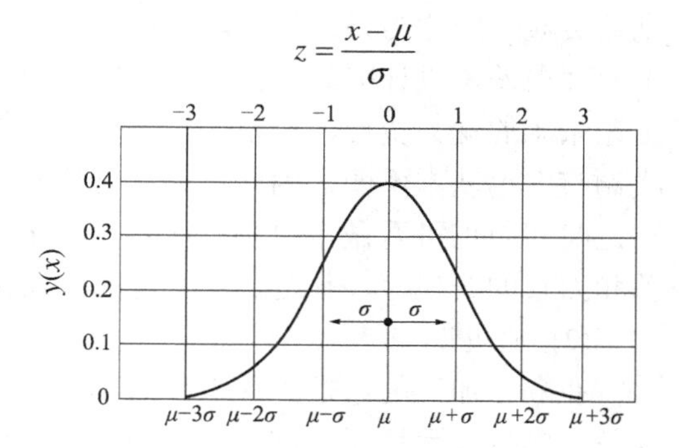

图 1-59　正态分布曲线

正态分布总体的平均值 μ 和标准差σ通常是不知道的，但可以通过它的样本平均值和样本标准差来估计，用样本平均值代替总体平均值 μ，用样本标准差代替总体标准差σ。这样，加工一批工件时，抽检其中的一部分，即可判断整批工件的加工精度。

总体平均值 $\mu=0$，总体标准差 $\sigma=1$ 的正态分布称为标准正态分布。任何不同 μ 和 σ 的正态分布曲线，都可以进行交换而变成标准正态分布曲线。

从正态分布图上可以看出下列特征：

① 曲线在 $x=\mu$ 直线处为左右对称，靠近 μ 的工件尺寸出现概率较大，远离 μ 的工件尺寸概率较小。

② 对 μ 的正偏差和负偏差，其概率相等。

③ 分布曲线与横坐标所围成的面积包括了全部零件数(即 100%)，故其面积等于 1。其中 $x-\mu=\pm3\sigma$ (即 $\mu\pm3\sigma$)范围内的面积占了 99.73%，即 99.73%的工件尺寸落在 $\pm3\sigma$ 范围内，仅有 0.27%的工件在范围之外(可忽略不计)。因此，一般取正态分布曲线的分布范围为 $\pm3\sigma$。

$\pm3\sigma$(或 6σ) 的概念，在研究加工误差时应用最广，是一个很重要的概念。6σ 的大小代表某加工方法在一定条件(如毛坯余量，切削用量，正常的机床、夹具、刀具等)下所能达到的加工精度，所以，在一般情况下，应该使所选择的加工方法的标准差 σ 与公差带宽度 T 之间具有下列关系：

$$6\sigma\leqslant T$$

但考虑到系统性误差及其他因素的影响，应当使 6σ 小于公差带宽度 T，方可保证加工精度。

(3) 非正态分布曲线。

工件的实际分布，有时并不接近于正态分布。例如，将在两台机床上分别调整加工出的工件混在一起测定，由于每次调整时常值系统误差是不同的，如果常值系统误差大于 2.2σ，就会得到如图 1-60 所示的双峰曲线。这实际上是两组正态分布曲线的叠加。又如，磨削细长孔时，如果砂轮磨损较快且没有自动补偿，则工件的实际尺寸分布的算术平均值将呈平顶形，如图 1-61 所示，它实质上是正态分布曲线的分散中心在不断地移动，即在随机误差中混有变值系统误差。再如，用试切法加工轴颈或孔时，由于操作者为避免产生不可修复的废品，主观地使轴颈宁大勿小，使孔宁小勿大，从而导致尺寸的分布呈现不对称的形状，这种分布又称瑞利分布，如图 1-62 所示。

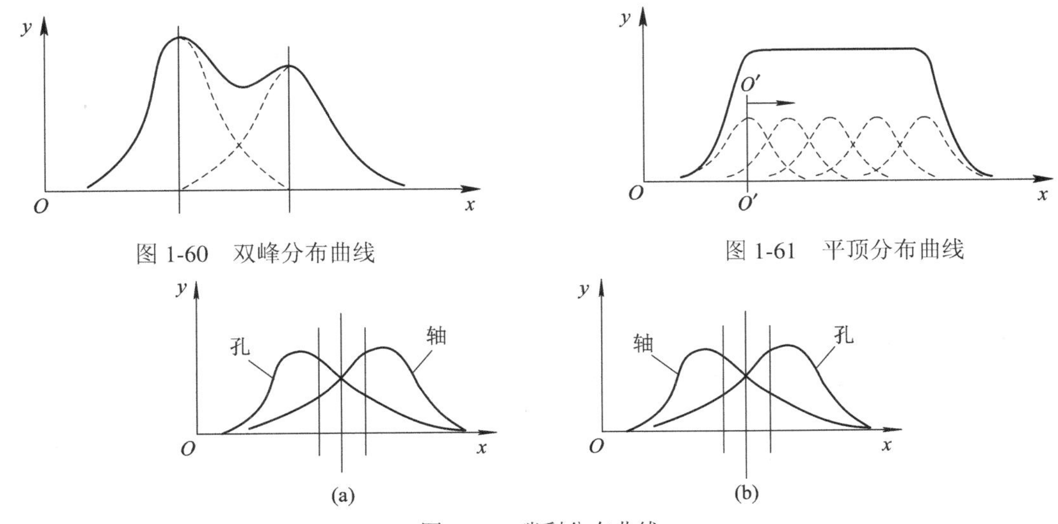

图 1-60　双峰分布曲线

图 1-61　平顶分布曲线

图 1-62　瑞利分布曲线

(4) 点图分析法。

用分布图分析研究加工误差时，不能反映出零件加工的先后顺序，因此就不能把变值系统误差和随机误差区分开，另外，必须等一批工件加工完后才能绘出分布曲线，故不能在加工过程中及时提供控制精度的资料。为了克服这些不足，在生产实践中常用点图分析法。

点图分析法是在一批零件的加工过程中，按加工顺序的先后、按一定规律依次抽样测量零件的尺寸，并记入以零件序号为横坐标、以零件尺寸为纵坐标的图表中。假如把点图上的上、下极限点包络成两根平滑的曲线，如图 1-63 所示，就能清楚地反映加工过程中误差的性质及变化趋势。平均值曲线 OO' 表示每一瞬时的误差分散中心，其变化情况反映了变值系统误差随时间变化的规律。由起始点 O 可看出常值系统误差的影响，上、下限 AA' 和 BB' 间的宽度表示每一瞬时尺寸的分散范围。其变化情况反映了随机误差随时间变化的情况。

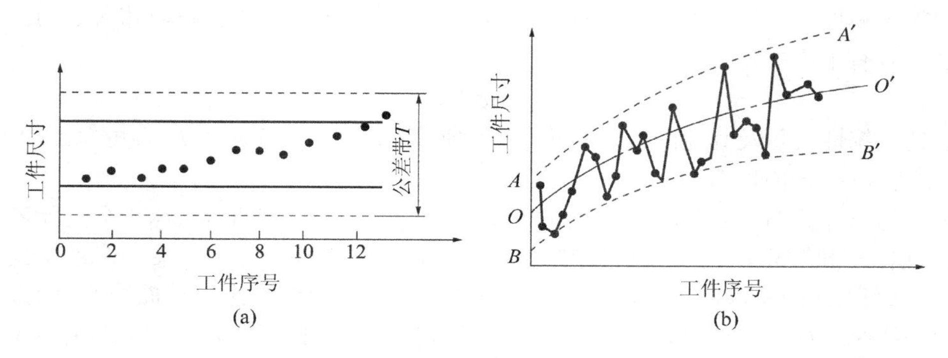

图 1-63 单值点图曲线

5. 保证和提高加工精度的主要途径

1) 直接减少或消除误差

直接减少或消除误差这种方法是在查明产生加工误差的主要因素之后，设法对其直接进行消除或减弱其影响，在生产中有着广泛的应用。例如，在车床上加工细长轴时，因工件刚度极差，容易产生弯曲变形和振动，严重影响加工精度。人们在生产实际中总结了一系列行之有效的措施，具体如下：

(1) 用反向进给的切削方式。如图 1-64 所示，进给方向由卡盘一端指向尾座，此时尾部可用中心架，或者尾座应用弹性顶尖，使工件的热变形能得到自由的伸长，故可减少或消除由于热伸长和轴向力使工件产生的弯曲变形。

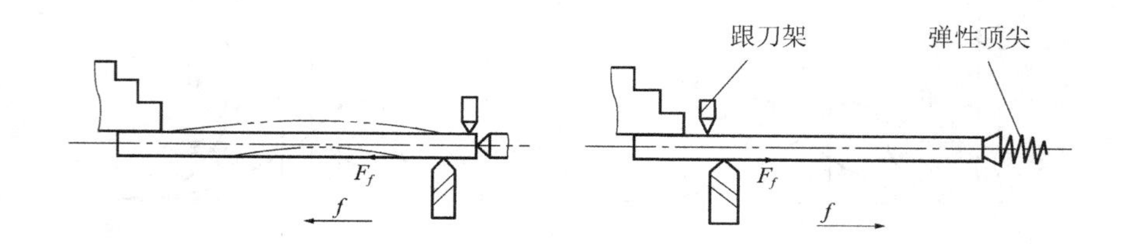

图 1-64 不同进给方向加工细长轴的比较

(2) 采用大进给量和 93° 的大主偏角，以增大轴向切削分力，使径向切削分力稍向外指，既使工件的弯矩相互抵消，又能抑制径向颤动，使切削过程平稳。

(3) 在工件卡盘夹持的一端车出一个缩颈，以增加工件的柔性，使切削变形尽量发生在缩颈处，减少切削变形对加工精度的直接影响。

2) 补偿或抵消误差

补偿误差就是人为地制造一种新误差去补偿加工、装配或使用过程中的误差。抵消误差是利用原有的一种误差去抵消另一种误差。这两种方法都是力求使两种误差大小相等、方向相反，从而达到减少误差的目的。例如预加载荷的精加工龙门铣床的横梁导轨，使加工后的导轨产生“向上凸”的几何形状误差，去抵消横梁因铣头重量而产生“向下垂”的受力变形；用校正机构提高丝杆车床传动链精度也是如此。

3) 均分与均化误差

当毛坯精度较低而引起较大的定位误差和复映误差时，可能使本工序的加工精度降低，难以满足加工要求，如提高毛坯(或上道工序)的精度，又会使成本增加，这时便可采用均分误差的方法。该方法的实质就是把毛坯按误差的大小分为 n 组，每组毛坯误差的范围缩小为原来的 $1/n$，整批工件的尺寸分散比分组前要小得多，然后按组调整刀具与工件的相对位置。

对于配合精度要求较高的表面，常常采取研磨的方法，让两者相互摩擦与磨损，使误差相互比较、相互抵消，这就是均化误差法。其实质是利用有密切联系的两表面相互比较，找出差异，然后互为基准，相互修正，使工件表面的误差不断缩小和均化。

4) 转移变形和转移误差

转移变形和转移误差这种方法的实质是将工艺系统的几何误差、受力变形、热变形等转移到不影响加工精度的非敏感方向上去。这样，可以在不减少原始误差的情况下，获得较高的加工精度。当机床精度达不到零件加工要求时，常常不是仅靠提高机床精度来保证加工精度，而是通过改进工艺方法和夹具，将机床的各类误差转移到不影响工件加工精度的方向上。当用镗模来加工箱体零件的孔系时，镗杆与镗床主轴采用浮动连接，这时孔系的加工精度完全取决于镗杆和镗模的制造精度，而与镗床主轴的回转精度及其他几何精度无关。

5) “就地加工”，保证精度

机床或部件的装配精度主要依赖于组成零件的加工精度，但在有些情况下，即使各组成零件都有很高的加工精度也很难保证达到要求的装配精度。因此，对于装配以后有相互位置精度要求的表面，应采用“就地加工法”来加工。例如，在车床上“就地”配车法兰盘；在转塔车床的主轴上安装车刀，在加工转塔上的六个刀架安装孔等。

6) 加工过程中主动控制误差

对于变值系统误差，通常只能在加工过程中用可变补偿的方法来减少加工误差。这就要求在加工循环中，利用测量装置连续地测量出工件的实际尺寸精度，随时给刀具以附加的补偿量，直至实际值与调定值的差不超过预定的公差为止。现代机械加工中自动测量和自动补偿都属于这种主动控制误差的形式。

1.9.2　机械加工表面质量

1. 机械加工表面质量的含义

评价零件是否合格的质量指标除了机械加工精度外，还有机械加工表面质量。机械加工表面质量是指零件经过机械加工后的表面层状态。机械加工表面质量又称为表面完整性，其含义包括两个方面的内容。

1) *表面层的几何形状特征*

表面层的几何形状特征如图1-65所示，主要由以下几部分组成：

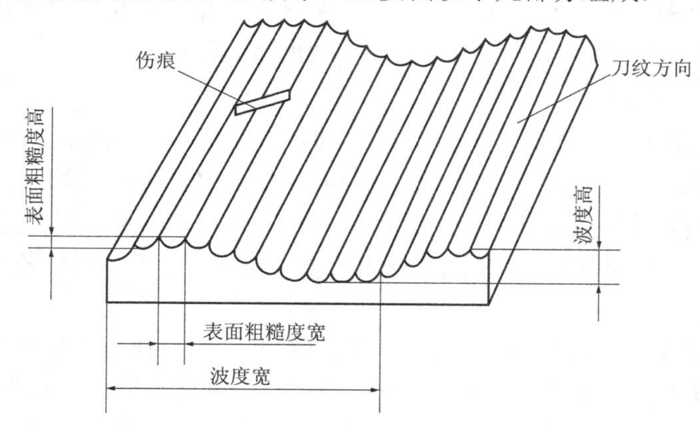

图1-65　表面层的几何形状特征的组成

(1) 表面粗糙度。表面粗糙度是指加工表面上较小间距和峰谷所组成的微观几何形状特征，即加工表面的微观几何形状误差，其评定参数主要有轮廓算术平均偏差Ra或轮廓微观不平度+点平均高度Rz。

(2) 表面波度。表面波度是介于宏观形状误差与微观表面粗糙度之间的周期性形状误差，它主要是由机械加工过程中的低频振动引起的，应作为工艺缺陷设法消除。

(3) 表面加工纹理。表面加工纹理是指表面切削加工刀纹的形状和方向，取决于表面形成过程中所采用的机械加工方法及其切削运动的规律。

(4) 伤痕。伤痕是指在加工表面个别位置上出现的缺陷，如砂眼、气孔、裂痕、划痕等，它们大多随机分布。

2) *表面层的物理力学性能*

表面层的物理力学性能主要指以下三个方面的内容：

(1) 表面层的加工冷作硬化。

(2) 表面层金相组织的变化。

(3) 表面层的残余应力。

2. 表面质量对零件使用性能的影响

1) *表面质量对零件耐磨性的影响*

零件的耐磨性是零件的一项重要性能指标，当摩擦副的材料、润滑条件和加工精度确定之后，零件的表面质量对耐磨性将起关键性的作用。由于零件表面存在着表面粗糙度，当两个零件的表面开始接触时，接触部分集中在其波峰的顶部，因此实际接触面积远远小于名义接触面积，并且表面粗糙度越大，实际接触面积越小。在外力作用下，波峰接触部分将产生很大的压应力。当两个零件做相对运动时，开始阶段由于接触面积小、压应力大，在接触处的波峰会产生较大的弹性变形、塑性变形及剪切变形，波峰很快被磨平，即使有润滑油存在，也会因为接触点处压应力过大，油膜被破坏而形成干摩擦，导致零件接触表面的磨损加剧。当然，并非表面粗糙度越小越好，如果表面粗糙度过小，接触表面间储存润滑油的能力变差，接触表面容易发生分子胶合、咬焊，同样也会造成磨损加剧。

表面层的冷作硬化可使表面层的硬度提高，增强表面层的接触刚度，从而降低接触处的弹性变形、塑性变形，使耐磨性有所提高。但如果硬化程度过大，表面层金属组织会变脆，出现微观裂纹，甚至会使金属表面组织剥落而加剧零件的磨损。

2) 表面质量对零件疲劳强度的影响

表面粗糙度对承受交变载荷的零件疲劳强度影响很大。在交变载荷作用下，表面粗糙度波谷处容易引起应力集中，产生疲劳裂纹。并且表面粗糙度越大，表面划痕越深，其抗疲劳破坏能力越差。

表面层残余压应力对零件的疲劳强度影响也很大。当表面层存在残余压应力时，能延缓疲劳裂纹的产生、扩展，提高零件的疲劳强度；当表面层存在残余拉应力时，零件容易引起晶间破坏，产生表面裂纹而降低其疲劳强度。

表面层的加工硬化对零件的疲劳强度也有影响。适度的加工硬化能阻止已有裂纹的扩展和新裂纹的产生，提高零件的疲劳强度；但加工硬化过于严重会使零件表面组织变脆，容易出现裂纹，从而使疲劳强度降低。

3) 表面质量对零件耐腐蚀性能的影响

表面粗糙度对零件耐腐蚀性能的影响很大。零件表面粗糙度越大，在波谷处越容易积聚腐蚀性介质而使零件发生化学腐蚀和电化学腐蚀。

表面层残余压应力对零件的耐腐蚀性能也有影响。残余压应力使表面组织致密，腐蚀性介质不易侵入，有助于提高表面的耐腐蚀能力；残余拉应力对零件耐腐蚀性能的影响则相反。

4) 表面质量对零件间配合性质的影响

相配零件间的配合性质是由过盈量或间隙量来决定的。在间隙配合中，如果零件配合表面的粗糙度大，则由于磨损迅速使得配合间隙增大，从而降低了配合质量，影响了配合的稳定性；在过盈配合中，如果表面粗糙度大，则装配时表面波峰被挤平，使得实际有效过盈量减少，降低了配合件的连接强度，影响了配合的可靠性。因此，对有配合要求的表面应规定较小的表面粗糙度值。

在过盈配合中，如果表面硬化严重，将可能造成表面层金属与内部金属脱落的现象，从而破坏配合性质和配合精度。表面层残余应力会引起零件变形，使零件的形状、尺寸发生改变，因此它也将影响配合性质和配合精度。

5) 表面质量对零件其他性能的影响

表面质量对零件的使用性能还有一些其他影响。如对间隙密封的液压缸、滑阀来说，减小表面粗糙度 Ra 可以减少泄漏、提高密封性能；较小的表面粗糙度可使零件具有较高的接触刚度；对于滑动零件，减小表面粗糙度 Ra 能使摩擦系数降低、运动灵活性增高，减少发热和功率损失；表面层的残余应力会使零件在使用过程中继续变形，失去原有的精度，机器工作性能恶化等。

总之，提高加工表面质量，对于保证零件的性能、提高零件的使用寿命是十分重要的。

3. 影响表面质量的工艺因素

1) 影响机械加工表面粗糙度的因素及降低表面粗糙度的工艺措施

(1) 影响切削加工表面粗糙度的因素。

在切削加工中，影响已加工表面粗糙度的因素主要包括几何因素、物理因素和加工中工艺系统的振动。下面以车削为例来说明影响表面粗糙度的因素。

① 几何因素。切削加工时表面粗糙度的值主要取决于切削面积的残留高度。当刀尖圆弧半径 $r_\varepsilon = 0$ 时，残留面积高度 H 为

$$H = \frac{f}{\cot \kappa_r + \cot \kappa_r'}$$

当刀尖圆弧半径 $r_\varepsilon > 0$ 时，残留面积高度 H 为

$$H = \frac{f}{8r_\varepsilon}$$

从上面两式可知，进给量 f、主偏角 κ_r、副偏角 κ_r' 和刀尖圆弧半径 r_ε 对切削加工表面粗糙度的影响较大。减小进给量 f、减小主偏角 κ_r 和副偏角 κ_r'、增大刀尖圆弧半径 r_ε，都能减小残留面积的高度 H，也就减小了零件的表面粗糙度。

② 物理因素。在切削加工过程中，刀具对工件的挤压和摩擦使金属材料发生塑性变形，引起原有的残留面积扭曲或沟纹加深，增大表面粗糙度。当采用中等或中等偏低的切削速度切削塑性材料时，在前刀面上容易形成硬度很高的积屑瘤，它可以代替刀具进行切削，但状态极不稳定，积屑瘤生成、长大和脱落将严重影响加工表面的表面粗糙度值。另外，在切削过程中由于切屑和前刀面的强烈摩擦作用以及撕裂现象，还可能在加工表面上产生鳞刺，使加工表面的粗糙度增加。

③ 动态因素——振动的影响。在加工过程中，工艺系统有时会发生振动，即在刀具与工件间出现除切削运动之外的另一种周期性的相对运动。振动的出现会使加工表面出现波纹，增大加工表面的粗糙度，强烈的振动还会使切削无法继续下去。

除上述因素外，造成已加工表面粗糙不平的原因还有被切屑拉毛和划伤等。

(2) 减小表面粗糙度的工艺措施。

① 在精加工时，应选择较小的进给量 f、较小的主偏角 κ_r 和副偏角 κ_r'、较大的刀尖圆弧半径 r_ε，以得到较小的表面粗糙度。

② 加工塑性材料时，采用较高的切削速度可防止积屑瘤的产生，减小表面粗糙度。

③ 根据工件材料、加工要求，合理选择刀具材料，有利于减小表面粗糙度。

④ 适当地增大刀具前角和刃倾角，提高刀具的刃磨质量，降低刀具前、后刀面的表面粗糙度均能降低工件加工表面的粗糙度。

⑤ 对工件材料进行适当的热处理，以细化晶粒，均匀晶粒组织，可减小表面粗糙度。

⑥ 选择合适的切削液，减小切削过程中的界面摩擦，降低切削区温度，减小切削变形，抑制鳞刺和积屑瘤的产生，可以大大减小表面粗糙度。

2) 影响表面物理力学性能的工艺因素

(1) 表面层残余应力。

外载荷去除后，仍残存在工件表层与基体材料交界处的相互平衡的应力称为残余应力。产生表面残余应力的主要原因如下：

① 冷态塑性变形引起的残余应力。切削加工时，加工表面在切削力的作用下产生强烈的塑性变形，表层金属的比容增大、体积膨胀，但受到与它相连的里层金属的阻止，从而在表层产生了残余压应力，在里层产生了残余拉应力。当刀具在被加工表面上切除金属时，由于受后刀面的挤压和摩擦作用，表层金属纤维被严重拉长，仍会受到里层金属的阻止，而在表层产生残余压应力，在里层产生残余拉应力。

② 热态塑性变形引起的残余应力。切削加工时，大量的切削热会使加工表面产生热膨胀，由于基体金属的温度较低，会对表层金属的膨胀产生阻碍作用，因此表层产生热态压应力。当加工结束后，表层温度下降要进行冷却收缩，但受到基体金属阻止，从而在表层产生残余拉应力，里层产生残余压应力。

③ 金相组织变化引起的残余应力。如果在加工中工件表层温度超过金相组织的转变温度，则工件表层将产生组织转变，表层金属的比容将随之发生变化，而表层金属的这种比容变化必然会受到与之相连的基体金属的阻碍，从而在表层、里层产生互相平衡的残余应力。例如在磨削淬火钢时，由于磨削热导致表层可能产生回火，表层金属组织将由马氏体转变成接近珠光体的屈氏体或索氏体，密度增大，比容减小，表层金属要产生相变收缩但会受到基体金属的阻止，而在表层金属产生残余拉应力，里层金属产生残余压应力。如果磨削时表层金属的温度超过相变温度，且已充分冷却，表层金属将成为淬火马氏体，密度减小，比容增大，则表层将产生残余压应力，里层产生残余拉应力。

(2) 表面层加工硬化。

① 加工硬化的产生及衡量指标。机械加工过程中，工件表层金属在切削力的作用下产生强烈的塑性变形，金属的晶格扭曲，晶粒被拉长、纤维化甚至破碎而引起表层金属的强度和硬度增加，塑性降低，这种现象称为加工硬化(或冷作硬化)。另外，加工过程中产生的切削热会使得工件表层金属温度升高，当升高到一定程度时，会使得已强化的金属恢复到正常状态，失去其在加工硬化中得到的物理力学性能，这种现象称为软化。因此，金属的加工硬化实际取决于硬化速度和软化速度的比率。

评定加工硬化的指标有：表面层的显微硬度 HV、硬化层深度 h(μm)、硬化程度 N。其中，HV 和 N 之间的关系为

$$N=\frac{\mathrm{HV}-\mathrm{HV}_0}{\mathrm{HV}_0}\times 100\%$$

式中，HV_0 为金属原来的显微硬度。

② 影响加工硬化的因素如下：

切削用量的影响。切削用量中进给量和切削速度对加工硬化的影响较大。增大进给量，切削力随之增大，表层金属的塑性变形程度增大，加工硬化程度增大；增大切削速度，刀具对工件的作用时间减少，塑性变形的扩展深度减小，故而硬化层深度减小。另外，增大切削速度会使切削区温度升高，有利于减小加工硬化程度。

刀具几何形状的影响。刀刃钝圆半径对加工硬化影响最大。实验证明，已加工表面的显微硬度随着刀刃钝圆半径的加大而增大，这是因为径向切削分力会随着刀刃钝圆半径的增大而增大，使得表层金属的塑性变形程度加剧，导致加工硬化增大。此外，刀具磨损会使得后刀面与工件间的摩擦加剧，表层的塑性变形增加，导致表面加工硬化加大。

加工材料性能的影响。工件的硬度越低、塑性越好，加工时塑性变形越大，加工硬化越严重。

4. 控制表面质量的工艺途径

随着科学技术的发展，对零件的表面质量的要求已越来越高。为了获得合格零件，保证机器的使用性能，人们一直在研究控制和提高零件表面质量的途径。提高表面质量的工艺途径大致可以分为两类：一类是用低效率、高成本的加工方法，寻求各工艺参数的优化组合，以减小表面粗糙度；另一类是着重改善工件表面的物理力学性能，以提高其表面质量。

1) 降低表面粗糙度的加工方法

(1) 超精密切削加工。超精密切削是指表面粗糙度值 Ra 在 0.04 μm 以下的切削加工方法。超精密切削加工最关键的问题在于要在最后一道工序切削 0.1 μm 的微薄表面层，这就既要求刀具极其锋利，刀具钝圆半径为纳米级尺寸，又要求这样的刀具有足够的耐用度，以维持其锋利。目前只有金刚石刀具才能达到要求。超精密切削时，走刀量要小，切削速度要非常高，才能保证工件表面上的残留面积小，从而获得极小的表面粗糙度。

(2) 小粗糙度磨削加工。为了简化工艺过程，缩短工序周期，有时用小粗糙度磨削替代光整加工。小粗糙度磨削除要求设备精度高外，磨削用量的选择最为重要。在选择磨削用量时，参数之间往往会相互矛盾和排斥。例如，为了减小表面粗糙度，砂轮应修整得细一些，但如此却可能引起磨削烧伤；为了避免烧伤，应将工件转速加快，但这样又会增大表面粗糙度，而且容易引起振动；采用小磨削用量有利于提高工件表面质量，但会降低生产效率而增加生产成本；工件材料不同其磨削性能也不一样，一般很难凭手册确定磨削用量，要通过试验不断调整参数，因而表面质量较难准确控制。近年来，国内外对磨削用量最优化做了不少研究，分析了磨削用量与磨削力、磨削热之间的关系，并用图表表示各参数的最佳组合，加上计算机的运用，通过指令进行过程控制，使得小粗糙度磨削逐步达到了应有的效果。

(3) 采用超精密加工、珩磨、研磨等方法作为最终工序加工。超精密加工、珩磨、研磨、抛光等都是利用磨条、抛光软膏以一定压力压在加工表面上，并做相对运动以降低表面粗糙度和提高精度的方法，一般用于表面粗糙度值 Ra 在 0.4 μm 以下的表面加工。这些加工工艺由于切削速度低、压强小，所以发热少，不易引起热损伤，并能产生残余压应力，有利于提高零件的使用性能；加工工艺依靠自身定位，设备简单，精度要求不高，成本较低，容易实行多工位、多机床操作，生产效率高，因而在大批量生产中应用广泛。这些加工工艺的工作原理可参见本书 2.2 节的相关内容。

2) 改善表面物理力学性能的加工方法

如前所述，表面层的物理力学性能对零件的使用性能及寿命影响很大，如果在最终工序中不能保证零件表面获得预期的表面质量要求，则应在工艺过程中增设表面强化工序来保证零件的表面质量。表面强化工艺包括化学处理、电镀和表面机械强化等几种。这里仅讨论机械强化工艺问题。机械强化是指通过对工件表面进行冷挤压加工，使零件表面层金属发生冷态塑性变形，从而提高其表面硬度并在表面层产生残余压应力的无屑光整加工方法。采用表面强化工艺还可以降低零件的表面粗糙度值。这种方法工艺简单、成本低，在生产中应用十分广泛，用得最多的是喷丸强化和滚压加工。

(1) 喷丸强化。喷丸强化是利用压缩空气或离心力将大量直径为 0.4～4 mm 的珠丸高速打击零件表面，使其产生冷硬层和残余压应力，可显著提高零件的疲劳强度。珠丸可以采用铸铁、砂石以及钢铁制造。所用设备是压缩空气喷丸装置或机械离心式喷丸装置，这些装置使珠丸能以 35～50 m/s 的速度喷出。喷丸强化工艺可用来加工各种形状的零件，加工后零件表面的硬化层深度可达 0.7 mm，表面粗糙度值 Ra 可由 3.2 μm 减小到 0.4 μm，使用寿命可提高几倍甚至几十倍。

(2) 滚压加工。滚压加工是在常温下通过淬硬的滚压工具(滚轮或滚珠)对工件表面施加压力，使其产生塑性变形，将工件表面上原有的波峰填充到相邻的波谷中，从而减小了表面粗糙度值，并在其表面产生了冷硬层和残余压应力，使零件的承载能力和疲劳强度得以提高。滚压加工可使表面粗糙度值 Ra 从 1.25～5 μm 减小到 0.63～0.8 μm，表面层硬度一般可提高 20%～40%，表面层金属的耐疲劳强度可提高 30%～50%。滚压用的滚轮常用碳素工具钢 T12A 或者合金工具钢 CrWMn、Cr12、CrNiMn 等材料制造，淬火硬度在 62～64HRC，或用硬质合金 YG6、YT15 等制成。滚轮的型面在装配前需经过粗磨，装上滚压工具后再进行精磨。图 1-66 为典型滚压加工示意图，图 1-67 为外圆滚压工具。

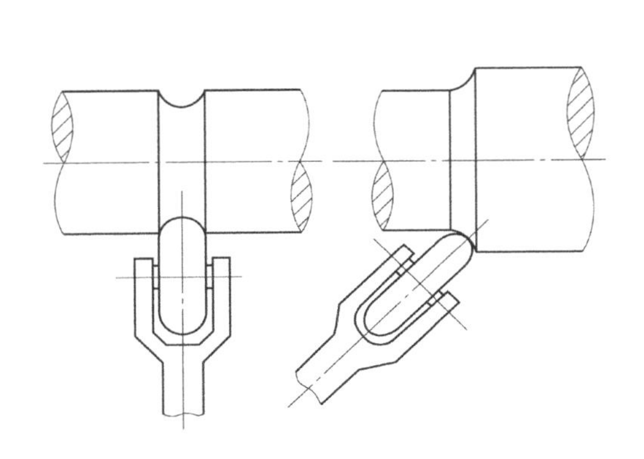

图 1-66 典型滚压加工示意图

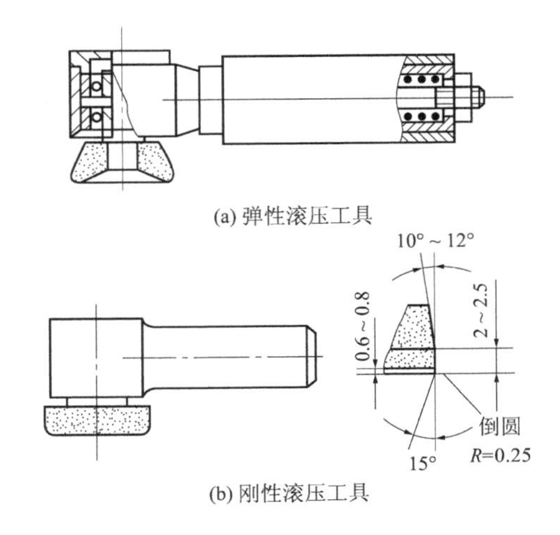

图 1-67 外圆滚压工具

(3) 金刚石压光。金刚石压光是一种用金刚石挤压加工表面的新工艺，已在国外精密仪器制造业中得到较广泛的应用。压光后的零件表面粗糙度值 Ra 可达 0.02～0.4 μm，耐磨性比磨削后的提高 1.5～3 倍，但比研磨后的低 20%～40%，而生产率却比研磨高得多。金刚石压光用的机床必须是高精度机床，它要求机床刚性好、抗振性好，以免损坏金刚石。此外，它还要求机床主轴精度高，径向跳动和轴向窜动在 0.01 mm 以内，主轴转速能在

2500～6000 r/min 的范围内无级调速。机床主轴运动与进给运动应分离，以保证压光的表面质量。

(4) 液体磨料强化。液体磨料强化是利用液体和磨料的混合物高速喷射到已加工表面，以强化工件表面，提高工件的耐磨性、抗蚀性和疲劳强度的一种工艺方法。如图 1-68 所示，液体和磨料在 400～800 Pa 压力下，经过喷嘴高速喷出，射向工件表面，借磨粒的冲击作用，碾压加工表面，工件表面产生塑性变形，变形层仅为几十微米。加工后的工件表面具有残余压应力，提高了工件的耐磨性、抗蚀性和疲劳强度。

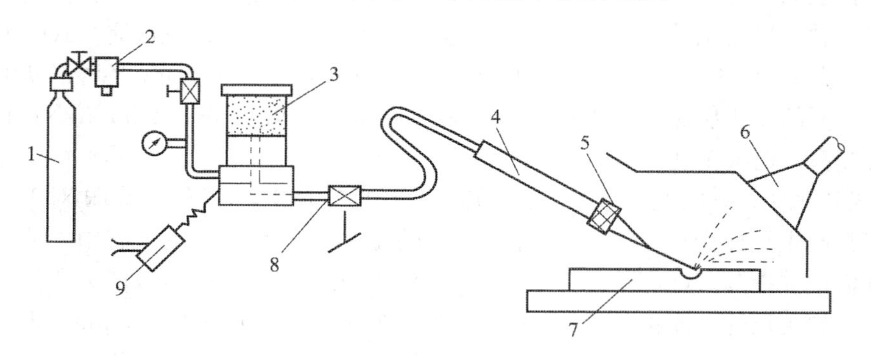

1—压气瓶；2—过滤器；3—磨料室；4—导管；5—喷嘴；6—集收器；
7—工件；8—控制阀；9—振动器

图 1-68　液体磨料喷射加工原理图

3) 零件表面处理技术

零件表面处理技术是在零件的基本形状和结构形成之后，通过不同的工艺方法对零件表面进行加工处理，使其获得与基体材料不同的表面特性，改善零件表面性能的一项专门技术。零件表面处理技术在工业生产和人民生活中早已得到了广泛应用，它对改善零件的使用性能和延长机器的使用寿命有着十分重要的作用。这里介绍的是除上述机械强化工艺以外的其他几种表面处理技术。

(1) 表面电火花强化。

表面电火花强化处理的原理是：在工具和工件之间接一脉冲电源，使工具和工件之间不断产生火花放电，使零件表面产生物理、化学变化，从而强化表面，改善其表面性能，如图 1-69 所示。

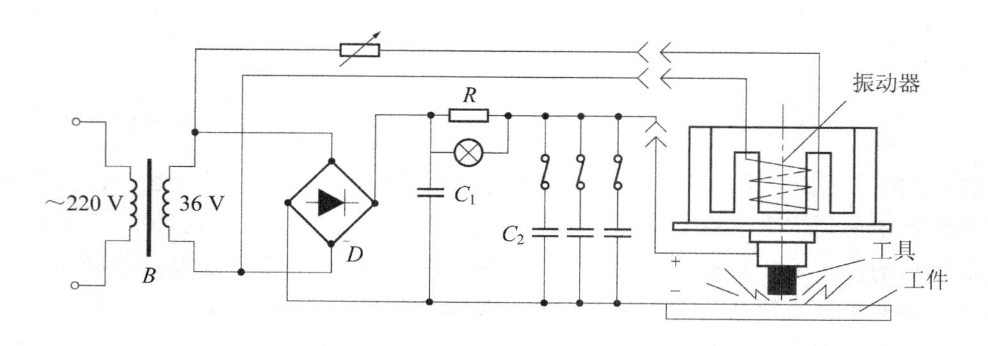

图 1-69　金属电火花强化加工原理图

表面电火花强化工艺方法简单、经济、效果好，广泛应用于模具、刃具、凸轮、导轨、涡轮叶片等的表面强化。表面电火花强化的工艺特点如下：

① 硬化层厚度为 0.01～0.08 mm。

② 当采用硬质合金作工具材料时，硬度可达 1100～1400HV 或更高。

③ 当使用铬锰合金、钨铬钴合金、硬质合金作为工具硬化 45# 钢时，其耐磨性可提高 2～2.5 倍。

④ 用石墨作为工具强化 45# 钢，其耐腐蚀性提高 90%；用 WC、CrMn 作为工具强化不锈钢，耐腐蚀性提高 3～5 倍。

⑤ 疲劳强度能提高 2 倍左右。

(2) 表面激光强化。

表面激光强化是利用激光的能量，对金属表面进行强化处理的一种工艺方法。其工作原理是：当激光束照射到金属表面时，其能量被吸收并转化为热，由于激光转化为热的速率是金属材料传导率的数倍乃至数十倍，材料表面所获得的热量还来不及向基体扩散，就使得表面迅速达到相变温度以上；当激光束移开被处理表面的瞬间，表面热量很快被扩散传至基体，即自激冷却产生淬火效应。

激光强化深度视工件材料及操作工艺而定，最深可达 2.5 mm。控制照射能量密度和照射时间，即可得到不同的淬火深度。利用表面激光强化的方法，含碳量较低的钢(如含碳量为 0.18%的钢)亦能获得表面强化的效果(低碳钢淬火深度可达 0.25 mm)。

表面激光强化的工艺特点如下：

① 热影响区小，表面变形极小。

② 一般不受工件形状及部位的限制，适应性较强。

③ 加热与冷却均在正常空气中进行，不用淬火介质，工件表面清洁，操作简便。

④ 淬硬层组织细密，具有较高的硬度(达 800HV)，强度、韧性、耐磨性及耐腐蚀性也较高。

⑤ 激光淬火后的表面硬化层较浅，通常为 0.3～1.1 mm。

⑥ 激光淬火设备费用高，应用受到一定限制。

(3) 表面氧化处理。

零件表面氧化处理能提高工件表面的抗腐蚀能力，有利于消除工件的残余应力，减少变形，还可使工件外观光泽美观。氧化处理分为化学法和电解法。化学法多用于钢铁零件的表面处理，电解法则多用于铝及铝合金零件的表面处理。

① 钢铁零件的表面氧化处理。将钢铁零件放入一定温度的碱性溶液(如苛性钠、硝酸钠溶液)中处理，使零件表面生成厚 0.6～0.8 μm 致密而牢固的 Fe_3O_4 氧化膜的过程，称为钢铁的表面氧化处理。钢铁的表面氧化处理实质上是一个化学反应过程。依照处理条件的不同，该氧化膜呈现亮蓝色直至亮黑色，所以又称做发蓝处理或者黑处理。钢铁零件的氧化处理不影响零件的精度，所以前道工序不需要留加工余量。

② 铝及铝合金零件的表面氧化处理。铝及铝合金零件的表面氧化处理的基本原理是：如图 1-70 所示，将以铝或铝合金为阳极的工件置于电解液中，然后通电；由于在阳极产生氧气，使铝或铝合金发生化学和电化学溶解，结果在阳极表面形成一层氧化膜，所以该处理方法也称为阳极氧化法。阳极氧化膜不仅具有良好的软科学性能与抗蚀性能，而且还具

有较强的吸附性；采用各种着色方法后，还可获得各种不同颜色的装饰外观。

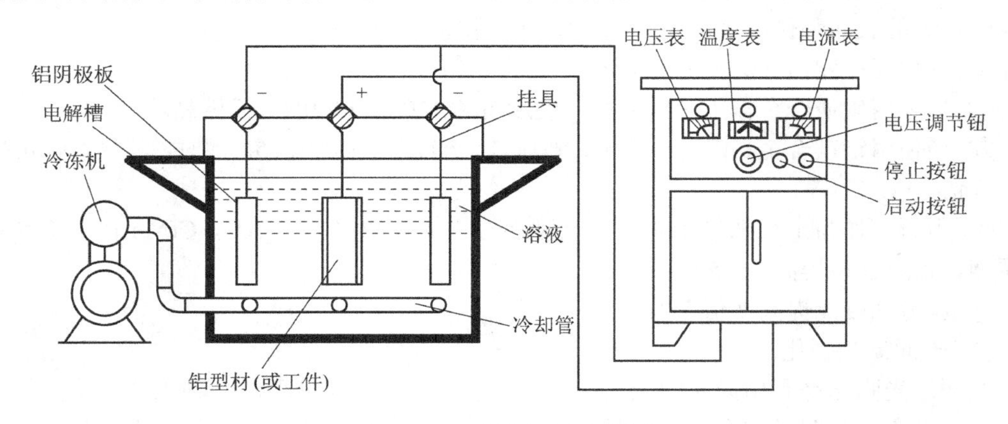

图 1-70　铝阳极氧化原理图

5. 机械加工振动对表面质量的影响及其控制

1) 机械振动现象及分类

(1) 机械振动现象及其对表面质量的影响。

在机械加工过程中，工艺系统有时会发生振动(人为地利用振动来进行加工服务的振动车削、振动磨削、振动时效、超声波加工等除外)，即在刀具的切削刃与工件上正在切削的表面之间，除了名义上的切削运动之外，还会出现一种周期性的相对运动。这是一种破坏正常切削运动的极其有害的现象，主要表现在以下方面：

① 振动使工艺系统的各种成形运动受到干扰和破坏，使加工表面出现振纹，增大表面粗糙度值，恶化加工表面质量。

② 振动还可能引起刀刃崩裂，引起机床、夹具连接部分松动，缩短刀具及机床、夹具的使用寿命。

③ 振动限制了切削用量的进一步提高，降低切削加工的生产效率，严重时甚至还会使切削加工无法继续进行。

④ 振动所发出的噪声会污染环境，有害工人的身心健康。

研究机械加工过程中振动产生的机理，探讨如何提高工艺系统的抗振性和消除振动的措施，一直是机械加工工艺学的重要课题之一。

(2) 机械振动的基本类型。

机械加工过程的振动有以下三种基本类型：

① 强迫振动。强迫振动是指在外界周期性变化的干扰力作用下产生的振动。磨削加工中主要会产生强迫振动。

② 自激振动。自激振动是指切削过程本身引起切削力周期性变化而产生的振动。切削加工中主要会产生自激振动。

③ 自由振动。自由振动是指由于切削力突然变化或其他外界偶然原因引起的振动。自由振动的频率就是系统的固有频率，由于工艺系统的阻尼作用，这类振动会在外界干扰力去除后迅速自行衰减，对加工过程影响较小。

机械加工过程中的振动主要是强迫振动和自激振动。据统计，强迫振动约占 30%，自激振动约占65%，自由振动所占比重则很小。

2) 机械加工中的强迫振动及其控制

(1) 机械加工过程中产生强迫振动的原因。

机械加工过程中产生的强迫振动，其原因可从机床、刀具和工件三方面去分析，具体如下：

① 机床方面。机床中某些传动零件的制造精度不高，会使机床产生不均匀运动而引起振动。例如齿轮的周节误差和周节累积误差，会使齿轮传动的运动不均匀，从而使整个部件产生振动。主轴与轴承之间的间隙过大，主轴轴颈的椭圆度、轴承制造精度不够，都会引起主轴箱以及整个机床的振动。另外，皮带接头太粗而使皮带传动的转速不均匀，也会产生振动。机床往复机构中的转向和冲击也会引起振动。至于某些零件的缺陷，使机床产生振动则更是明显。

② 刀具方面。多刃、多齿刀具如铣刀、拉刀和滚刀等，切削时由于刃口高度的误差或因断续切削引起的冲击，容易产生振动。

③ 工件方面。被切削的工件表面上有断续表面或表面余量不均、硬度不一致，都会在加工中产生振动。如车削或磨削有键槽的外圆表面就会产生强迫振动。

工艺系统外部也有许多原因造成切削加工中的振动，例如一台精密磨床和一台重型机床相邻，这台磨床就有可能受重型机床工作的影响而产生振动，影响其加工表面的粗糙度。

(2) 强迫振动的特点。

① 强迫振动的稳态过程是谐振，只要干扰力存在，振动就不会被阻尼衰减掉，去除干扰力，振动就停止。

② 强迫振动的频率等于干扰力的频率。

③ 阻尼愈小，振幅愈大，谐波响应轨迹的范围愈大；增加阻尼，能有效地减小振幅。

④ 在共振区，较小的频率变化会引起较大的振幅和相位角的变化。

(3) 消除强迫振动的途径。

强迫振动是由于外界干扰力引起的，因此必须对振动系统进行测振试验，找出振源，然后采取适当措施加以控制。消除和抑制强迫振动的主要措施如下：

① 改进机床传动结构，进行消振与隔振。消除强迫振动最有效的办法是找出外界的干扰力(振源)并去除之。如果不能去除，则可以采用隔绝的方法，如采用厚橡皮或木材等将机床与地基隔离，就可以隔绝相邻机床的振动影响。精密机械、仪器采用空气垫等也是很有效的隔振措施。

② 消除回转零件的不平衡。机床和其他机械的振动，大多数是由于回转零件的不平衡所引起的，因此对于高速回转的零件要注意其平衡问题，在可能条件下，最好能作动平衡。

③ 提高传动件的制造精度。传动件的制造精度会影响传动的平衡性，引起振动。在齿轮啮合、滚动轴承以及带传动等传动中，减少振动的途径主要是提高制造精度和装配质量。

④ 提高系统刚度，增加阻尼。提高机床、工件、刀具和夹具的刚度都会增加系统的抗振性。增加阻尼是一种减小振动的有效办法，在结构设计上应该考虑到，但也可以采用附加高阻尼板材的方法以达到减小振动的效果。

⑤ 合理安排固有频率，避开共振区。根据强迫振动的特性，一方面是改变激振力的频率，使它避开系统的固有频率；另一方面是在结构设计时，使工艺系统各部件的固有频率

远离共振区。

3) 机械加工中的自激振动及其控制

(1) 自激振动产生的机理。

机械加工过程中，还常常出现一种与强迫振动完全不同形式的强烈振动，这种振动是当系统受到外界或本身某些偶然的瞬时干扰力作用而触发自由振动后，由振动过程本身的某种原因使得切削力产生周期性变化，又由这个周期性变化的动态力反过来加强和维持振动，使振动系统补充了由阻尼作用消耗的能量，这种类型的振动称为自激振动。切削过程中产生的自激振动是频率较高的强烈振动，通常又称为颤振。自激振动常常是影响加工表面质量和限制机床生产率提高的主要障碍。磨削过程中，砂轮磨钝以后产生的振动也往往是自激振动。

为了解释切削过程中的自激振动现象，现以电铃的工作原理加以说明。在如图 1-71 所示的电铃系统中，电池 1 为能源。按下按钮 2 时，电流通过触点 3—弹簧片 7—电磁铁 5 与电池构成回路，电磁铁产生磁力吸引衔铁 4，带动小锤 6。而当弹簧片被吸引时，触点 3 处断电，电磁铁失去磁性，小锤靠弹簧片弹回至原处，于是重复刚才所述的过程。这个过程显然不存在外来周期性干扰，而是由系统内部的调节元件产生交变力，由这种交变力产生并维持振动，这就是自激振动。

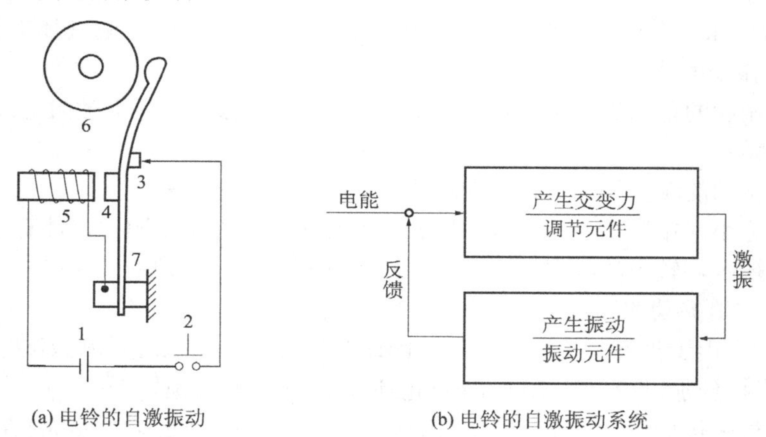

(a) 电铃的自激振动　　(b) 电铃的自激振动系统

1—电源；2—按钮；3—触点；4—衔铁；5—电磁铁；6—小锤；7—弹簧片

图 1-71　电铃的自激振动原理

金属切削过程中自激振动的原理如图 1-72 所示，它也有两个基本部分：切削过程产生的交变力 ΔP 激励工艺系统，工艺系统产生振动位移 ΔY 再反馈给切削过程。维持振动的能量来源于机床的能量。

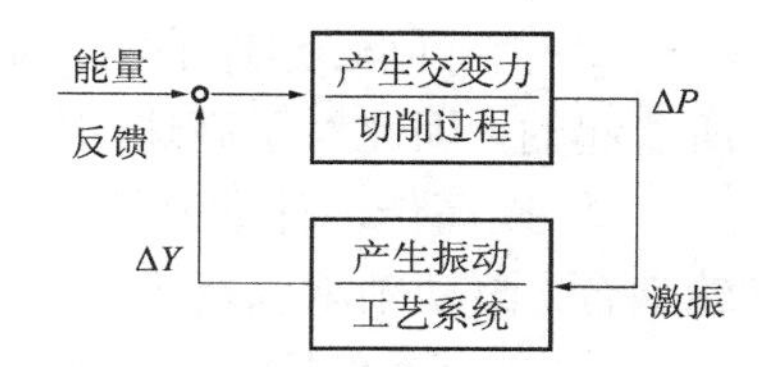

图 1-72　机床自激振荡系统

(2) 自激振动的特点。

自激振动的特点如下：

① 自激振动是一种不衰减的振动。振动过程本身能引起某种力周期性地变化，振动系统能通过这种力的变化，从不具备交变特性的能源中周期性地获得能量补充，从而维持这个振动。外部的干扰有可能在最初触发振动时起作用，

但是它不是产生这种振动的直接原因。

② 自激振动的频率等于或接近于系统的固有频率，也就是说，自激振动的频率由振动系统本身的参数所决定，这是与强迫振动的显著差别。

③ 自激振动能否产生以及振幅的大小，取决于每一振动周期内系统所获得的能量与所消耗的能量的对比情况。当振幅为某一数值时，如果所获得的能量大于所消耗的能量，则振幅将不断增大；相反，如果所获得的能量小于所消耗的能量，则振幅将不断减小，振幅一直增加或减小到所获得的能量等于所消耗的能量时为止。若振幅在任何数值时获得的能量都小于消耗的能量，则自激振动根本就不可能产生。

④ 自激振动的形成和持续是由于过程本身产生的激振和反馈作用，所以若停止切削或磨削过程，即使机床仍继续空运转，自激振动也就停止了。这也是与强迫振动的区别之处，所以可以通过切削或磨削试验来研究工艺系统或机床的自激振动，同时也可以通过改变对切削或磨削过程有影响的工艺参数，如切削或磨削用量，来控制切削或磨削过程，从而限制自激振动的产生。

(3) 消除自激振动的途径。

由通过试验研究和生产实践产生的关于自激振动的几种学说可知，自激振动与切削过程本身有关，与工艺系统的结构性能也有关。因此，控制自激振动的基本途径是减小和抵抗激振力的问题，具体说来可以采取以下一些有效的措施：

① 合理选择与切削过程有关的参数。

自激振动的形成是与切削过程本身密切相关的，所以可以通过合理地选择切削用量、刀具几何参数和工件材料的可切削性等途径来抑制自激振动。

a. 合理选择切削用量。如车削中，切削速度 v 在 20～60 m/min 范围内，自激振动振幅增加很快，而当 v 超过此范围以后，振动又逐渐减弱了，通常切削速度 v 在 50～60 m/min 时切削稳定性最低，最容易产生自激振动，所以可以选择高速或低速切削以避免自激振动。关于进给量 f，通常当 f 较小时振幅较大，随着 f 的增大振幅反而会减小，所以可以在表面粗糙度要求许可的前提下选取较大的进给量以避免自激振动。背吃刀量 a_p 愈大，切削力愈大，愈易产生振动。

b. 合理选择刀具的几何参数。适当地增大前角 γ_o、主偏角 κ_c，能减小切削力从而减小振动。后角 a_o 可尽量取小，但精加工中由于背吃刀量 a_p 较小，刀刃不容易切入工件，而且 a_o 过小时，刀具后刀面与加工表面间的摩擦可能过大，这样反而容易引起自激振动。通常在刀具的主后刀面下磨出一段 a_o 角为负值的窄棱面，如图 1-73 所示就是一种很好的防振车刀。另外，实际生产中还往往用油石使新刃磨的刃口稍稍钝化，也很有效。关于刀尖圆弧半径，它本来就和加工表面粗糙度有关，对加工中的振动而言，一般不要取得太大，如车削中当刀尖圆弧半径与背吃刀量近似相等时，切削力就很大，容易振动。车削时装刀位置过低或镗孔时装刀位置过高，都易于产生自激振动。

使用“油”性非常高的润滑剂也是加工中经常使用的一种防振办法。

② 提高工艺系统本身的抗振性。

a. 提高机床的抗振性。机床的抗振性往往能占主导地位，可以从改善机床的刚性、合理安排各部件的固有频率、增大阻尼以及提高加工和装配的质量等来提高其抗振性。如图 1-74 就是具有显著阻尼特性的薄壁封砂结构床身。

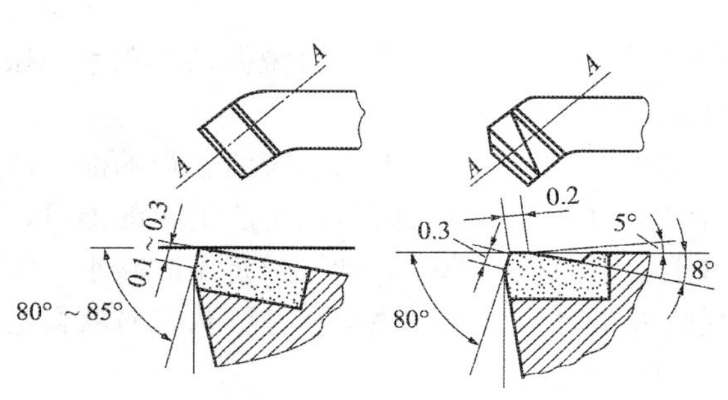

图 1-73　防振车刀

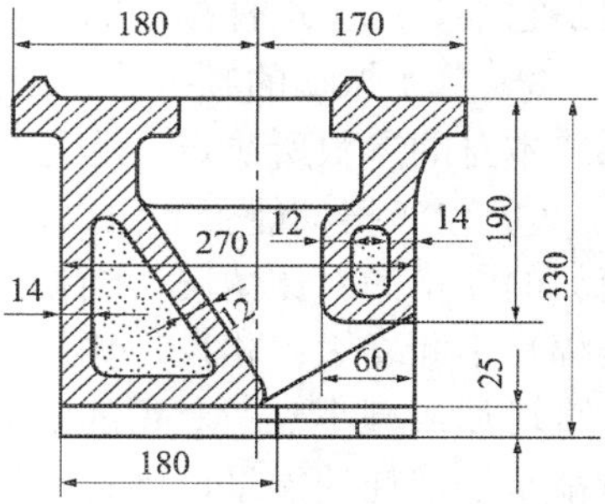

图 1-74　薄壁封砂床身

b. 提高刀具的抗振性。通过刀杆等的惯性矩、弹性模量和阻尼系数，使刀具具有高的弯曲与扭转刚度、高的阻尼系数。例如硬质合金虽有高弹性模量，但阻尼性能较差，因此可以和钢组合使用，以发挥钢和硬质合金两者之优点。

c. 提高工件安装时的刚性，主要是提高工件的弯曲刚度。如在细长轴的车削中，可以使用中心架、跟刀架，当用拨盘传动销拨动夹头传动时，要保持切削中传动销和夹头不发生脱离等。

③ 使用消振器装置。

图 1-75 是车床上使用的冲击消振器，6 是消振器座，螺钉 1 上套有冲击块 4、弹簧 3 和套筒 2，当车刀发生强烈振动时，4 就在 6 和 1 的头部之间做往复运动，产生冲击，吸收能量。图 1-76 是镗孔用的冲击消振器，1 为镗杆，2 为镗刀，3 为工件，4 为冲击块(消振质量)，5 为塞盖。冲击块安置在镗杆的空腔中，它与空腔间保持 0.05～0.10 mm 的间隙。当镗杆发生振动时，冲击块将不断撞击镗杆以吸收振动能量，因此能消除振动。这些消振装置经生产使用证明，都具有相当好的抑振效果，并且可以在一定范围内调整，所以使用上也较方便。

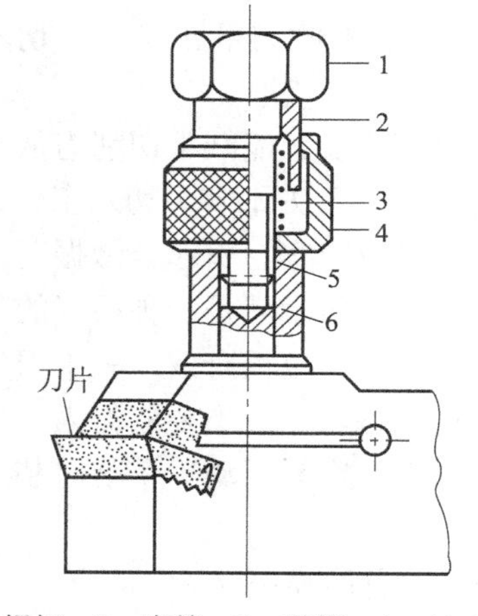

1—螺钉；2—套筒；3—弹簧；4—冲击块；
5—消振夹持器；6—消振器座

图 1-75　车床上用冲击消振器

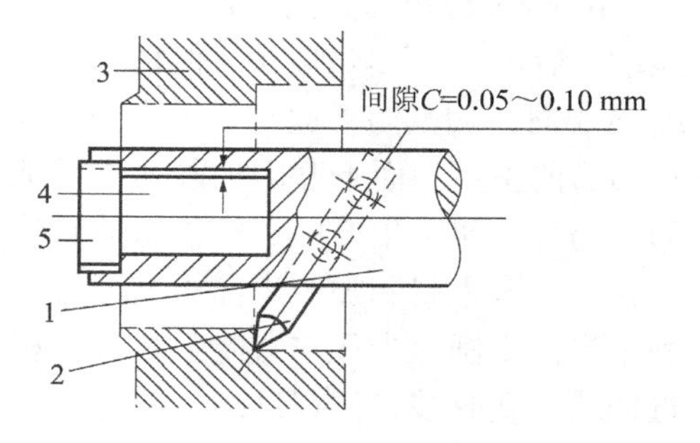

1—镗杆；2—镗刀；3—工件；
4—冲击块；5—塞盖

图 1-76　镗杆上用冲击消振器

图 1-77 为一利用多层弹簧片间的相互摩擦来消除振动的干摩擦阻尼装置。图 1-78 为一利用液体流动阻力的阻尼作用消除振动的液体阻尼装置。

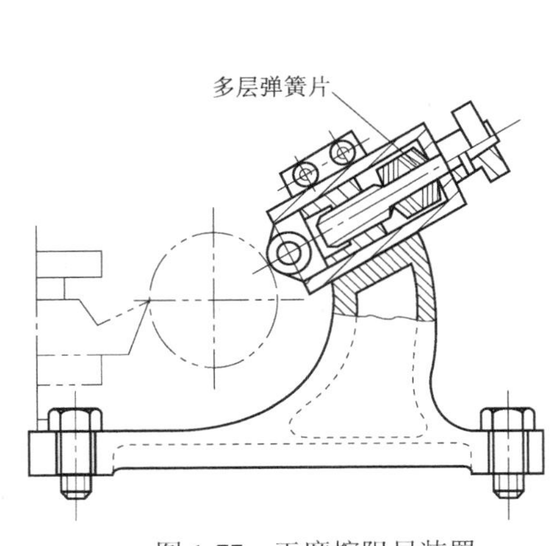

图 1-77　干摩擦阻尼装置

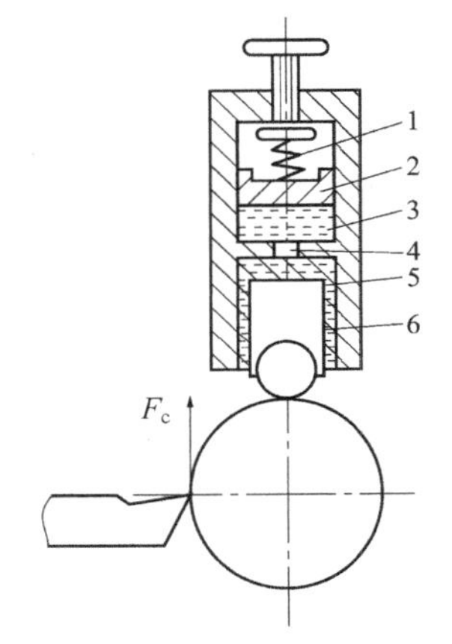

1—弹簧；2—活塞；3—液压缸后腔；4—小孔；5—液压缸前腔；6—柱塞

图 1-78　液体阻尼器装置

6. 磨削的表面质量

1) 磨削加工的特点

磨削精度高，通常作为终加工工序，但磨削过程比切削复杂。磨削加工采用的工具是砂轮。磨削时，虽然单位加工面积上磨粒很多，表面粗糙度本应很小，但在实际加工中，由于磨粒在砂轮上分布不均匀，磨粒切削刃钝圆半径较大，并且大多数磨粒是负前角，很不锋利，加工表面是在大量磨粒的滑擦、耕犁和切削的综合作用下形成的，磨粒将加工表面刻划出无数细微的沟槽，并伴随着塑性变形，形成粗糙表面。同时，磨削速度高，通常 $v_{砂}$=40～50 m/s，目前甚至高达 $v_{砂}$=80～200 m/s，因而磨削温度很高，磨削时产生的高温会加剧加工表面的塑性变形，从而更加增大了加工表面的粗糙度值；有时磨削点附近的瞬时温度可高达 800～1000℃，这样的高温会使加工表面金相组织发生变化，引起烧伤和裂纹。另外，磨削的径向切削力大，会引起机床发生振动和弹性变形。

2) 影响磨削加工表面粗糙度的因素

影响磨削加工表面粗糙度的因素很多，主要有以下几种：

(1) 砂轮的影响。砂轮的粒度越细，单位面积上的磨粒数越多，在磨削表面的刻痕越细，表面粗糙度越小；但粒度太细，加工时砂轮易被堵塞反而会使表面粗糙度增大，还容易产生波纹和引起烧伤。砂轮的硬度应大小合适，其半钝化期愈长愈好；砂轮的硬度太高，磨削时磨粒不易脱落，使加工表面受到的摩擦、挤压作用加剧，从而增加了塑性变形，使得表面粗糙度增大，还易引起烧伤；但砂轮太软，磨粒太易脱落，会使磨削作用减弱，导致表面粗糙度增加，所以要选择合适的砂轮硬度。砂轮的修整质量越高，砂轮表面的切削微刃数越多、各切削微刃的等高性越好，磨削表面的粗糙度越小。

(2) 磨削用量的影响。增大砂轮速度，单位时间内通过加工表面的磨粒数增多，每颗磨粒磨去的金属厚度减少，工件表面的残留面积减少。同时，提高砂轮速度还能减少工件材料的塑性变形，这些都可使加工表面的表面粗糙度值降低。降低工件速度，单位时间内通过加工表面的磨粒数增多，表面粗糙度值减小；但工件速度太低，工件与砂轮的接触时间长，传到工件上的热量增多，反而会增大表面粗糙度，还可能增加表面烧伤。增大磨削深度和纵向进给量，工件的塑性变形增大，会导致表面粗糙度值增大。径向进给量增加，磨削过程中磨削力和磨削温度都会增加，磨削表面塑性变形程度增大，从而会增大表面粗糙度值。为在保证加工质量的前提下提高磨削效率，可将要求较高的表面的粗磨和精磨分开进行，粗磨时采用较大的径向进给量，精磨时采用较小的径向进给量，最后进行无进给磨削，以获得表面粗糙度值很小的表面。

(3) 工件材料。工件材料的硬度、塑性、导热性等对表面粗糙度的影响较大。塑性大的软材料容易堵塞砂轮，导热性差的耐热合金容易使磨料早期崩落，都会导致磨削表面粗糙度增大。另外，由于磨削温度高，合理使用切削液既可以降低磨削区的温度，减少烧伤，又可以冲去脱落的磨粒和切屑，避免划伤工件，从而降低表面粗糙度值。

3) 磨削表面层的残余应力——磨削裂纹问题

磨削加工比切削加工的表面残余应力更为复杂。一方面，磨粒切削刃为负前角，法向切削力一般为切向切削力的 2～3 倍，磨粒对加工表面的作用引起冷塑性变形，产生压应力；另一方面，磨削温度高，磨削热量很大，容易引起热塑性变形，表面出现拉应力。当残余拉应力超过工件材料的强度极限时，工件表面就会出现磨削裂纹。磨削裂纹有的在外表层，有的在内层下；裂纹方向常与磨削方向垂直，或呈网状；裂纹常与烧伤同现。

磨削用量是影响磨削裂纹的首要因素，若磨削深度和纵向走刀量大，则塑性变形大，切削温度高，拉应力过大，可能产生裂纹。此外，工件材料含碳量高易出现裂纹。磨削裂纹还与淬火方式、淬火速度及操作方法等热处理工序有关。

为了消除和减少磨削裂纹，必须合理选择工件材料、砂轮；正确制订热处理工艺；逐渐减小切除量；积极改善散热条件，加强冷却效果，设法降低切削热。

4) 磨削表面层金相组织变化——磨削烧伤问题

(1) 磨削表面层金相组织变化与磨削烧伤。

机械加工过程中产生的切削热会使得工件的加工表面产生剧烈的温升，当温度超过工件材料金相组织变化的临界温度时，将发生金相组织转变。在磨削加工中，由于多数磨粒为负前角切削，磨削温度很高，产生的热量远远高于切削时的热量，而且磨削热有 60%～80%传给工件，所以极容易出现金相组织的转变，使得表面层金属的硬度和强度下降，产生残余应力甚至引起显微裂纹，这种现象称为磨削烧伤。产生磨削烧伤时，加工表面常会出现黄、褐、紫、青等烧伤色，这是磨削表面在瞬时高温下的氧化膜颜色。不同的烧伤色，表明工件表面受到的烧伤程度不同。

磨削淬火钢时，工件表面层由于受到瞬时高温的作用，将可能产生以下三种金相组织变化：

① 如果磨削表面层温度未超过相变温度，但超过了马氏体的转变温度，则马氏体将转变成为硬度较低的回火屈氏体或索氏体，这种现象称为回火烧伤。

② 如果磨削表面层温度超过相变温度，则马氏体转变为奥氏体，这时若无切削液，则磨削表面硬度急剧下降，表层被退火，这种现象称为退火烧伤。干磨时很容易产生这种现象。

③ 如果磨削表面层温度超过相变温度，但有充分的切削液对其进行冷却，则磨削表面层将急冷形成二次淬火马氏体，硬度比回火马氏体高，不过该表面层很薄，只有几微米厚，其下为硬度较低的回火索氏体和屈氏体，使表面层总的硬度仍然降低，称为淬火烧伤。

(2) 磨削烧伤的改善措施。

影响磨削烧伤的因素主要是磨削用量、砂轮、工件材料和冷却条件。由于磨削热是造成磨削烧伤的根本原因，因此要避免磨削烧伤，就应尽可能减少磨削时产生的热量及尽量减少传入工件的热量。具体可采用下列措施：

① 合理选择磨削用量。不能采用太大的磨削深度，因为当磨削深度增加时，工件的塑性变形会随之增加，工件表面及里层的温度都将升高，烧伤亦会增加；工件速度增加，磨削区表面温度会增高，但由于热作用时间减少，因而可减轻烧伤。

② 工件材料。工件材料对磨削区温度的影响主要取决于它的硬度、强度、韧性和热导率。工件材料硬度、强度越高，韧性越大，磨削时功耗越多，产生的热量越多，越易产生烧伤；导热性较差的材料，在磨削时也容易出现烧伤。

③ 砂轮的选择。硬度太高的砂轮，钝化后的磨粒不易脱落，容易产生烧伤，因此用软砂轮较好；选用粗粒度砂轮磨削，砂轮不易被磨屑堵塞，可减少烧伤；结合剂对磨削烧伤也有很大影响，树脂结合剂比陶瓷结合剂容易产生烧伤，橡胶结合剂比树脂结合剂更易产生烧伤。

④ 冷却条件。为降低磨削区的温度，在磨削时广泛采用切削液冷却。为了使切削液能喷注到工件表面上，通常增加切削液的流量和压力并采用特殊喷嘴，图 1-79 为采用高压大流量切削液，并在砂轮上安装带有空气挡板的切削液喷嘴。这样既可加强冷却作用，又能减轻高速旋转砂轮表面的高压附着作用，使切削液顺利地喷注到磨削区。此外，还可采用多孔砂轮、内冷却砂轮和浸油砂轮，图 1-80 为一内冷却砂轮结构，切削液被引入砂轮的中心腔内，由于离心力的作用，切削液再经过砂轮内部的孔隙从砂轮四周的边缘甩出，这样切削液即可直接进入磨削区，有效地发挥冷却作用。

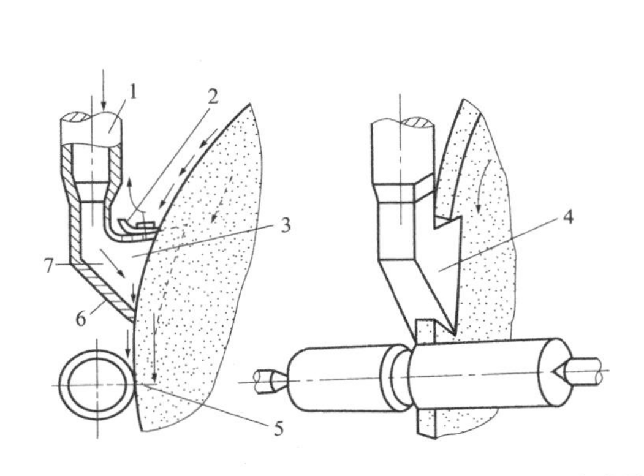

1—液流导管；2—可调气流挡板；3—空腔区；4—喷嘴罩；
5—磨削区；6—排液区；7—液嘴

图 1-79 带有空气挡板的切削液喷嘴

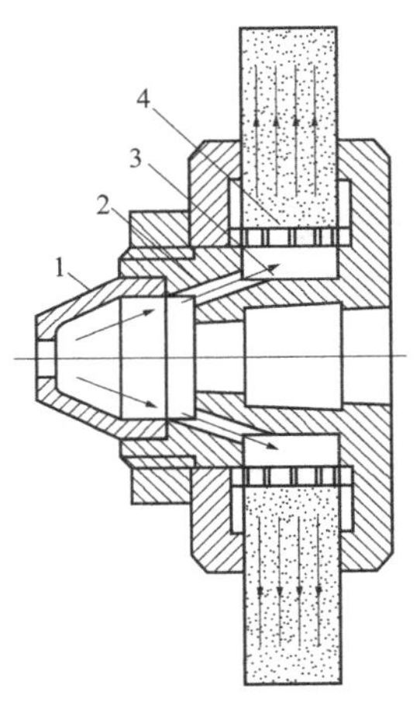

1—锥形盖；2—切削液通孔；3—砂轮中心腔；
4—有径向小孔的薄壁套

图 1-80 内冷却砂轮结构

1.10　装配工艺基础知识

1.10.1　基本概念

【学习目标】　了解装配的基本概念与装配精度的类型；能进行产品结构工艺性分析；能建立装配尺寸链、正确选择装配方法。

1. 装配的概念

任何机器都是由零件、组件和部件组合而成的。由若干零件组成，在结构上有一定独立性的部分，称为组件；由若干个零件和组件组成，具有一定独立功能的结构单元，称为部件。按照规定的技术要求和顺序完成组件或部件组合的工艺过程，称为组件或部件装配；进一步将部件、组件、零件组合成产品的工艺过程，称为总装配。此外，装配还包括对产品的调整、检验、试验、油漆、包装等工作。

机器的质量是以机器的工作性能、使用效果、可靠性、寿命等综合指标评定的，这些除了与产品的设计及零件的制造质量有关外，还取决于机器的装配质量。装配是机器制造生产过程中极其重要的最终环节，若装配不当，则质量全部合格的零件，不一定能装配出合格的产品；而当零件存在某些质量缺陷时，只要在装配中采取合适的工艺措施，也能使产品达到规定的要求。因此，装配质量对保证产品的质量有十分重要的作用。

在机器的装配过程中，可以发现产品设计上的缺陷(如不合理的结构和尺寸标注等)，以及零件加工中存在的质量问题。因此，装配也是机器生产的最终检验环节。目前，装配工作的机械化、自动化水平低，劳动量大。为了保证产品的质量、提高装配的生产效率和降低成本，必须研究装配工艺，选择合适的装配方法，制订合理的装配工艺规程，并且做到文明装配。如控制装配的环境条件(温度、湿度、清洁度、照明、噪声、振动等)，推行有利于控制清洁度、保证质量的干装配方式，零件必须在完成去毛刺、退磁、清洗、吹(烘)干等工序，并经检验合格后才能入库。

2. 装配精度

装配精度是装配工艺的质量指标。装配精度包括零、部件间的配合精度和接触精度、位置尺寸精度和位置精度、相对运动精度等。

1) 零、部件间的配合精度和接触精度

零、部件间的配合精度是指配合面间达到规定的间隙或过盈的要求。它影响配合性质和配合质量，已由国家标准《公差和配合》来解决，如轴和孔的配合间隙或配合过盈的变化范围。零、部件间的接触精度是指配合表面、接触表面和连接表面达到规定的接触面积大小和接触点分布的情况。它影响接触刚度和配合质量。例如，导轨接触面间、锥体配合、齿轮啮合等处，均有接触精度要求。

2) 零、部件间的位置尺寸精度和位置精度

零、部件间的位置尺寸精度是指零、部件间的距离精度，如轴向距离精度和轴线距离(中

心距)精度等。零、部件间的位置精度包括平行度、垂直度、同轴度和各种跳动。

3) 零、部件间的相对运动精度

相对运动精度指相对运动的零、部件在运动方向和运动速度上的精度。运动方向上的精度主要是相对运动部件之间的平行、垂直等，如牛头刨床滑枕往复直线运动对工作台面的平行度、车床主轴轴线对床鞍移动的平行度等。运动速度上的精度是指内传动链的传动精度，即内传动链首末两端件的实际运动速度关系与理论值的符合程度。显然，零、部件间在运动方向上的相对运动精度的保证是以位置精度为基础的。运动位置上的精度即传动精度，是指内联系传动链中，始、末两端传动元件间相对运动(转角)精度，如滚齿机主轴(滚刀)与工作台相对运动精度和车床车螺纹时的主轴与刀架移动的相对运动精度等。

3. 装配精度与零件精度的关系

机器是由许多零、部件装配而成的，零件的精度特别是关键零件的精度，直接影响相应的装配精度。

一般而言，多数的装配精度与它相关的若干个零、部件的加工精度有关。如机床主轴定心轴径的径向圆跳动，主要取决于滚动轴承内径相对于外径的径向圆跳动，主轴定心轴径相对于主轴支承轴径(装配基准)的径向圆跳动，以及其他结合件(如锁紧螺母)精度的影响。这时，就应合理地规定和控制这些相关零件的加工精度。在加工条件允许时，它们的加工误差累积起来仍能满足装配精度的要求。

遇到有些要求较高的装配精度，如果完全靠相关零件的制造精度来直接保证，则零件的加工精度将会很高，给加工带来较大困难。如图 1-81 所示卧式车床床头和尾座两顶尖的等高要求(0.06 mm)，主要取决于主轴箱 1、尾座 2、底板 3 和床身 4 等零、部件的加工精度。该装配精度很难由相关零、部件的加工精度直接保证。在生产中，常按较经济的精度来加工相关零、部件，而在装配时则采用一定的工艺措施(如选择修配、调整等)，从而形成不同的装配方法来保证装配精度。

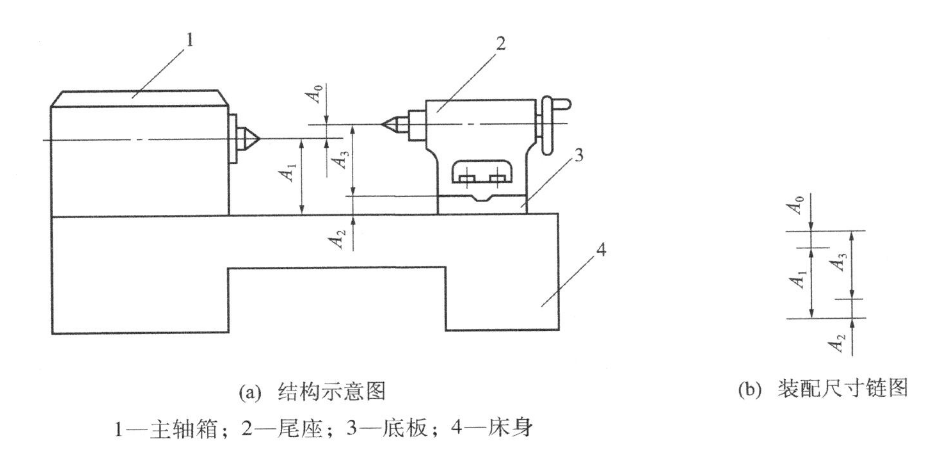

(a) 结构示意图　　(b) 装配尺寸链图

1—主轴箱；2—尾座；3—底板；4—床身

图 1-81　卧式车床床头和尾座两顶尖的等高要求示意图

由此可见，装配时由于采用不同的工艺措施，从而形成各种不同的装配方法，在这些装配方法中，装配精度与零件的加工精度具有不同的关系。

1.10.2 产品结构工艺性

1. 产品结构工艺性的概念

产品结构工艺性是指所设计的产品在能满足使用要求的前提下，制造、维修的可行性和经济性。它包括产品生产工艺性和产品使用工艺性，产品生产工艺性是指其制造的难易程度与经济性，产品使用工艺性则指其在使用过程中维护保养和修理的难易程度与经济性。产品生产工艺性除零件结构工艺性外，还包括产品结构的装配工艺性。

产品结构工艺性审查工作不仅贯穿在产品设计的各个阶段中，而且在装配工艺规程设计时，还要重点分析产品结构的装配工艺性。

2. 产品结构的装配工艺性

装配对产品结构的要求，主要是要容易保证装配质量、装配的生产周期要短、装配劳动量要少。归纳起来，有以下 7 条具体要求。

1) 结构的继承性好和“三化”程度高

能继承已有结构和“三化”(标准化、通用化和系列化)程度高的结构，装配工艺的准备工作少，装配时工人对产品比较熟悉，既容易保证质量，又能减少劳动消耗。

为了衡量继承性和“三化”程度，可用产品结构继承性系数 K_s、结构标准化系数 K_{st} 和结构要素统一化系数 K_e 等指标来评价工艺性。

2) 能分解成独立的装配单元

产品结构应能分解成独立的装配单元，即产品可由若干个独立的部件总装而成，部件可由若干个独立组件组装而成。这样的产品，装配时可组织平行作业，扩大装配的工作面积，大批大量生产时可按流水的原则组织装配生产，因而能缩短生产周期，提高生产效率。由于平行作业，各部件能预先装好、调试好，以较完善的状态送去总装，保证装配质量。另外，还有利于企业间的协作，组织专业化生产。

例如，图 1-82 为传动轴组件的结构，图 1-82(a)中箱体的孔径 D_1 小于齿轮直径 d_2，装配时必须先把齿轮放入箱体内，在箱体内装配齿轮，再将其他零件逐个装在轴上。图 1-82(b)中的 $D_1>d_2$，装配时，可将轴及其上零件组成独立组件后再装入箱体内，并可通过带轮上的孔将法兰拧紧在箱体上。因此，如图 1-82(b)所示结构的装配工艺性好。

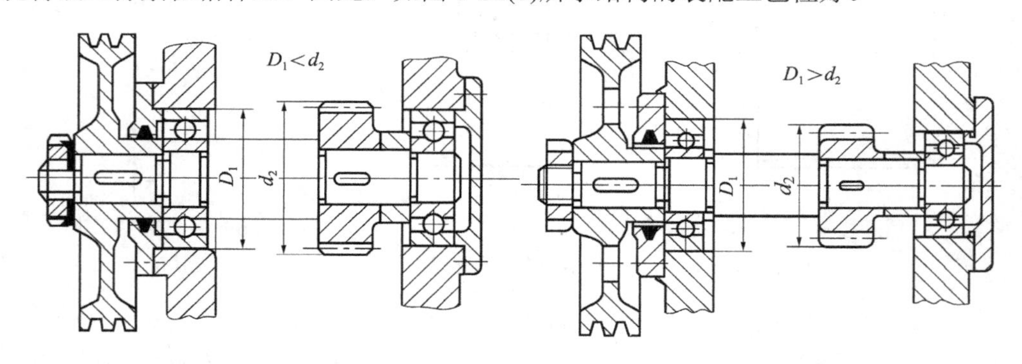

(a) 不能分成独立的装配单元　　(b) 能分成独立的装配单元

图 1-82　传动轴的装配工艺性

衡量产品能否分解成独立装配单元，可用产品结构装配性系数 K_a 表示，其计算式为

$$K_a = \frac{\text{产品各独立部件中零件数之和}}{\text{产品零件总数}}$$

3) 各装配单元要有正确的装配基准

装配的过程是先将待装配的零件、组件和部件放到正确的位置，然后再紧固和连接。这个过程相似于加工时的定位和夹紧。所以，在装配时，零件、组件和部件必须要有正确的装配基准，以保证它们之间的正确位置，并减少装配时找正的时间。装配基准的选择也要用夹具中的“六点定位”原理。

例如，图 1-83 是锥齿轮轴承座组件，当轴承座组件装进壳体 1 时，装配基准是轴承座两外圆柱面和法兰端面，符合装配要求。因此，如图 1-83(a)和图 1-83(b)所示的结构都有正确的装配基准。

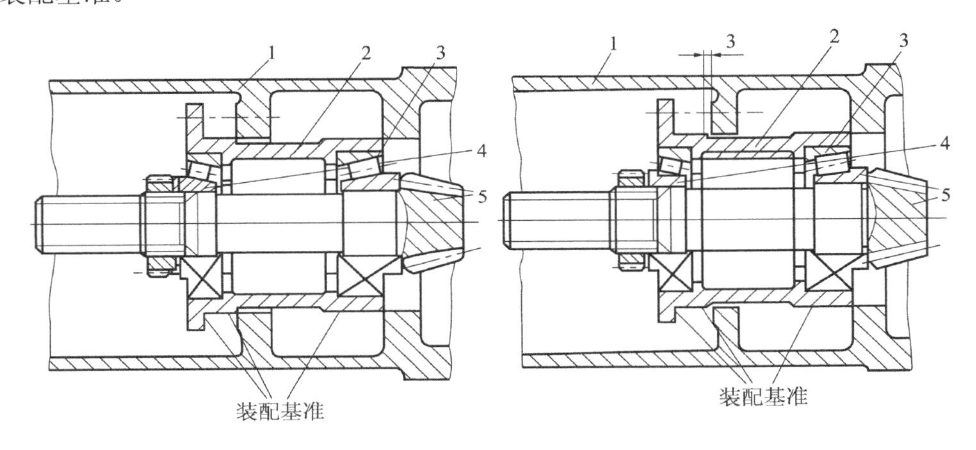

(a) 具有正确的装配基准，但不易装配　　(b) 具有正确的装配基准，且易装配

1—壳体；2—轴承座；3—前轴承；4—后轴承；5—锥齿轮轴

图 1-83　轴承座组件的装配基准及两种设计方案

4) 要便于装拆和调整

装配过程中，当发现问题或进行调整时，需要进行中间拆装。因此，若结构能便于装拆和调整，就能节省装配时间，提高生产率。具有正确的装配基准也是便于装配的条件之一。下面列举几个便于装拆和调整的实例。

(1) 如图 1-83(a)所示结构是轴承座 2 的两段外圆柱面(装配基准)同时进入壳体 1 的两配合孔内，由于不易同时对准两圆柱孔，所以装配较困难；如图 1-83(b)所示结构是当轴承座右端外圆柱面进入壳体 1 的配合孔中 3 mm，并具有良好的导向后，左端外圆柱面再进入配合孔中，所以装配较方便，工艺性好。

(2) 图 1-84(a)为定位销和底板孔过盈配合的结构，因没有通气孔，故当销子压入时内存空气不易排出而影响装配工作。合理的结构是在销子上开孔或在底板上开槽，也可采用如图 1-84(b)所示结构，将底板孔钻通，孔钻通后还有利于销子的拆卸。当底板不能开通孔时，可用带螺孔的定位销，以便需要时用拔销器拔出定位销。

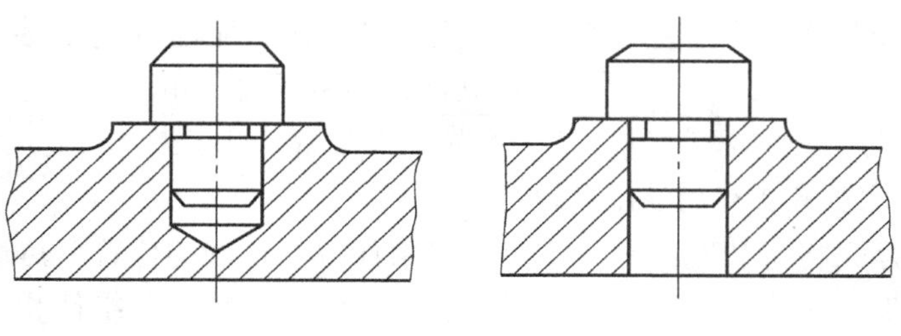

(a) 装拆不便　　(b) 装拆方便

图 1-84　定位销和底板孔过盈配合的两种结构

(3) 图 1-85 为箱体上圆锥滚子轴承靠肩的 3 种形式。如图 1-85(a)所示的靠肩内径小于轴承外环的最小直径，当轴承压入后，外环就无法卸下。如图 1-85(b)所示的靠肩内径大于轴承外环的最小直径和如图 1-85(c)所示将靠肩做出 2～4 个缺口的结构，都能方便地拆卸外环，所以工艺性好。

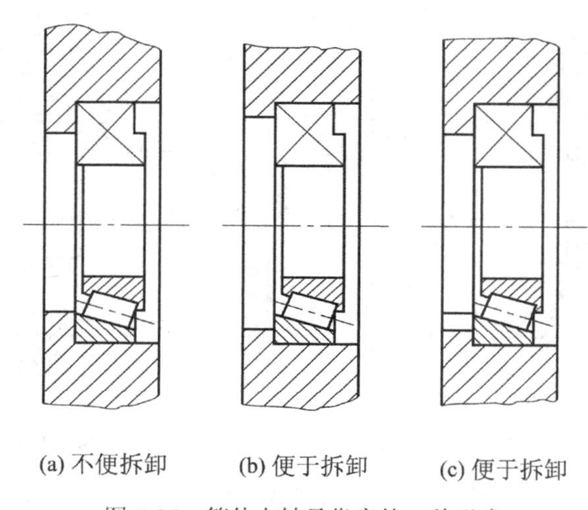

(a) 不便拆卸　　(b) 便于拆卸　　(c) 便于拆卸

图 1-85　箱体上轴承靠肩的 3 种形式

(4) 图 1-86 为端面有调整垫(补偿环)的锥齿轮结构。为了便于拆卸，在锥齿轮上加工两个螺孔，旋入螺栓即可卸下锥齿轮。

(5) 图 1-87 为卧式车床床鞍后部的两种固定板结构。如图 1-87(a)所示的结构靠修磨或刮研来保证床鞍与床身的间隙，装配时调整费时。如图 1-87(b)所示的结构采用了螺钉调整，在装配和使用中都可方便地进行调整，工艺性好。

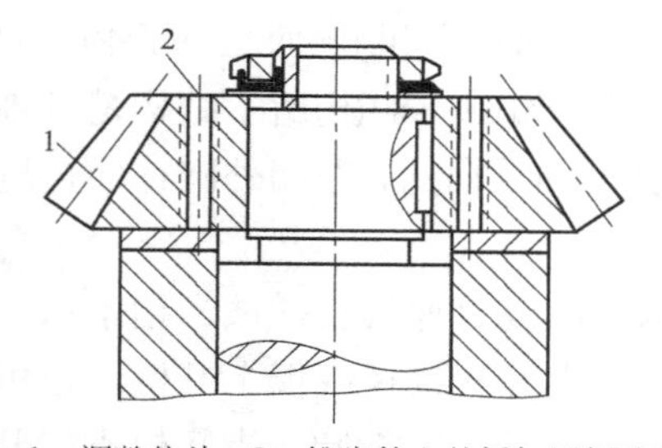

1—调整垫片；2—锥齿轮上的拆卸用螺孔

图 1-86　带有便于拆卸螺孔的锥齿轮结构

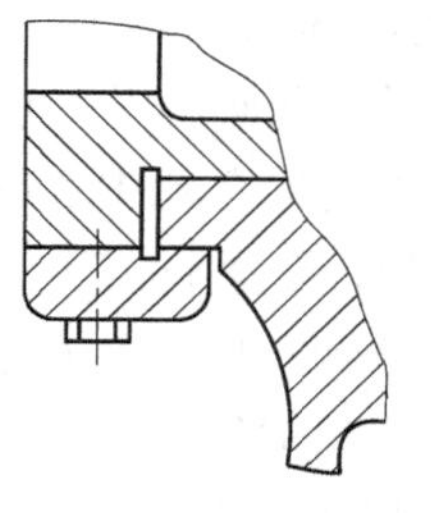

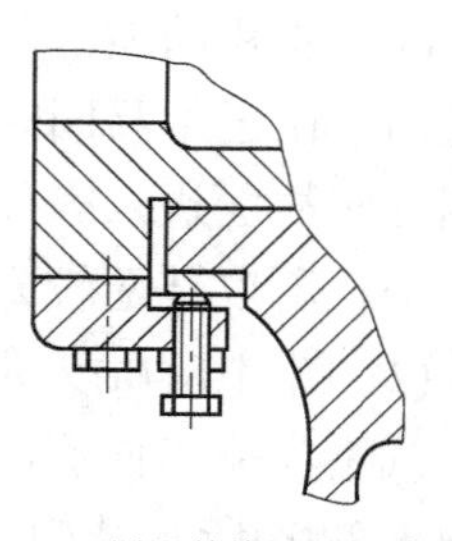

(a) 不易调整间隙　　(b) 用调整块调整间隙

图 1-87　车床床鞍后部固定板的两种形式

(6) 图 1-88 为车床丝杠的装配简图。丝杠 6 装在进给箱 1、溜板箱 8 和托架 7 的相应孔中，要求 3 孔同轴，且轴线要与床身导轨面平行。装配时，垂直位置是以溜板箱为基准，先调整进给箱的位置，使丝杠成水平，然后再调整托架的位置保证三者等高；水平位置一般以进给箱为基准，先调整溜板箱的位置，使丝杠与床身导轨平行，最后再调整托架的位置，保证三者一致。补偿环调整的是螺栓过孔与固定螺栓中的间隙，全部调整好后，打上定位销。光杠和操纵杆的装配方法和丝杠相同。

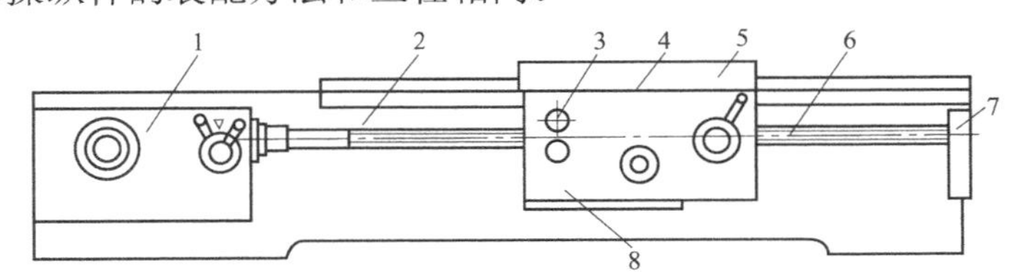

1—进给箱；2—床身；3—偏心轴；4—垫片；5—床鞍；6—丝杠；7—托架；8—溜板箱

图 1-88　车床丝杠的装配简图

当车床中修时，床身导轨因磨损而重新磨削后，床鞍和溜板箱的垂直位置也将下移，丝杠就装不上了。为此，将在床鞍和溜板箱之间增设的垫片 4 减薄，就能保证丝杠孔的中心位置。此外，溜板箱中一齿轮与床身上齿条相啮合，以便移动床鞍做进给运动，其啮合间隙则用偏心轴 3 调整，这些都是便于调整的实例。

5) 减少装配时的修配工作和机械加工

装配时进行修配工作会影响装配效率，又不易组织流水装配，还使产品没有互换性。若在装配时进行机械加工，则有时会因切屑掉入机器中而影响质量，所以应避免或减少修配工作和机械加工。

6) 满足装配尺寸链“环数最少原则”

结构设计中要求结构紧凑、简单，从装配尺寸链分析即减少组成环环数，对装配精度要求高的尺寸链更应如此。为此，必须减少相关零件和相关尺寸，合理标注零件上的设计尺寸等。

7) 各种连接的结构形式应便于装配工作的机械化和自动化

能用最少的工具快速装拆，质量大于 20 kg 的装配单元应具有吊装的结构要素，还要避免采用复杂的工艺装备。满足这些要求后，既能减轻工人劳动强度、提高劳动生产率，又能节省成本。

1.10.3　装配尺寸链

在产品或部件的装配中，装配精度和相关零件的尺寸或相互位置关系构成装配尺寸链，即相关零件的尺寸或相互位置关系可以通过装配尺寸链简洁地表达，产品的装配精度也要通过控制装配尺寸链的封闭环予以保证。显然，正确地查明装配尺寸链是进行尺寸链分析、计算的前提。

首先需要在装配图上找出封闭环，装配尺寸链的封闭环代表装配后的精度或技术要求，这种要求是通过把零、部件装配好后自然形成的。在装配过程中，对装配精度要求产生直接影响的那些零件的尺寸和位置关系，就是装配尺寸链的组成环。

通过装配关系的分析，相应于每个封闭环的装配尺寸链组成，就能很快被查明。通常的办法是以封闭环两端的那两个零件为起点，沿着装配精度要求的位置方向，以相邻零件装配基准间的联系为线索，分别由近及远地去查找装配关系中影响装配精度的有关零件尺寸，直至找到同一基准件或基础件的两个装配基准为止。然后用一尺寸联系这两个装配基准面，形成封闭的尺寸图形。所有有关零件的尺寸，就是装配尺寸链的组成环。

在装配精度要求一定的条件下，组成环数目越少，分配到各组成环的公差就越大，零件的加工就越容易、越经济。在结构设计时，应当遵循装配尺寸链最短原则，使组成环最少，即要求与装配精度有关的零件只能有一个尺寸作为组成环加入装配尺寸链。这个尺寸就是零件两端面的位置尺寸，应作为主要设计尺寸标注在零件图上，使组成环的数目等于有关零件的数目，即一件一环。

下面以实例说明如何组成装配尺寸链。图 1-89 为单级叶片泵装配图，图中有多个装配精度要求，即存在多个装配尺寸链的封闭环。现仅分析两项装配精度要求：泵的顶盖 5 与泵体 1 端面的间隙为 A_0；定子 6 与转子 3 端面的轴向间隙为 B_0。这两项装配精度要求 A_0 和 B_0，它们都是装配后自然形成的，所以 A_0 和 B_0 都是封闭环。通过分析相关零件装配关系，就可确定装配尺寸链的各组成环。

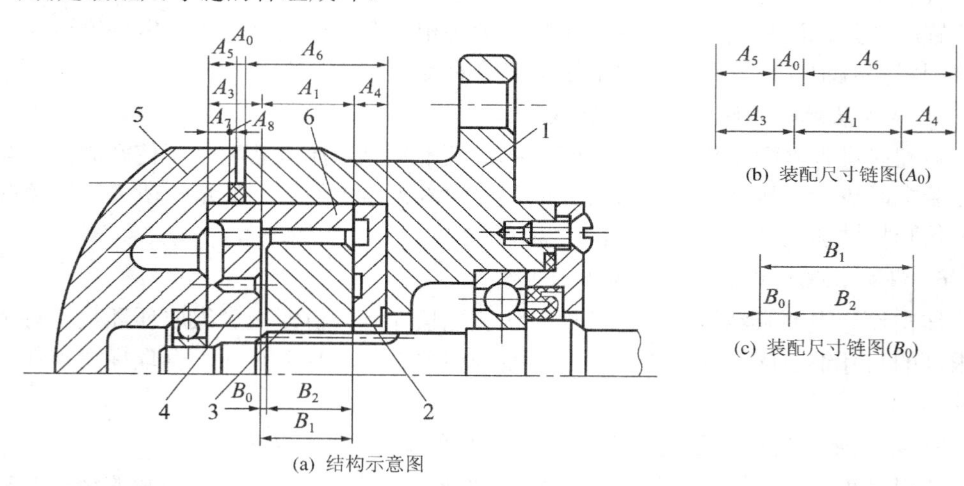

(a) 结构示意图

1—泵体；2—右配油盘；3—转子；4—左配油盘；5—顶盖；6—定子

图 1-89 单级叶片泵装配图

B_0 是一个三环尺寸链的封闭环，图 1-89(c)为尺寸链图，尺寸链方程式为

$$B_0 = B_1 - B_2$$

式中：B_1 为定子的宽度尺寸；B_2 为转子的宽度尺寸。

查找以 A_0 为封闭环的装配尺寸链。从 A_0 的右侧开始，第一个零件是泵体 1，泵体端面到装配基面的尺寸为 A_6，即泵体孔深度尺寸 A_6 对 A_0 有影响，是组成环，泵体是基础件。孔内左、右配油盘 4、2 宽度为 A_3、A_4，定子 6 宽度为 A_1，其中 A_3 尺寸左端与顶盖 5 的压脚内端面相接触，都对 A_0 有影响，则 A_3、A_1 和 A_4 是组成环。继续往下找到顶盖内端面到外端面的尺寸 A_5 对 A_0 也有影响，A_5 也是组成环。顺次查到 A_0 的左侧，所以由尺寸 A_6、A_4、A_1、A_3、A_5 和 A_0 组成封闭图形，就是以 A_0 为封闭环的装配尺寸链。如图 1-89(b)所示，增

环是 A_1、A_3 和 A_4，减环是 A_5 和 A_6。5 个零件只有 5 个尺寸参加 A_0 的装配尺寸链。六环装配尺寸链符合路线最短原则。

若顶盖压脚尺寸 A_5 由 A_7 和 A_8 尺寸代替加入尺寸链中，5 个零件有 6 个尺寸加入 A_0 尺寸链，则不符合尺寸链路线最短原则。

A_0 尺寸链方程式为

$$A_0=(A_1+A_4+A_3)-(A_5+A_6)$$

1.10.4 装配方法的选择

选择装配方法的实质就是研究以何种方式来保证装配尺寸链封闭环的精度问题。根据产品的批量、生产率和装配精度要求，在不同的生产条件下，应选择不同的保证装配精度的装配方法。常用的装配方法有完全互换装配法、选择装配法、调整装配法和修配装配法。

1. 完全互换装配法

装配尺寸链中所有组成环的零件，按图纸规定的公差要求加工，装配时不需要经过选择、修配和调整，装配起来就能达到规定的装配精度。这种装配方法称为完全互换装配法。

完全互换装配法的优点是装配工作简单，生产率高，有利于组织流水生产，也容易解决备件供应问题，有利于维修工作。其缺点是对加工精度要求高的零件，尤其当封闭环精度要求高而组成环的数目较多时，用完全互换装配法所确定的各组成环的公差值将会很小，难以加工，也不经济。

完全互换装配法是靠零件的制造精度来保证装配精度要求的。在结构设计时，为保证装配精度，必须满足尺寸链各组成环公差之和不大于封闭环的公差值 T_{A0}。因此，采用完全互换装配方法时能否保证装配质量的核心问题是组成环公差分配的合理性。

完全互换装配法举例如下。

【例 1-8】 图 1-90 为双联转子泵(摆线齿轮)的轴向装配关系简图，要求在冷态下轴向装配间隙 A_0 为 0.05～0.15 mm。已知泵体内腔深度 A_1 = 42 mm；左右齿轮宽度 A_2 = A_4 = 17 mm；中间隔板宽度 A_3 = 8 mm。

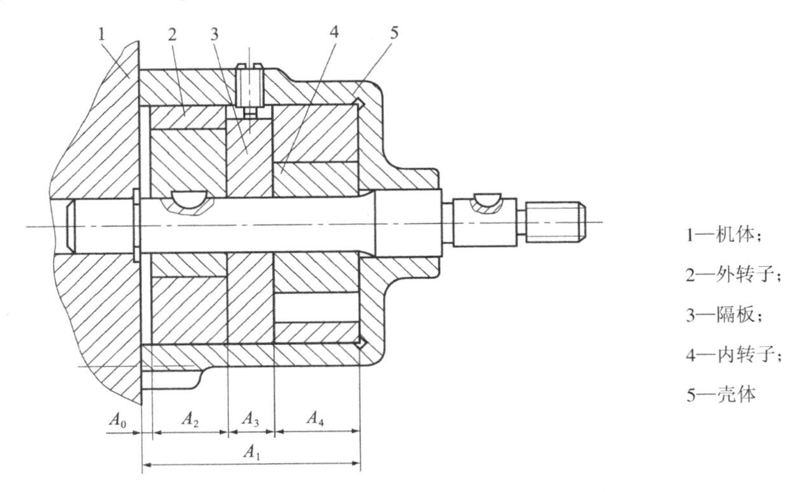

图 1-90 双联转子泵的轴向装配关系简图

解　若采用完全互换装配法满足装配精度要求，则可用极值法确定各组成环尺寸公差大小和分布位置。确定的方法和步骤如下：

(1) 画出尺寸链简图，如图 1-90 的下方所示。计算封闭环的基本尺寸 A_0，即

$$A_0 = A_1 - (A_2 + A_3 + A_4) = 42 - (17 + 8 + 17) = 0\ \text{mm}$$

所以封闭环的尺寸 $A_0 = 0^{+0.15}_{+0.05}$ mm。

(2) 确定各组成环尺寸的公差和分布位置，封闭环公差 $T_{A0} = 0.10$ mm，要求各组成环的公差之和不应超过封闭环的公差值 0.10 mm，即

$$\sum_{i=1}^{n-1} T_{Ai} = T_{A1} + T_{A2} + T_{A3} + T_{A4} \leqslant T_{A0} = 0.10\ (\text{mm})$$

在具体确定各 T_{Ai} 值时，首先应按“等公差”法计算各组成环能分配到的平均公差 T_{AM} 的数值，即

$$T_{AM} = \frac{T_{A0}}{n-1} = \frac{0.10}{5-1} = 0.025\ (\text{mm})$$

由 T_{AM} 值可以看出，零件制造精度要求较高，但还是可以达到的。因此用完全互换法(实质为极值法)是可行的。但是，最终确定的 T_{Ai} 值，还要根据各零件加工的难易程度来适当调整分配各组成环的公差。容易加工的取 T_{Ai} 比 T_{AM} 小一些，反之取大一些。

考虑到隔板和内、外转子的端面可用平磨加工，即 A_2、A_3、A_4 尺寸精度容易保证，故取 T_{A2}、T_{A3}、T_{A4} 的值可比 T_{AM} 小一些。同时考虑到其尺寸可用标准量规测量，取其公差为标准公差。尺寸 A_1 是用镗削加工保证的，不容易加工，公差可给得大一些，而且其尺寸属于深度尺寸，在成批生产中使用通用量具测量，故宜选 A_1 为协调环。由此确定：

$$A_2 = A_4 = 17^{\ 0}_{-0.018}\ \text{mm (按 IT7 级精度取值)}$$

$$A_3 = 8^{\ 0}_{-0.015}\ \text{mm (按 IT7 级精度取值)}$$

(3) 确定协调环 A_1 的公差大小和分布位置。很明显，A_1 的公差 T_{A1} 应为

$$T_{A1} = T_{A0} - (T_{A2} + T_{A3} + T_{A4}) = 0.049(\text{mm})\ \text{(相当于 IT8 级精度值)}$$

计算 A_1 的上、下偏差，即

$$\text{EI}_{A0} = \text{EI}_{A1} - (\text{ES}_{A2} + \text{ES}_{A3} + \text{ES}_{A4})$$

$$0.05\ \text{mm} = \text{EI}_{A1} - (0 + 0 + 0)$$

$$\text{EI}_{A1} = 0.05\ (\text{mm})$$

$$\text{ES}_{A1} = \text{EI}_{A1} + T_{A1} = 0.050 + 0.049 = 0.099$$

因此

$$A_1 = 42^{+0.099}_{+0.050}\ \text{mm}$$

2．选择装配法

选择装配法是将尺寸链中的组成环公差放大到经济可行的程度，然后选择合适的零件进行装配，以保证规定的装配精度的方法。

1) 选择装配法的形式

选择装配法有直接选配法、分组装配法(分组互换法)、复合装配法等三种形式。

(1) 直接选配法：从配对两种零件群中，选择符合规定要求的两个零件进行装配。这种方法劳动量大，装配质量取决于工人技术水平和测量方法。

(2) 分组装配法：将组成环的公差按完全互换法的极值法所求得的值放大数倍(一般为 2～6 倍)，使其能按经济加工精度制造，然后对零件按公差进行测量和分组，再按对应组号进行装配，以满足原定的装配精度要求。由于同组零件可以互换，故又称分组互换法。

(3) 复合装配法：上述两种方法的复合，即把零件预先测量分组，装配时再在各对应组中直接选配。

2) 分组互换法

在大批量生产条件下，当装配尺寸链的环数较少时，采用分组互换法可以达到很高的装配精度。现以如图 1-91 所示的阀孔和滑阀的配合为例，说明分组互换法的计算方法。要求阀孔与滑阀的配合间隙为 0.006～0.010 mm，阀孔直径 $A_1=\phi 11_{0}^{+0.002}$ mm (T_{A1}= 0.002 mm)，滑阀直径 $A_2=\phi 11_{-0.008}^{-0.006}$ mm (T_{A2}=0.002 mm)。

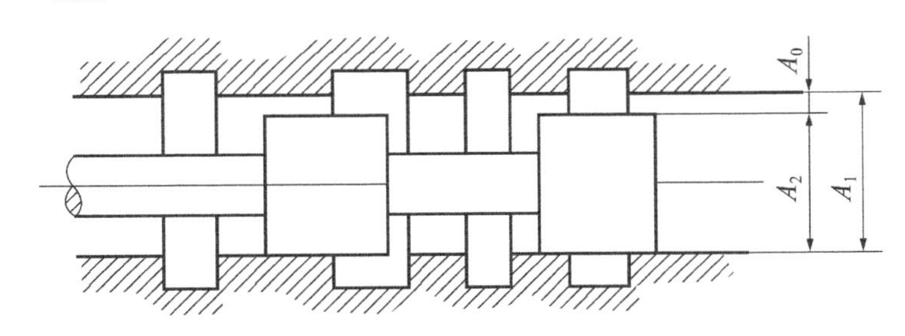

图 1-91　阀孔与滑阀的配合简图

若采用完全互换装配法装配，其平均公差为

$$T_{AM}=\frac{T_{A0}}{n}=\frac{0.004}{2}=0.002\ \text{(mm)}$$

这个公差值为 IT2 级标准公差值，制造十分困难，也不经济，故可考虑采用分组互换法。

将两个配合件的公差放大 n 倍，取 n=5，则 T'_{Ai}=0.010 mm(相当于 IT6 级)，于是

$$A'_1=\phi 11_{0}^{+0.010}\ \text{mm}$$
$$A'_2=\phi 11_{-0.008}^{+0.002}\ \text{mm}$$

然后将制成的零件，再进行测量分组，按阀孔直径 A'_1 和滑阀直径 A'_2 的实际尺寸各分成 5 组，其分组公差为 T_{Ai}=0.002 mm，组别用不同颜色区别，以便于分组装配。其分组尺寸见表 1-16。这样，同一组的阀孔与滑阀相配，可以完全互换，并能保证配合间隙为 0.006～0.010 mm，即

$$T'_{A1}=T'_{A2}=nT_{Ai}=5\times 0.002=0.010\ \text{(mm)}$$

表 1-16　阀孔和滑阀的分组尺寸

组别	标记颜色	阀孔直径/mm	滑阀直径/mm	配合情况
		$\phi 11^{+0.010}_{0}$	$\phi 11^{+0.002}_{-0.008}$	
1	红	11.000～11.002	10.992～10.994	最大间隙为 0.010 mm 最小间隙为 0.006 mm
2	黄	11.002～11.004	10.994～10.996	
3	蓝	11.004～11.006	10.996～10.998	
4	白	11.006～11.008	10.998～11.000	
5	绿	11.008～11.010	11.000～11.002	

分组互换法的特点如下：

(1) 分组互换法是将零件的公差放大，使零件制造容易，靠测量分组、按对应组进行装配的方法来保证很高的装配精度。

(2) 分组后各组的配合性质和配合精度要保证原设计要求，配合件的公差必须相等，如图 1-92 所示，公差带增大时要向同方向增大，增大倍数和分组数相同。当配合件公差不相等时，采用分组互换法可以保持配合精度不变，但配合性质却要发生变化，因此在生产中不宜采用。

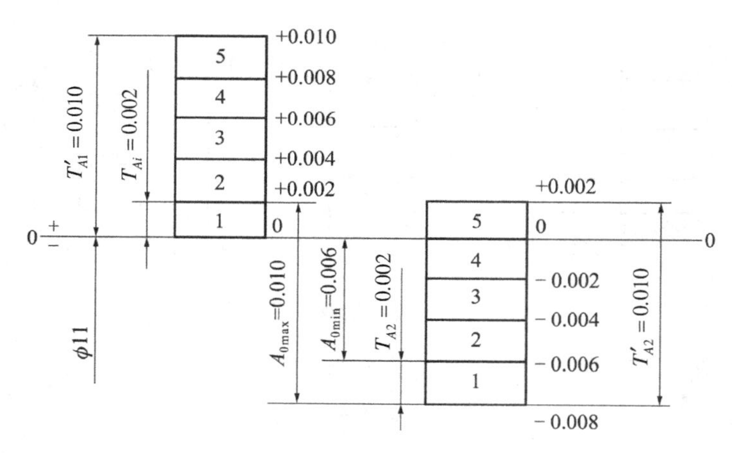

图 1-92　阀孔与滑阀分组公差带位置图

(3) 配合件的分组数不宜太多，尺寸公差只要放大到经济加工精度即可；否则，使零件的测量、分组等工作量增加，不利于生产。

(4) 由于装配精度取决于分组公差，要保证很高的配合质量，零件的表面粗糙度和形位公差不要放大，仍要严格要求。

(5) 为了保证分组后的零件能顺利地配套装配，两零件的尺寸分布规律应为正态分布，如图 1-93 中实线所示。若在加工中因某些因素的影响，使零件尺寸分布不是正态分布，如图 1-93 中虚线所示，各组的尺寸分布不对应，将造成各组配合件数不等，不能完全配套，造成大量零件的积压。当生产批量较大，用自动定程或自动控制尺寸加工时，零件的尺寸分布规律是接近正态分布的。但完全配套是不容易的，对于不配套零件，可另外专门加工一批零件与之配套。

综上所述，分组互换法只适用于大批量生产和装配精度要求很高的少环尺寸链。

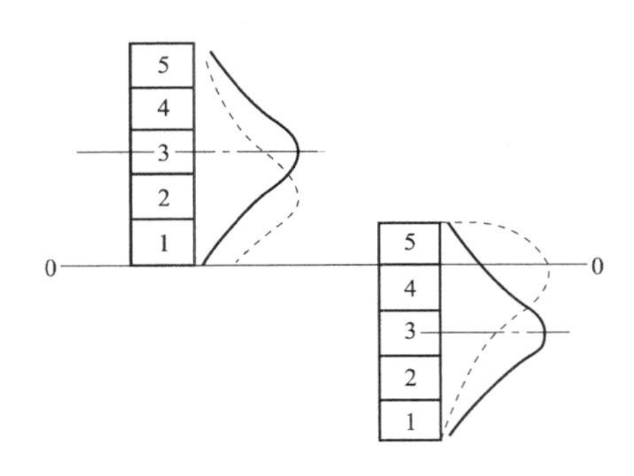

图 1-93 阀孔和滑阀公差及尺寸分布情况

3. 调整装配法

对于装配精度要求较高的多环尺寸链，若用完全互换装配法，则组成环公差较小，加工困难。若用分组互换法，由于环数多，则零件分组工作相当复杂。在这种情况下，可以采用调整装配法。所谓调整装配法，就是在装配时用改变产品中可调整零件的相对位置或选用合适的调整件以达到装配精度的方法。

调整装配法的实质就是放大组成环的公差，使各组成环按经济加工精度制造。由于每个组成环的公差都较大，其装配精度必然超差。为了保证装配精度，可改变其中一个组成环的位置或尺寸来补偿这种影响。这个组成环称为补偿环，该零件称为调整件或补偿件。

调整装配法分为可动调整法和固定调整法。

1) 可动调整法

可动调整法就是改变可动补偿件的位置，来达到装配精度的方法。这种方法在机械制造中应用较多。常用的调整件有螺钉、螺母和楔等。图 1-94 为用调整螺钉来调整轴承间隙，以保证轴承有足够的刚性，同时又不至于过紧而引起轴承发热。

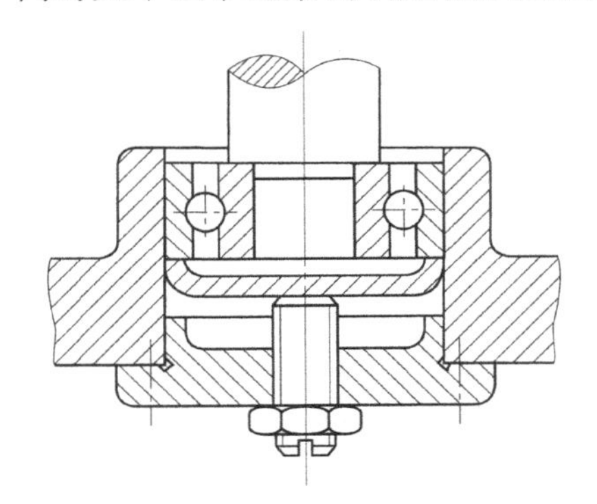

图 1-94 轴承间隙的调整

设计可动调整件时，其最大补偿量必须考虑到最大的补偿数值。同时还要考虑机械在使用过程中因零件磨损、温度变化等而使组成环尺寸发生变化及所能补偿的最大值。

2) 固定调整法

固定调整法就是在尺寸链中选定一个或加入一个适当尺寸的零件作为调整件。该件是通过计算按一定的尺寸级别制成的一组专用零件。根据装配时的需要，选用某一组别的调整件来做补偿，使之达到规定的装配精度。通常使用的调整件有垫圈、垫片、轴套等零件。对于批量大和精度要求高的产品，固定调整件都采用组合垫片的形式，如不同厚度的紫铜片(厚度为 0.02 mm、0.05 mm、0.06 mm、0.08 mm、0.1 mm 等，再加上较厚的垫片，如 1 mm、2 mm 等)，这样可以组合成各种所需要的尺寸，以满足装配精度的要求，使调整更为方便。

调整装配法的优点是：扩大了组成环尺寸公差，制造容易，装配时不用修配就能达到很高的装配精度，容易组织流水生产；使用过程中可以定期改变可动调整件的位置或更换固定调整件来恢复部件原有的装配精度。

调整装配的缺点是增加了调整件，相应增加了加工费用，但由于其他组成环公差放大，整体上还是经济的。所以调整法适用于环数多、封闭环精度要求较高的装配尺寸链，尤其是在使用过程中组成环零件尺寸容易变化(因磨损或温度变化)的尺寸链。

4．修配装配法

在单件小批生产中，由于产品数量少，对于装配精度要求高和环数多的装配尺寸链，可采用修配装配法。修配装配法就是将尺寸链中各个组成环零件的公差放大到经济可行程度去制造。这样，在装配时封闭环上的累积误差必然超过规定的公差。为了达到规定的装配精度要求，可选尺寸链中的某一个零件作为补偿环(亦称修配环)，通过修配补偿环零件尺寸的办法来达到装配精度。

如果尺寸链中各组成环公差放大为

$$T'_{A1},\ T'_{A2},\ \cdots,\ T'_{A(n-1)}$$

则新的封闭环公差T'_{A0}为

$$T'_{A0}=\sum_{i=1}^{n-1}T'_{Ai}$$

式中，T'_{Ai}为组成环放大后的公差值。T'_{A0}必然大于规定的封闭环公差T_{A0}，其差值($T'_{A0}-T_{A0}$)称为补偿量(亦称修配量)。

采用修配装配法必须合理确定修配环的预加工尺寸，才能达到预期的效果，一般可采用极值法计算。修配环被修配时对封闭环尺寸的影响有两种情况：一种是使封闭环尺寸变大；另一种是使封闭环尺寸变小。因此，用修配装配法解装配尺寸链时，可根据这两种情况来进行。

(1) 修配环被修配时，封闭环尺寸变大的情况。如图 1-95 所示的简单尺寸链，如选用A_2作为修配环，当修配A_2时，封闭环A_0尺寸变大。在这种情况下，为使通过修配环满足装配精度要求，就必须使经修配后所得到的封闭环实际尺寸$A'_{0\max}$不得大于规定的封闭环的最大值$A_{0\max}$。根据这一关系，便可得出封闭环尺寸变大时的计算关系为

$$A'_{0\max}=A_{0\max}=\sum_{i=1}^{m}A_{i\max}-\sum_{j=m+1}^{n-1}A_{j\min}\quad 或\quad \mathrm{ESA}'_0=\mathrm{ESA}_0=\sum_{i=1}^{m}\mathrm{ESA}_i-\sum_{j=m+1}^{n-1}\mathrm{EIA}_j$$

由于具体产品装配结构不同，修配环可能是增环，也可能是减环，上述公式都可用，将修配环作为未知数从公式中求解，得出修配环的预加工尺寸。

(2) 修配环被修配时，封闭环尺寸变小的情况。如图 1-95 所示，以 A_3 为修配环，当修配 A_3 时，会使封闭环尺寸变小。这种情况，为使修配环满足装配精度要求，就应使经修配后所得到的封闭环实际尺寸 $A'_{0\min}$ 不得小于规定的封闭环最小值 $A_{0\min}$。据此分析，可得出封闭环变小时的计算关系式为

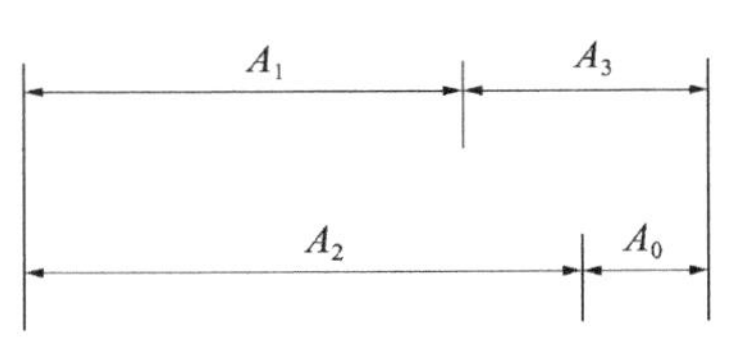

图 1-95　计算修配环的尺寸链

$$A'_{0\min}=A_{0\min}=\sum_{i=1}^{m}A_{i\min}-\sum_{j=m+1}^{n-1}A_{j\max}\quad 或\quad \mathrm{EI}A'_0=\mathrm{EI}A_0=\sum_{i=1}^{m}\mathrm{EI}A_i-\sum_{j=m+1}^{n-1}\mathrm{ES}A_j$$

在封闭环尺寸变小的情况下，无论修配环是增环还是减环，皆可由上式计算得出修配环的预加工尺寸。

以上两种情况，计算的修配环尺寸是在最小修配量为零的条件下得出的。但是，确定的修配环预加工尺寸，还要考虑以下两个问题：

一是使修配环被修配的表面要有良好的接触刚度，以便保证配合质量，因此要求有足够而又尽量小的修配量 $K_{\min}$。一般取最小修配量为 $K_{\min}$=0.05～0.10 mm，取最小刮研量为 $K_{\min}$=0.10～0.20 mm。

二是还要考虑到磨削的生产率和工人刮研的劳动强度，要求最大修配量 $K_{\max}$ 不能过大，否则要适当调整组成环的公差。

下面计算最大修配量 $K_{\max}$。

已知组成环公差放大后，新的封闭环公差为

$$T'_{A0}=\sum_{i=1}^{n-1}T'_{Ai}$$

要满足原封闭环公差 T_{A0}，其修配量为

$$T_K=T'_{A0}-T_{A0}$$

而修配量 T_K 等于最大修配量 $K_{\max}$ 与最小修配量 $K_{\min}$ 之差，即

$$T_K=K_{\max}-K_{\min}$$

或

$$K_{\max}=T_K+K_{\min}$$

则最大修配量为

$$K_{\max}=\sum_{i=1}^{n-1}T'_{Ai}-T_{A0}+K_{\min}$$

当被修配的表面质量要求较高时，要求 $K_{\min}>0$，这时可用上式计算最大修配量 $K_{\max}$。当被修配表面质量要求不高时，若修配环尺寸处于极限尺寸，则可以不经修配，装配后就能满足装配精度要求。这时的最大修配量等于补偿量 T_K，即

$$K_{\max}=T_K=\sum_{i=1}^{n-1}T'_{Ai}-T_{A0}$$

下面通过实例说明确定修配环预加工尺寸和计算最大修配量的方法。

【例 1-9】 以如图 1-89 所示的单级叶片泵为产品对象，需要在单件小批生产中，采用修配装配法保证装配精度要求。要求顶盖端面与泵体端面的间隙为 0.02～0.12 mm，已知有关组成环的尺寸和公差(公差已被放大)为 $A_1=22_{+0.05}^{+0.06}$ mm，$A_4=7_{0}^{+0.042}$ mm，$A_5=8_{0}^{+0.058}$ mm，$A_6=36\pm0.05$ mm，$A_3=15$ mm，$T_{A3}=0.07$ mm。选择左配油盘(件号 4) A_3 为修配环，试计算修配环的预加工尺寸和最大修配量。

解 (1) 计算封闭环的基本尺寸及偏差，即

$$A_0=(A_3+A_1+A_4)-(A_5+A_6)=(15+22+7)-(8+36)=0\,(\text{mm})$$

所以，$A_0=0_{+0.02}^{+0.12}$ mm。

(2) 计算修配环 A_3 的预加工尺寸。如图 1-89(b)所示尺寸链图，从结构图可知，当修配环 A_3 经修配尺寸减小时，封闭环 A_0 变小，则 A_3 的尺寸为

$$\text{EI}A_0'=\text{EI}A_0=\sum_{i=1}^{m}\text{EI}A_i-\sum_{j=m+1}^{n-1}\text{ES}A_i$$

$$\text{EI}A_0=(\text{EI}A_3+\text{EI}A_1+\text{EI}A_4)-(\text{ES}A_5+\text{ES}A_6)$$
$$0.02=(\text{EI}A_3+0.05+0)-(0.058+0.050)$$
$$\text{EI}A_3=0.078\ (\text{mm})$$

所以，$A_3=15_{+0.078}^{+0.148}$ mm。这时的 $K_{\min}=0$。

对配油盘，其端面质量要求高，同定子端面和顶盖内端面接合要严密，防止泄漏，所以配油盘端面要经过平磨和研磨加工，即使在 A_3 处于极限尺寸时，也应有最小修配量，故取最小修配量 $K_{\min}=0.05$ mm。因此修配环 A_3 的尺寸为

$$A_3=(15+0.05)_{+0.078}^{+0.148}\ \text{mm}=15_{+0.0128}^{+0.198}\ \text{mm}$$

(3) 计算最大修配量 $K_{\max}$。最大修配量可通过新、老封闭环公差分布图比较得出，如图 1-96 所示。现计算最大修配量为

$$K_{\max}=\sum_{i=1}^{n-1}T_{Ai}'-T_{A0}+K_{\min}=(T_{A1}'+T_{A3}'+T_{A4}'+T_{A5}'+T_{A6}')-T_{A0}+K_{\min}$$

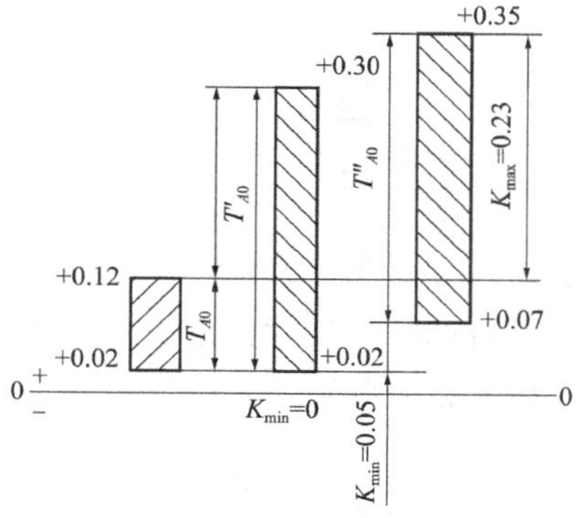

图 1-96　新、老封闭环公差带分布图

修配装配法的特点是可在较大程度上放大组成环的公差，而仍然保证达到很高的装配精度，因此对于装配精度要求较高的多环尺寸链特别适用。但是，要求修配工作的技术水平较高，并且由于每个产品的修配量不一致，故不适合大批量生产，只适用于单件小批量生产。

1.10.5　产品的装配

1．零件的清洗

零件在装配前必须先经洗涤及清理，以消除附着的杂质碎末、油脂和防腐剂等，从而保证零件在装配运转后不致产生先期磨损和额外偏差。清洗的方法见表 1-17。

表 1-17　零件的清洗方法

清 洗 方 法	设 备	洗 涤 剂
大型零件采用手动或机动清洗，然后用压缩空气吹净	手动或机动钢丝刷，压缩空气喷嘴	
中、小型零件采用清洗槽和压缩空气吹干或经清洗机清洗随后烘干	(1) 人工清洗槽和刷子	(1) 煤油和三氯乙烯 C_2HCl_3(适用小型零件)
	(2) 机械化清洗槽，清洗槽中备有零件的传送装置、搅拌装置和加热装置(见图 1-97)	(2) 3%～5%无水碳酸钠水溶液中加少量乳化剂(10 mL/L)加热到 60～80℃
	(3) 清洗机(见图 1-98)	(3) 同(2)
复杂零件清洗采用喷嘴吹净	特殊结构的喷嘴、超声波振荡清洗机	同上项(2)

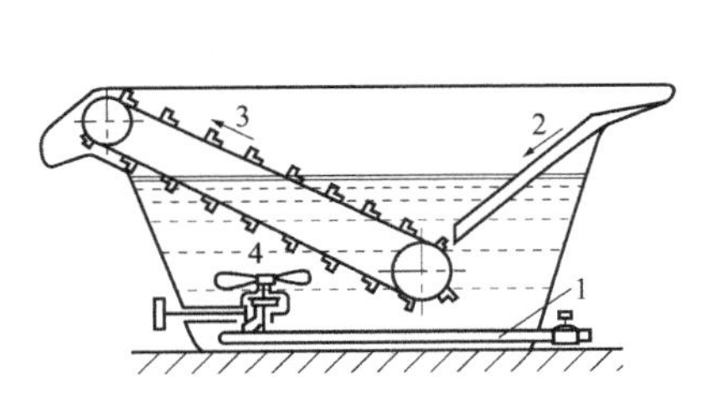

1—加热管；2—零件输入槽；
3—传送链；4— 搅拌装置

图 1-97　机械化清洗槽

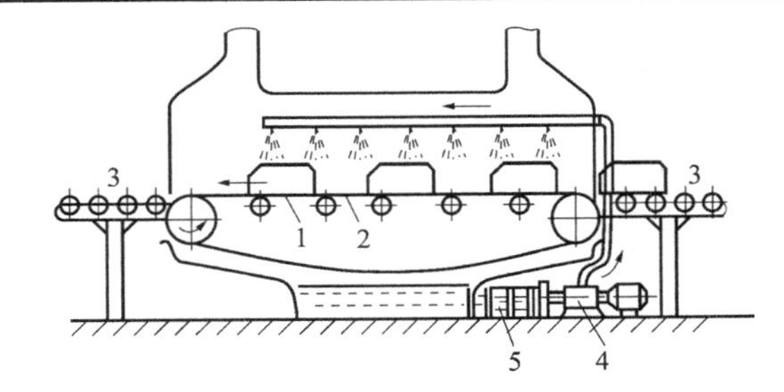

1—产品；2—传送装置；3—滚道；
4—泵；5— 过滤装置

图 1-98　单室清洗机

清洗液的评价指标主要是：清洗力、工艺性、稳定性、缓蚀性以及易于配制、使用安全、成本低廉，并符合消防和环境保护要求等。常用的清洗液有水剂清洗液、碱液、汽油、煤油、柴油、三氯乙烯、三氯三氟乙烷等。

水剂清洗液应用渐广，其特点是：清洗力强，应用工艺简单，合理配制可有较好的稳定性和缓蚀性，无毒，不燃，使用安全，成本低。其品种有 TX-10、6501、6503、105、664、SP-1、741、771、平平加、三乙醇胺油酸皂等。

零件黏附较严重的液态和半固态油污，或带有残存的研磨膏、抛光膏等，可用 664、105、TX-10、771、平平加等进行清洗。零件上有热处理熔盐，可用 6503 清洗剂，它在盐类电解水溶液中有良好清洗力。对缓蚀要求较高的零件，可用 6503、664、SP-1、771、三乙醇胺油酸皂等具有一定防锈能力的清洗剂。铜铝合金或镀锌零件，可用平平加或 TX-10 清洗剂。SP-1、HD-2 等清洗剂在常温下仍具有相当强的清洗力，不必加热。

为使水剂清洗液有较好的工艺性、稳定性和缓蚀性，可适当加以添加剂。加入适量磷酸钠、硅酸钠、碳酸钠等，可提高水剂清洗液的工艺性和稳定性；加少量亚硝酸钠、三乙醇胺、磷酸氢钠等，可增强缓蚀性；加适量消泡剂，如二甲苯硅油、邻苯二甲酸二丁酯等，可提高喷洗工艺性。

箱体零件内部杂质在装配前也必须用机动或手动的钢刷清理刷净，或利用装有各种形状的压缩空气喷嘴吹净。压缩空气对各种深孔或凹槽的清理最为有利，同时并保证零件吹净后的快速干燥。

2. 可拆连接的装配

可拆连接有螺纹连接、键连接、花键连接和圆锥面连接。其中螺纹连接应用最广泛。

1) 螺纹连接

螺纹连接是用螺栓、螺钉(或螺柱)和螺母等组成的。螺纹连接的装配质量主要包括：螺栓和螺母正确地旋紧；螺栓和螺钉在连接中不应有歪斜和弯曲的情况；锁紧装置可靠。拧得过紧的螺栓连接将会降低螺母的使用寿命，并在螺栓中产生过大的应力。为了使螺纹连接在长期工作条件下能保证结合零件的稳固，必须给予一定的拧紧力矩。普通螺纹材料为 35#钢，经过正火，在扳手上的最大许用扭矩列于表 1-18 中。对于 Q235、Q255、Q275 和 45#钢(经过正火)应将表中数字分别乘以系数 0.75、0.8、0.9 和 1.1。

表 1-18　螺纹的拧紧扭矩

螺纹直径/mm	6	8	10	12	14	16	18	20	22	24	27	30	36
拧紧扭矩/(N·m)	4	9.5	18	32	51	80	112	160	220	280	410	550	970

按螺纹连接的重要性，分别采用下列几种方法来保证螺纹的拧紧程度：

(1) 用百分尺或其他测量工具来测定螺栓的伸长量，从而测算出夹紧力(见图 1-99)，即

$$F_0 = \frac{\lambda}{l} ES$$

式中：F_0 为夹紧力，N；λ 为伸长量，mm；l 为螺栓在两支持面间的长度，mm；S 为螺栓的截面积，mm^2；E 为螺栓材料的弹性模数，MPa。螺栓中的拉应力 $\sigma = \frac{\lambda}{l} E$，不得超过螺栓的许用拉应力。

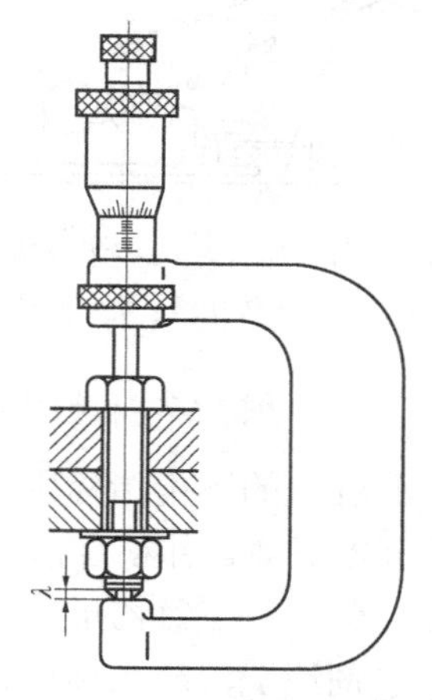

图 1-99　螺栓伸长量的测量简图

(2) 使用扭力指示式扳手(见图 1-100)和预置式扳手，可事先设定(预置)扭矩值，拧紧扭矩调节精度可达 5%。

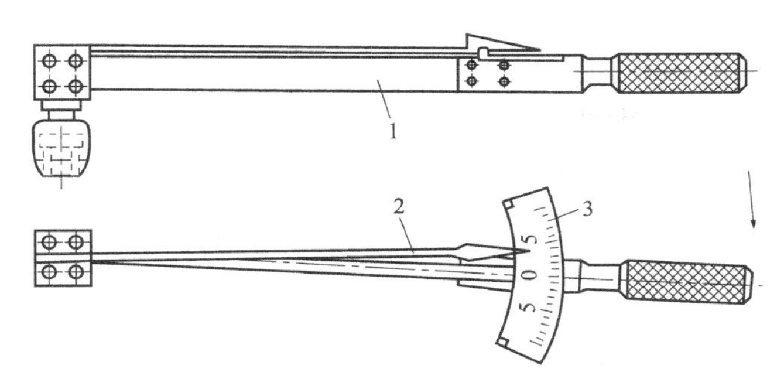

1—弹性心杆；2—指针；3—标尺

图 1-100　指示式扳手

(3) 使用具有一定长度的普通扳手，根据普通装配工能施加于手柄上的最大扭力和正常扭力(装配工最大的扭力是 400～600 N，正常扭力是 200～300 N)来选择扳手的适宜长度，从而保证一定的拧紧扭矩。

安装螺母的基本要求是：螺母应能用手轻松地旋到待连接零件的表面上；螺母的端面必须垂直于螺纹轴线；螺纹的表面必须正确而光滑；螺母数量多时，应按一定次序来拧紧(见图 1-101)，并应逐步拧紧，即先把所有的螺母紧到 1/3，然后紧到 2/3，最后再完全拧紧，若用机械多头螺母扳手同时拧紧各螺母，则可以一次完全拧紧。

螺纹装配工具可分为手动和机动两大类。手动工具除一般常用的扳手和螺钉旋具外，尚有各种专用的扳手。机动工具有气扳机和电动扳手，气动旋具和电动旋具。机动工具除能提高劳动生产率和降低劳动强度外，尚能产生较大的扭矩。这对大型螺栓来说，其意义更大。

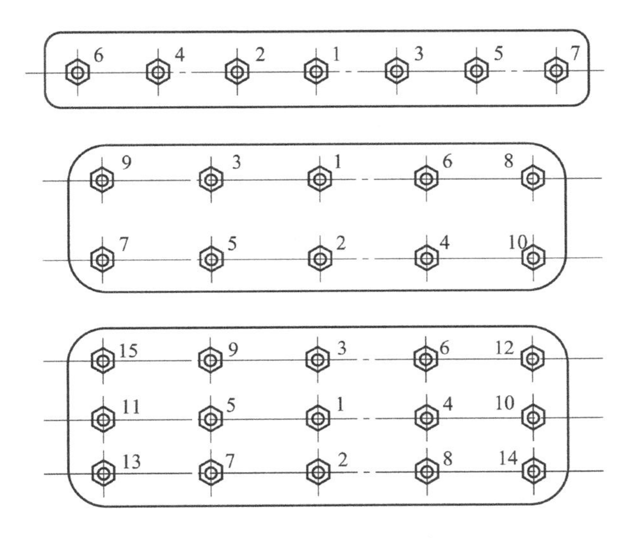

图 1-101　螺母拧紧次序

2) 键、花键和圆锥面连接

键连接是可拆连接的一种。它又分为楔形键连接、平键连接和半圆键连接 3 种。采用这种连接装配时，应注意下列各点：

(1) 键连接尺寸按基轴制制造，花键连接尺寸按基孔制制造，以便适合各种配合的零件。

(2) 大尺寸的键和轮毂上键槽通常要修配，修配精度可用塞尺检查。大批生产中键和键槽不宜修配。

(3) 在楔形键配合中，把套和轴的配合间隙减小至最低限度，以消除装配后的偏心度，如图 1-102 所示。

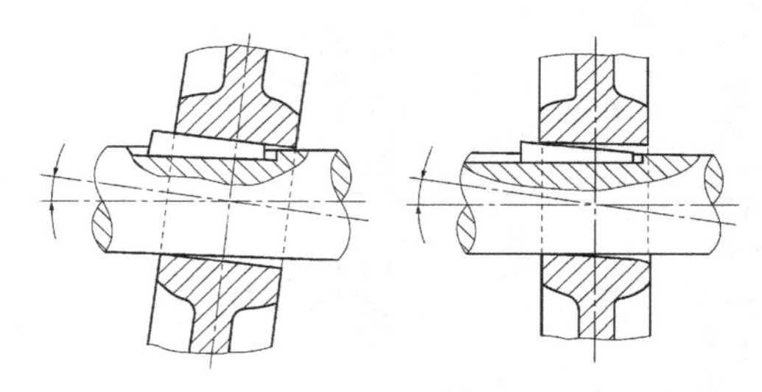

图 1-102　键连接的零件在安装楔形键后的位移

花键连接能保证配合零件获得较高的同轴度。它的装配形式为滑动、紧滑动和固定 3 种。固定配合最好用加热压入法，不宜锤打，加热温度为 80～120℃。套件压合后应检验跳动误差。重要的花键连接还要用涂色法检验。

圆锥面连接的主要优点是，装配时可轻易地把轴装到套内，并且定中心较好。装配时，应注意套和轴的接触面积和轴压入套内所用的力量。

3．不可拆连接的装配

不可拆连接的特点是：连接零件不能相对运动；当拆开连接时，将损伤或破坏连接零件。不可拆连接有过盈连接、滚口及卷边连接、焊接连接、铆钉连接和黏合连接。本节主要介绍过盈连接的装配。过盈连接的装配采用的装配设备和工具见表 1-19。

表 1-19　不可拆过盈连接的装配方法

方　法	应用的设备和工具	设备规格和应用范围	备　注
人工锤击法	手锤(质量 0.25～1.25 kg)	压装不大的销钉、塞头、键、楔块等；压装轴套、环等	(1) 手锤材料必须比被冲击的材料软 (2) 软锤用木材、巴氏合金铜或其他软金属制成 (3) 用钢制大锤敲击时，中间必须垫衬软金属
用压床加压力的连接法	(1) 手动螺旋压床 (2) 手动齿条压床 (3) 手动偏心杠杆压床 (4) 气动压床 (5) 机动螺旋压床 (6) 液压压床 (7) 吊车拉力压床	(1) 加压 10000～20000 N (2) 加压 10000～15000 N (3) 加压 15000 N 以下 (4) 加压 30000～50000 N (5) 加压 50000～100000 N (6) 加压大于 100000 N (7) 小批量生产	—
加热包容件法	(1) 热水槽 (2) 油槽 (3) 气体加热炉 (4) 感应式和电阻式加热炉	(1) 温度在 100℃以下 (2) 温度在 70～120℃ (3) 温度在 250～400℃ (4) 温度在 150～200℃以上	用于加热大尺寸的包容件
冷却被包容件法	(1) 用固体二氧化碳冷却的酒精槽(见图 1-103) (2) 液态空气和氮气冷却槽 (3) 冷冻设备	(1) −78℃ (2) −180～−190℃ (3) −120℃	将尺寸不大的零件紧配于大型零件时适用

注：上述各方法亦可根据具体情况联合使用。

压配带有一定过盈的包容件和被包容件(一般亦可称为套类零件和轴类零件)所需的轴向压力 F(见图 1-104)是根据相配零件的材料、壁厚、形状和过盈的大小而定的。最大压合力可表示为

$$F = f\pi dLp$$

式中：f 为压合时的摩擦因数；d 为配合面的公称直径，mm；L 为压合长度，mm；p 为配合表面上的压应力，MPa。压应力可根据下列公式计算：

$$p = \frac{\delta \times 10^{-3}}{\left(\frac{c_1}{E_1} + \frac{c_2}{E_2}\right)d}$$

$$c_1 = \frac{d^2 + d_0^2}{d^2 - d_0^2} - u_1,\quad c_2 = \frac{D^2 + d^2}{D^2 - d^2} + u_2$$

式中：d_0 为被包容件的内孔直径，mm；D 为包容件的外圆直径，mm；E_1 和 E_2 为被包容件和包容件的弹性模量，MPa；u_1 和 u_2 为被包容件和包容件的泊松比(钢为 $u_1 = u_2 = 0.30$，青铜为 0.36，铸铁为 0.25)；δ 为计算过盈，μm。

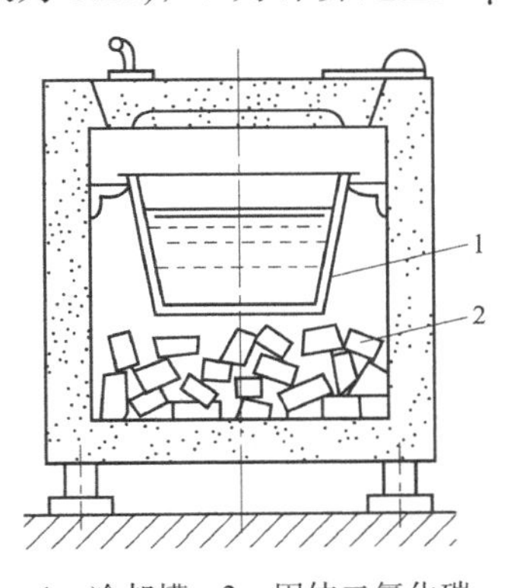

1—冷却槽；2—固体二氧化碳

图 1-103　零件的冷却槽

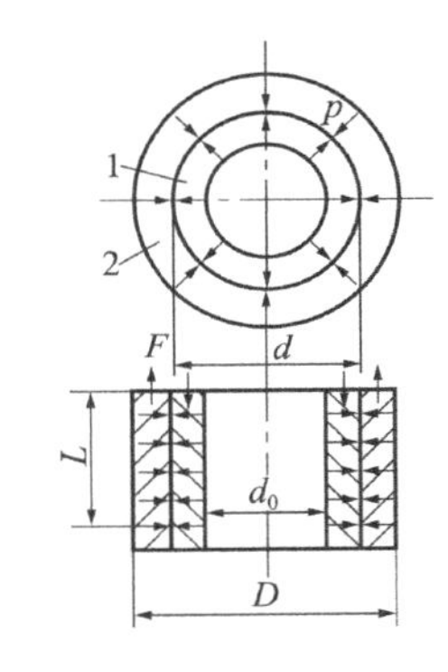

1—被包容件；2—包容件

图 1-104　压配图

压合时的摩擦因数是由许多因素决定的，如零件的材料、两配合面的表面粗糙度、压应力、有无润滑和润滑油的性质等。表 1-20 为钢轴和各种不同材料压合时的摩擦因数 f 值。

表 1-20　压合时的摩擦因数 f 的数值

材料	被包容件	中碳钢				
	包容件	中碳钢	优质铸铁	铝镁合金	黄铜	塑料
润滑油		机油	干	干	干	干
f		0.06～0.22	0.06～0.14	0.02～0.08	0.05～0.1	0.54

f 值的变化规律是：两配合表面加工表面粗糙度减小，f 减小；压应力 p 增大，f 减小。

两个压配零件拆卸时的压出力常比压合力大 10%～15%。压合用的压床所能产生的压力应为压合力的 1.5～2 倍。压合速度一般不超过 5 mm/s，过高会降低压应力。

相配零件压合后，包容件的外径将会增大，而被包容件如为套件(见图 1-104)，则内径将缩小。压合时除使用各种压床外，尚须使用一些专用夹具，以保证压合零件得到正确的装夹位置及避免变形。图 1-105 为压合专用夹具的几个实例。

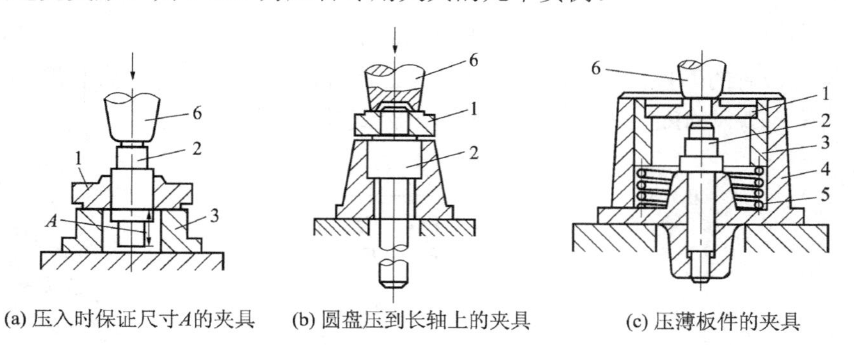

(a) 压入时保证尺寸A的夹具　(b) 圆盘压到长轴上的夹具　(c) 压薄板件的夹具

1—包容件；2—被包容件；3—导套；4—支座；5—弹簧；6—压头

图 1-105　压合专用夹具

大直径零件的配合或和过盈大于 0.1 mm 的零件配合，常用加热包容件或者冷却被包容件的方法来实现。包容件的加热温度或被包容件的冷却温度 t 按下列公式求得

$$t > \frac{\delta \times 10^{-3}}{a \times d}$$

式中：a 为待加热零件或待冷却零件材料的线胀系数，℃$^{-1}$；δ 为待加热零件的线膨胀量，或待冷却零件的收缩量，mm。

求得的 t 值必须增加(加热时)或减少(冷却时)20%～30%以补偿零件在配合前由于搬动所引起的温度变化，以及零件在相配时自由安放所需要的间隙。

一般包容件可以在煤气炉或电炉中用空气或液体作介质进行加热。若零件加热温度要保持在一个狭窄范围内，且加热特别均匀，则最好用液体作介质。液体可以是水或纯矿物油，在高温加热时可用蓖麻油。大型零件，如齿轮的轮缘和其他环形零件可用移动式螺旋电加热器以感应电流加热(见图 1-106 和图 1-107)。

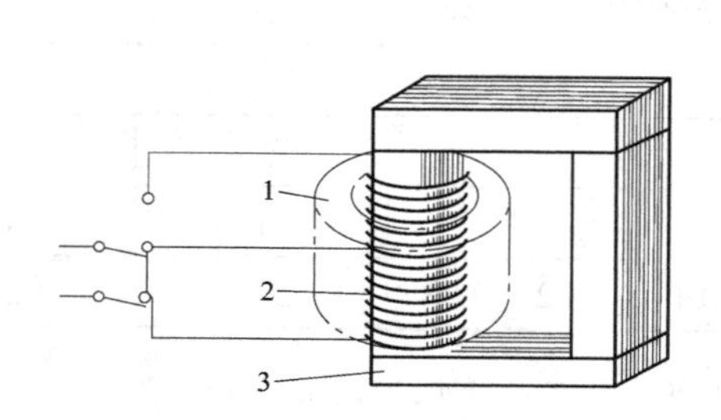

1—零件；2—线圈；3—磁导体（加热时放置在包容件的孔内）

图 1-106　用感应电流加热零件

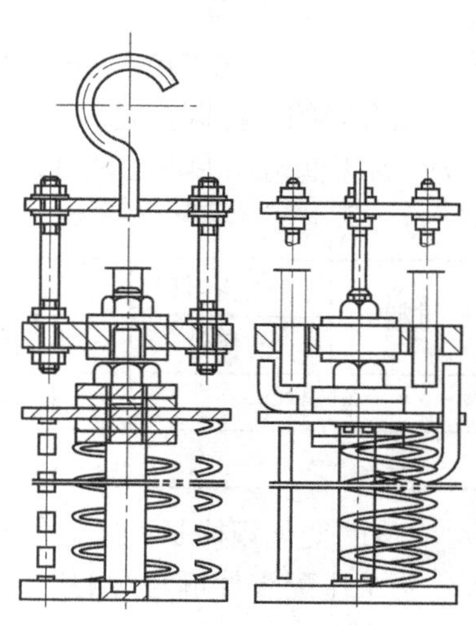

图 1-107　移动式螺旋电加热器

加热大型包容件的劳动量很大，最好用相反的方法，即用冷却较小的被包容件来获得两个零件的温度差。冷却零件的冷却剂，用固体二氧化碳，可以把零件冷却到−78℃，液态空气和液态氮气可把零件冷却到更低的温度(−180～−190℃)。使用冷却方法必须采用劳动保护措施，以防止介质伤害人体。

4. 活动连接的装配

活动连接的种类很多，装配方法也各色各样。本节主要介绍轴承、齿轮传动装置的装配。

1) 滑动轴承的装配

滑动轴承分为整体式和对开式。

(1) 整体式轴承。

整体式轴承分为3种，如图1-108所示。

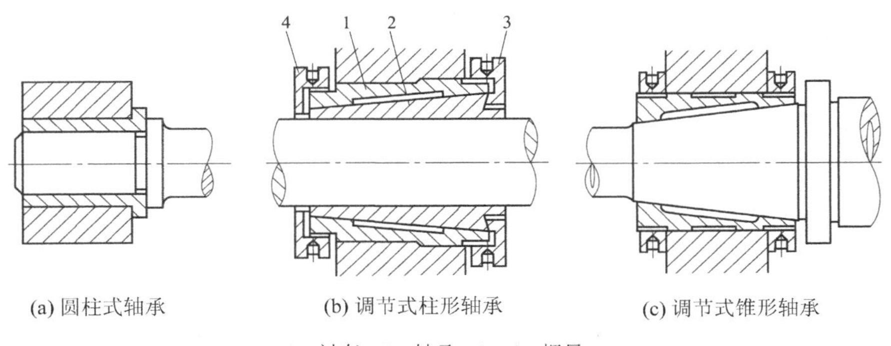

(a) 圆柱式轴承　(b) 调节式柱形轴承　(c) 调节式锥形轴承

1—衬套；2—轴承；3、4—螺母

图1-108　整体式轴承

整体式轴承的装配要点如下：

① 将轴套装到体壳内。根据轴套的尺寸和过盈大小，选择合适的装配方法。

② 轴套压入体壳时，需特别注意不要使其偏斜，以免表面擦伤及轴套变形。利用如图1-109所示的几种压配夹具，可以获得良好效果。

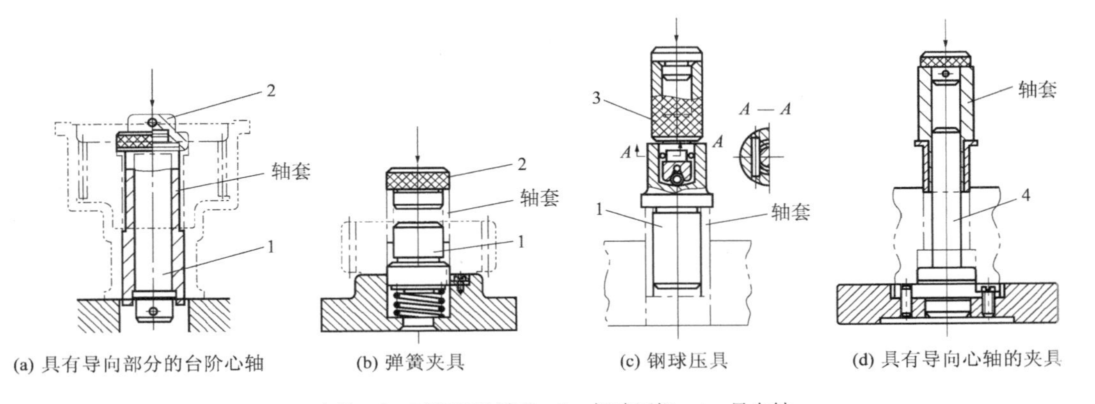

(a) 具有导向部分的台阶心轴　(b) 弹簧夹具　(c) 钢球压具　(d) 具有导向心轴的夹具

1—心轴；2—可拆卸的端盖；3—钢球压柄；4—导向轴

图1-109　压配轴承衬套的专用夹具

③ 轴套压合后应紧固，防止转动。紧固轴套的方法如图 1-110 所示。

④ 轴套压入体壳后，会产生变形，因此需修配和校正。这种修配和校正的方法有：饺光、刮研、钢球挤压、研磨。

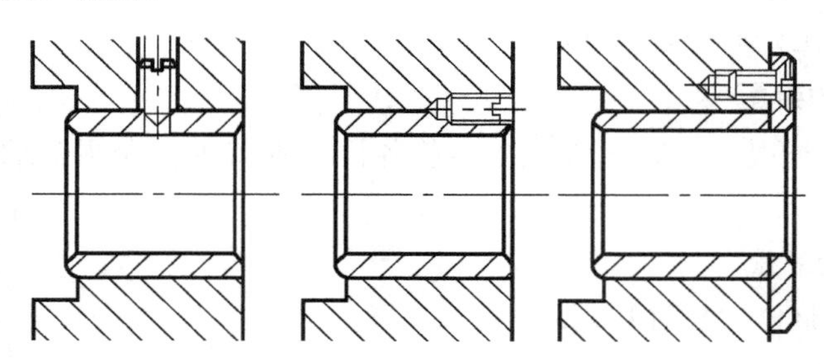

图 1-110　防止轴套转动的方法

(2) 对开式轴承。

对开式轴承分为厚壁轴瓦和薄壁轴瓦两种。厚壁轴瓦由低碳钢、铸铁和青铜制成，并在滑动表面上浇铸巴氏合金和其他耐磨合金。这种轴瓦壁厚为 3～5 mm，巴氏合金层的厚度是 0.7～3.0 mm。

对开式轴承装配的主要程序和说明如下：

① 轴瓦以不大的过盈配合或滑动配合装在体壳内。

② 为防止轴瓦移动，可用如图 1-111 所示的方法将其固定在体壳内。

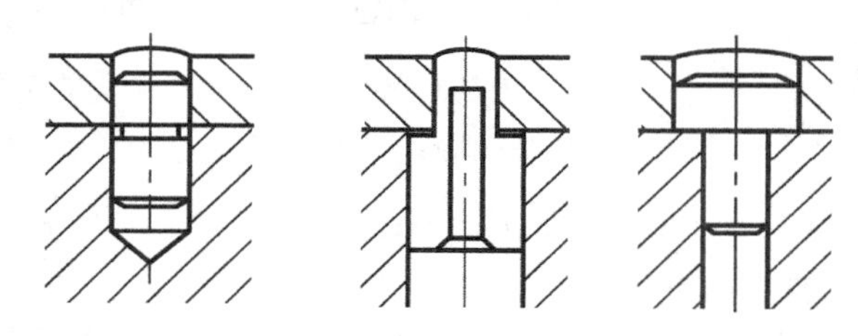

图 1-111　防止对开轴瓦移动的方法

③ 轴承盖在壳体上的固定有三种方法(见图 1-112)，即用销钉、用槽、用榫台。

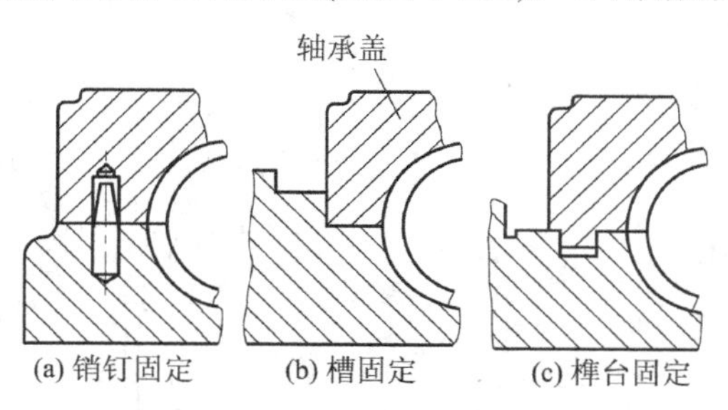

图 1-112　固定轴承盖的方法

④ 装配非互换性轴瓦时，滑动表面必须留有 0.05～0.1 mm 的余量，以便在装配后进行最后的修配加工。装配具有互换性的厚壁轴瓦，装配前轴瓦必须严格按公差加工。

薄壁轴瓦用低碳钢制造，滑动表面浇注一层耐磨的巴氏或铜铅合金。轴瓦全部壁厚为 1.5～3 mm。为了防止薄壁轴瓦移动，可用定位销或者在开合处用凸齿定位。薄壁轴瓦具有互换性。在没有把轴瓦安装到轴承座内时，轴瓦需有如图 1-113(a)所示的形状；压入轴承座后，轴瓦的边缘应高出接合平面，其数值为 h，如图 1-113(b)所示。h 值一般采用 0.05～0.10 mm，它可用工具来检验，如图 1-114 所示。

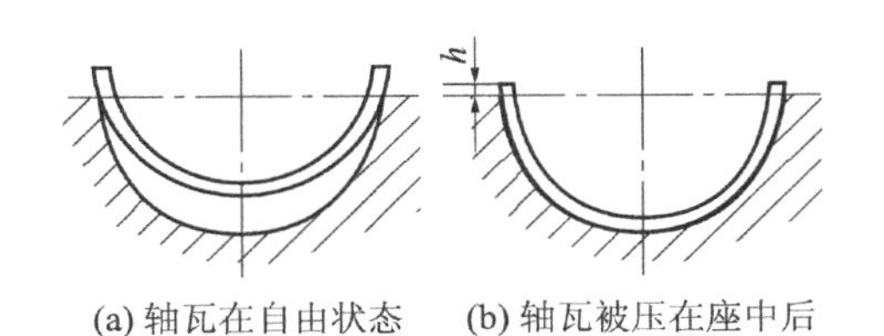

(a) 轴瓦在自由状态　(b) 轴瓦被压在座中后

图 1-113　薄壁轴承在轴承座中的装置

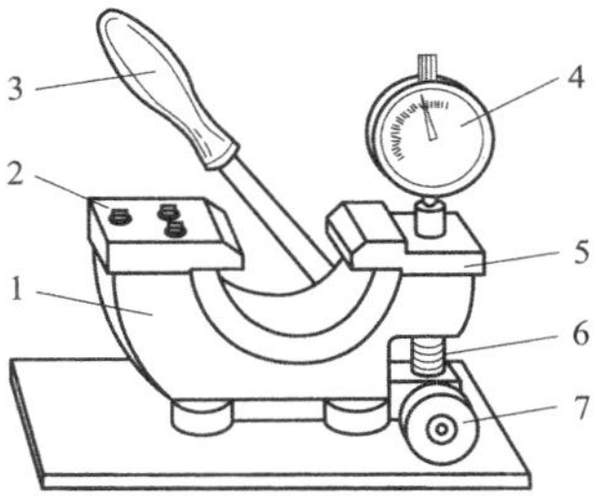

1—轴承座；2—固定夹板；3—移动活动夹板的杠杆；4—百分表；5—活动夹板；6—复位弹簧；7—偏心轴

图 1-114　检验薄壁轴瓦边缘高度的工具

装配多支承轴的滑动轴承时，应特别注意各轴承的同轴度。轴瓦安装在壳体内后，再把轴安装在轴瓦内，并用涂色法检验轴和轴瓦的接触情况，同时利用刮研方法使涂色点不少于轴承全部面积的 85%。

2) 滚动轴承的装配

滚动轴承(即球轴承和滚子轴承)按工作特性可分为三种，即向心轴承、推力轴承和向心推力轴承。根据负荷的大小，又分为特轻型、轻型、中型、重型等。

滚动轴承种类虽多，但它的装配仍有共同的特点。

(1) 滚动轴承的配合，动圈(一般为内圈)与机器的转动部分(一般为轴颈)常采用过盈配合；静圈(一般为外圈)与机器的静止部分常采用过盈很小或具有间隙的配合。

(2) 与滚动轴承相配的零件必须具有一定的精度和表面粗糙度。

(3) 把轴承内圈压装在轴上所需的力 F，可根据下列公式求得

$$F = \frac{HuE\pi B}{2N}$$

式中：H 为有效过盈(90%测量过盈)，mm；u 为包容表面的摩擦因数，取 0.1～0.15(当用润滑油时)；E 为轴承材料的弹性模量(E=2.12×10^5)，MPa；B 为轴承内圈宽度，mm；N 为经验系数(轻型轴承为 2.78；中型轴承为 2.27；重型轴承为 1.96)。

(4) 滚动轴承装配时必须注意下列事项：

① 安装前应把轴承、轴、孔及油孔等用煤油或汽油清洗干净。

② 把轴承套在轴上时，压装轴承的压力应施加在内圈上；把轴承压在壳体上时，压力应施加在外圈上。

③ 当把轴承同时压装在轴和壳体上时，压力应同时施加在内、外两圈上。

④ 在压配时或用软锤敲打时，应使压配力或打击力均匀地分布于座圈的整个端面。

⑤ 不应使用能把压力施加于夹持架或钢球上的压装夹具，同时亦不应使用锤直接敲打轴承端面。

⑥ 如果轴承内圈与轴配合过盈较大，最好采用热套法安装，即把轴承放在温度为

90℃左右的机油、混合油或水中加热。当轴承的钢球保持架是塑料制的，只宜用水加热。加热时轴承不能与锅底接触，以防止轴承过热。

⑦ 安装轴承时必须注意四周环境，高精度轴承的装配必须在防尘的房间内进行。工作人员必须根据规定注意清洁。

⑧ 最好使用各种压装轴承用的专用工具，以免装配时碰伤轴承，如图 1-115 所示。

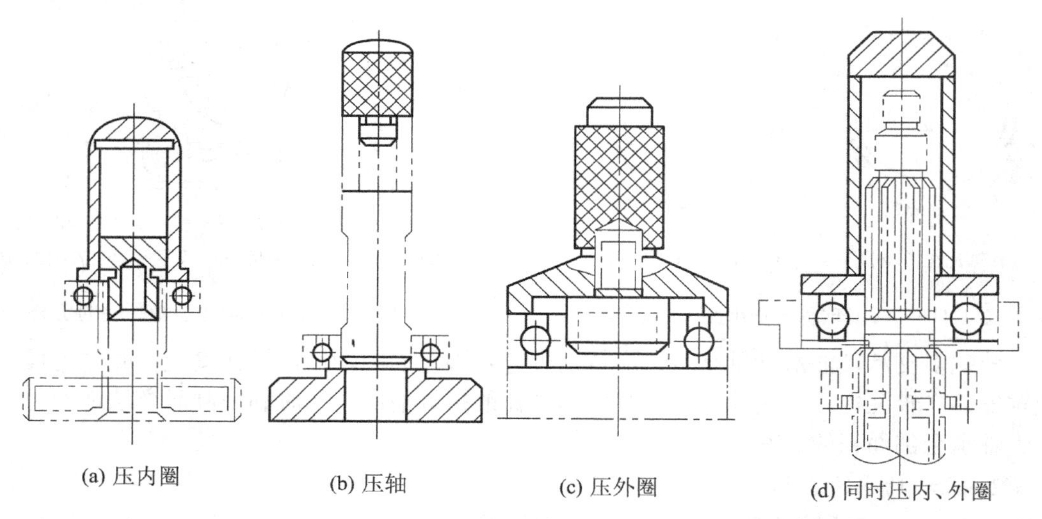

图 1-115　压装轴承用的工具

⑨ 轴承压配后必须用如图 1-116 所示的方法来检查轴承的间隙。

⑩ 当轴上安装轴承的跨距较大时，必须留有轴受热膨胀伸延所需的间隙。

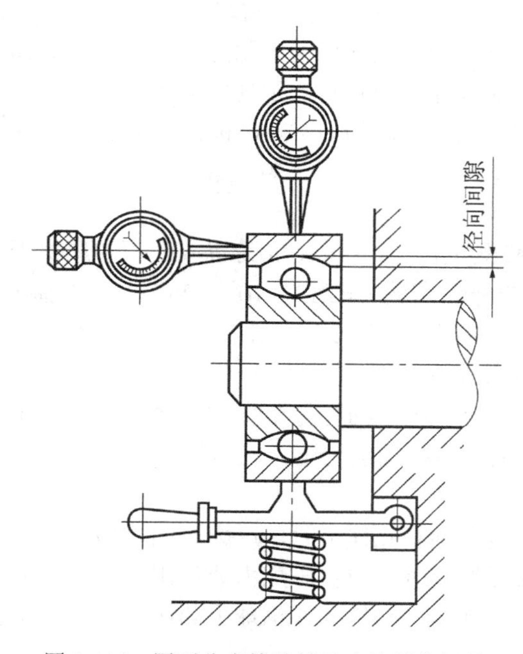

图 1-116　用百分表检验轴承中的径向间隙

3) 齿轮传动装置的装配

齿轮传动装置主要可分为3类：圆柱齿轮传动装置；锥齿轮传动装置；蜗轮副传动装置。

(1) 圆柱齿轮传动装置的装配程序。

① 把齿轮装到传动轴上。齿轮安装在轴上的方法有很多，图1-117是几种安装方法的示例。当齿轮与轴是间隙配合时，只需用手或一般的起重工具进行装配。当两者之间是过渡配合时，就需在压床上或用专用工具(见图1-118和图1-119)把齿轮压装在轴颈上，齿圈和齿轮轮毂的配合往往是带有过盈的过渡配合。一般是把齿圈加热进行装配。

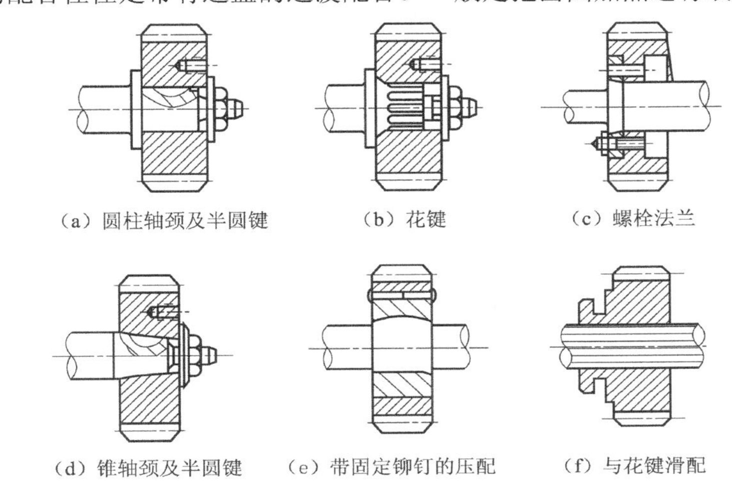

（a）圆柱轴颈及半圆键 （b）花键 （c）螺栓法兰

（d）锥轴颈及半圆键 （e）带固定铆钉的压配 （f）与花键滑配

图1-117 齿轮安装在轴上的方法

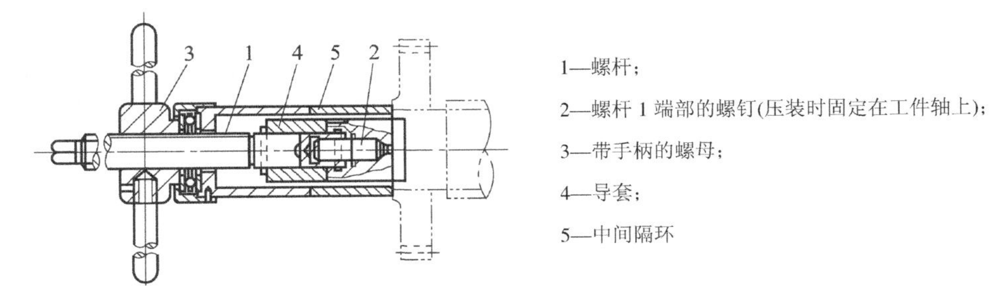

1—螺杆；

2—螺杆1端部的螺钉(压装时固定在工件轴上)；

3—带手柄的螺母；

4—导套；

5—中间隔环

图1-118 压装齿轮的工具(一)

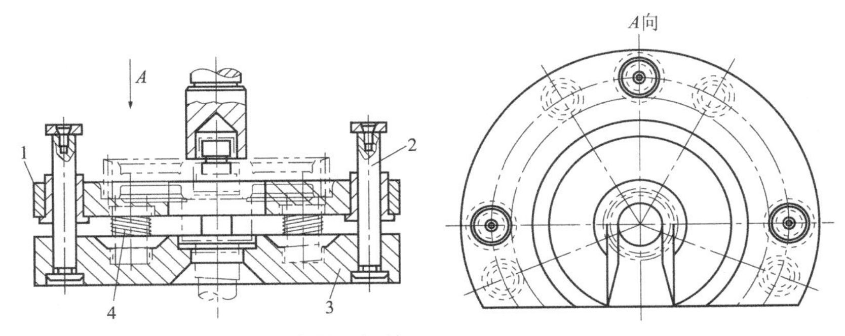

1—移动套板（使齿轮压装前保持不倾斜）；

2—导柱；3—支持底板；4—弹簧

图1-119 压装齿轮的工具(二)

② 齿轮安装在轴上后，需检验齿轮的端面跳动或径向跳动。检验用的夹具如图 1-120 所示。大批量生产时可用如图 1-121 所示的检验夹具。

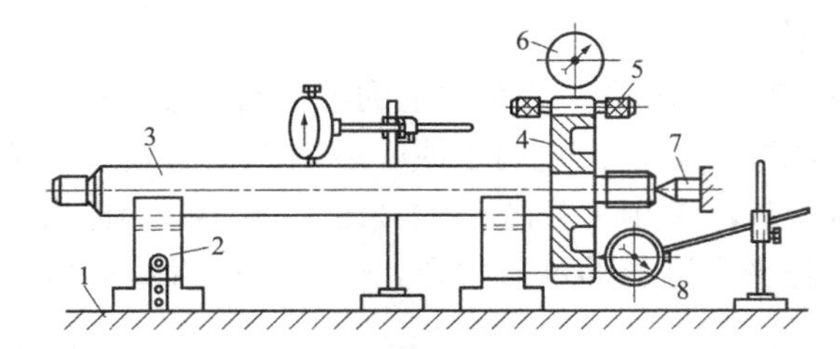

1—平板；2—V形块；3—轴；4—齿轮；5—量棒；6、8—百分表；7—顶尖

(a) 在V形块上

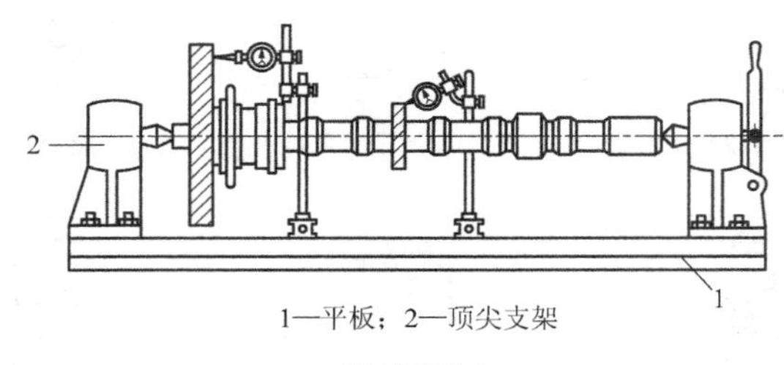

1—平板；2—顶尖支架

(b) 在顶尖上

图 1-120　齿轮-轴组件装配质量的检验

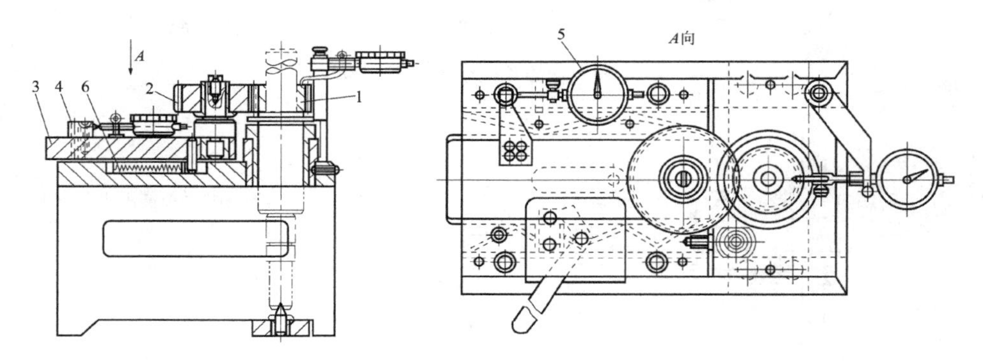

1—被检验齿轮-轴组件；2—标准齿轮；3—滑板；4—挡块；5—百分表；6—弹簧

图 1-121　大批量生产中齿轮-轴组件装配质量的检验

③ 检验壳体内主动轴和从动轴的位置。检验内容包括：齿轮轴中心距的检验，如图 1-122 所示；齿轮轴轴线平行度和倾斜度的检验，如图 1-123 所示。

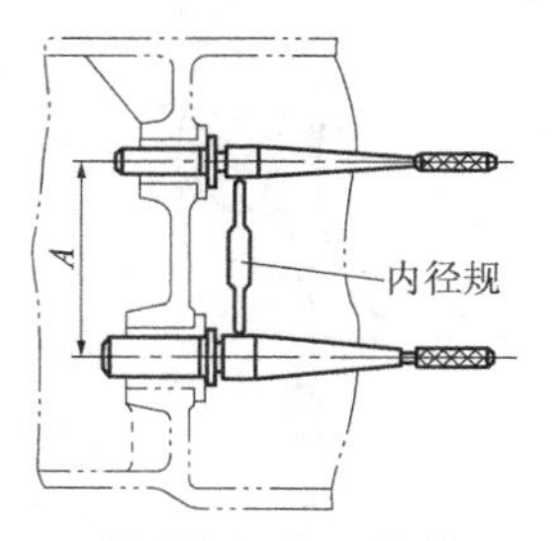

图 1-122　利用量规作孔的中心距检验

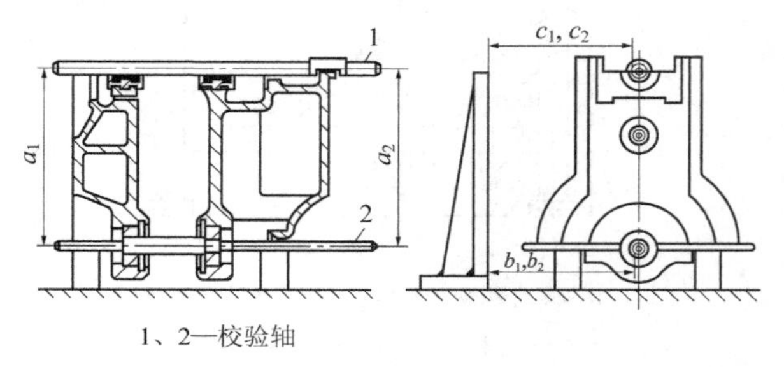

1、2—校验轴

图 1-123　平台上箱体孔轴线平行度和倾斜度的检验

④ 把齿轮-轴部件安装到壳体轴孔中，装配方式根据轴在孔中的结构特点而定。

⑤ 检验齿轮传动装置的啮合质量：齿轮齿侧面的接触斑点的位置及其所占面积的百分比(利用涂色法)；齿轮啮合齿侧间隙。

(2) 锥齿轮传动装置的装配程序。

锥齿轮传动装置的装配工序和装配圆柱齿轮装置的相类似，但必须注意，在锥齿轮传动装置中，两个啮合的锥齿轮的锥顶必须重合于一点。为此，必须用专门装置来检验锥齿轮传动装置轴线相交的正确性。图 1-124 中塞杆的末端顺轴线切去一半，两个塞杆各插入安装锥齿轮轴的孔中，用塞尺测出切开平面间的距离 a，即为相交轴线的误差。

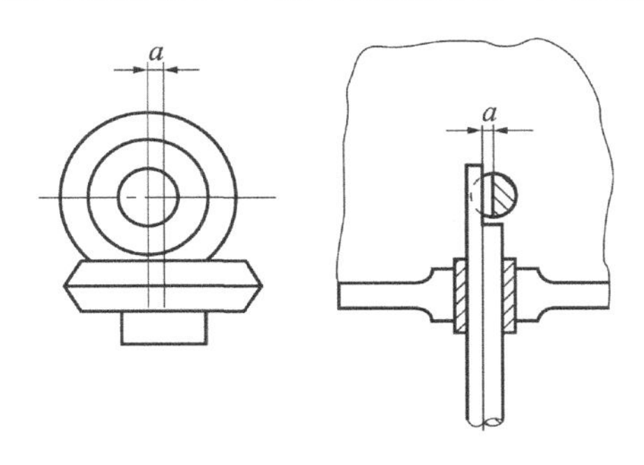

图 1-124　锥齿轮传动装置轴线相交的正确性检验

锥齿轮轴线之间角度的准确性是用经校准的塞杆 1 及专门的样板 2 来校验的，如图 1-125 所示。将样板 2 放入外壳安装锥齿轮轴的孔中，将塞杆放入另一个孔中，如果两孔的轴线不形成直角，则样板中的一个矮脚与塞杆之间存有间隙。这个间隙可用塞尺来测得。

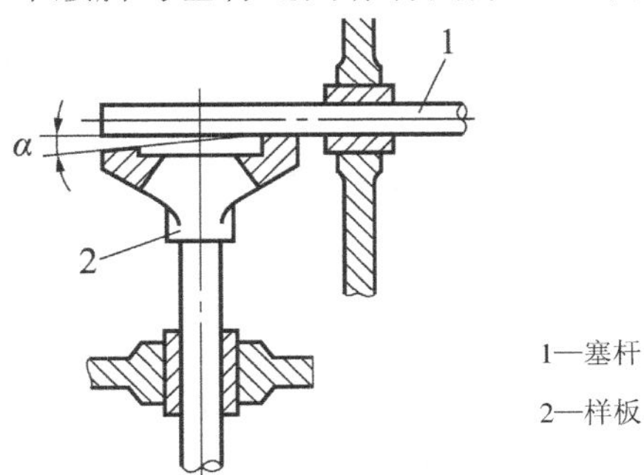

图 1-125　锥齿轮轴线交角的检验

(3) 蜗轮副传动装置的装配程序。

① 首先从蜗轮着手，把齿圈和轮毂装配好。

② 把蜗轮装到轴上，安装过程和检验方法同圆柱齿轮。

③ 用专门工具检验壳体内孔的中心距和轴线间的歪斜度。在图 1-126 中，把塞杆 1 放入壳体蜗轮轴孔中，塞杆上套着样板 2，然后在蜗杆安装孔中放入塞杆 3，并用特制的量规测得塞杆 3 与样板 2 之间的距离 a、c。根据 a、b 和塞杆直径 d 可以算出中心距 A，$A=b+a+d/2$。检验轴线垂直度可采用如图 1-127 所示的工具。

④ 把蜗轮-轴组件先装到壳体内，然后把蜗杆装到轴承内。

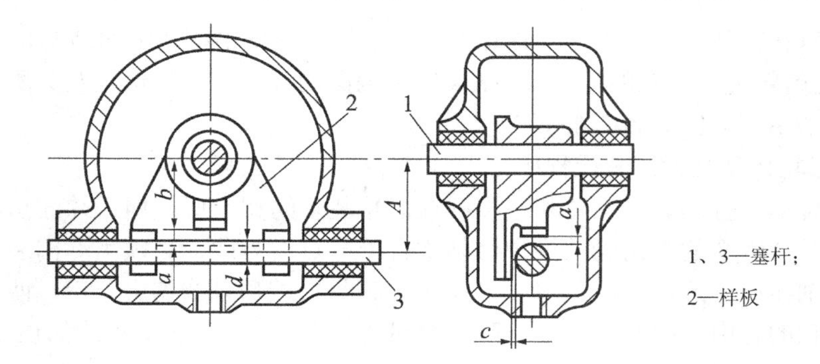

图 1-126　涡轮副传动装置的中心距以及轴线歪斜度的检验

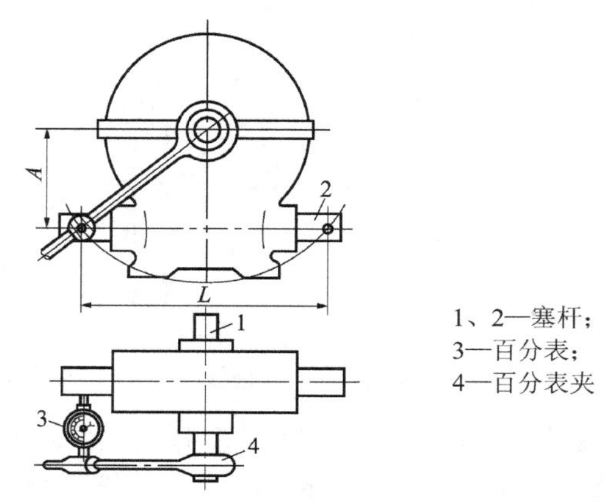

图 1-127　用百分表作涡轮装置轴线的垂直度检验

⑤ 检验装配完毕的蜗轮副传动装置的灵活度和啮合的“空行程”。检验传动灵活性就是检验蜗轮处在任何位置下，旋转蜗杆所需的转矩。空行程的检验是在蜗轮不动时蜗杆所能转动的最大角度。空行程的检验方法如图 1-128 所示。

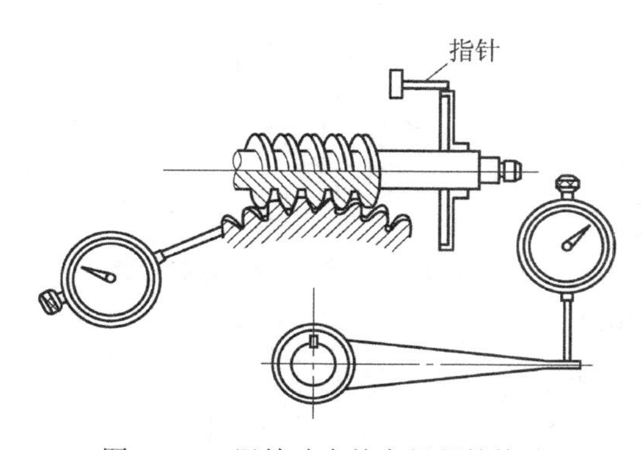

图 1-128　涡轮啮合的空行程的检验

1.10.6　装配工艺规程

装配工艺规程是指导装配生产的技术性文件，是制订装配生产计划、组织装配生产以及设计装配工艺的主要依据。制订装配工艺规程的任务是根据产品图样、技术要求、验收标准和生产纲领、现有生产条件等原始资料，确定装配组织形式；划分装配单元和装配工序；拟订装配方法；包括计算时间定额，规定工序装配技术要求及质量检查方法和工具，确定装配过程中装配件的输送方法及所需设备和工具，提出专用工具、夹具的设计任务书，编制装配工艺规程文件等。装配工艺规程制订步骤和内容如下。

1. 熟悉和分析产品的装配图样及验收条件

(1) 了解产品及部件的具体结构、装配技术要求和检查验收的内容及方法。

(2) 审查产品的结构工艺性。

(3) 研究设计人员所确定的装配方法，进行必要的装配尺寸链分析与计算。

2. 确定装配组织形式

根据产品的结构特点和生产纲领的不同，装配组织形式可采用固定式或移动式。

(1) 固定式装配是产品在固定工作地点进行装配，产品的所有零、部件汇集在工作地附近。其特点是装配占地面积大，要求工人有较高的技术水平，装配周期长，装配效率低。因此，固定式装配适用于单件小批量生产。

(2) 移动式装配是将产品或部件置于装配线上，从一个工作地移到另一个工作地，在每个工作地重复完成固定的工序，使用专用设备和工、夹具。由于移动式装配在装配线上实现流水作业，因而装配效率高。

移动式装配分为自由式移动装配和强制式移动装配。自由式移动装配是利用小车或托盘在辊道上自由移动。强制式移动装配又分为连续移动装配和间歇移动装配，是利用链式传送带进行的。移动式装配只适用于大批量生产。

3. 划分装配单元，确定装配顺序

为了利于组织平行和流水装配作业，应根据产品的结构特征和装配工艺特点，将产品分解为可以独立进行装配的单元，称为装配单元。装配单元包括零件、组件和部件，零件是组成产品的基本单元。

无论哪一级装配单元，都要选定某一零件或比它低一级的装配单元作为装配基准件。装配基准件一般是产品的基体或体积、重量较大，有足够支承面的主干零、部件，应满足陆续装入零、部件时的作业要求和稳定性要求；基准件补充加工量应尽量少，还应有利于装配过程的检测，工序间的传递输送和翻身、转位等作业。

在划分装配单元、确定装配基准件以后，即可安排装配顺序。安排装配顺序的原则如下：

(1) 预处理工序先行。如前述去毛刺、清洗工序，还有防锈、防腐处理等应安排在前。

(2) “从里到外”，使先装部分不致成为后续装配作业的障碍。

(3) “由下而上”，保证重心始终稳定。

(4) “先难后易”，因先装有较开阔的安装、调整、检测空间。

(5) 带强力、加温或补充加工的装配作业应尽量先行，以免影响前面工序的装配质量。

(6) 处于基准件同方位的装配工序或使用同一工装，或具有特殊环境要求的工序，尽可能集中连续安排，有利于提高装配生产率。

(7) 易燃、易碎或有毒物质、部件的安装，应尽量放在最后。

(8) 电线、各种管道安装必须安排在合适的工序。

(9) 及时安排检测工序，保证前行工序质量。

4．划分装配工序

装配顺序确定以后，就可以将装配工艺过程划分为若干个工序。其主要工作包括以下步骤：

(1) 划分装配工序，确定工序内容。

(2) 制订工序装配质量要求与检测项目。

(3) 制订各工序施力、温升等操作规范。

(4) 选择装配工具和装备。

(5) 确定工时定额与平衡各工序的节拍。

(6) 确定产品检测和试验方法等。

5．绘制装配单元系统图

装配单元系统图是表示从分散的零件如何依次装配成组件、部件以至成品的途径及其相互关系的程序。按照产品的复杂程度，为了表达清晰方便，可分别绘制产品装配系统图和部件装配系统图，甚至组件装配系统图。常见的装配单元系统图具体表达方式如图1-129(a)、(b)所示。在装配单元系统图上加注必要的工艺说明，如焊接、配钻、配刮、冷压、热压、检验等，就形成装配工艺系统图。

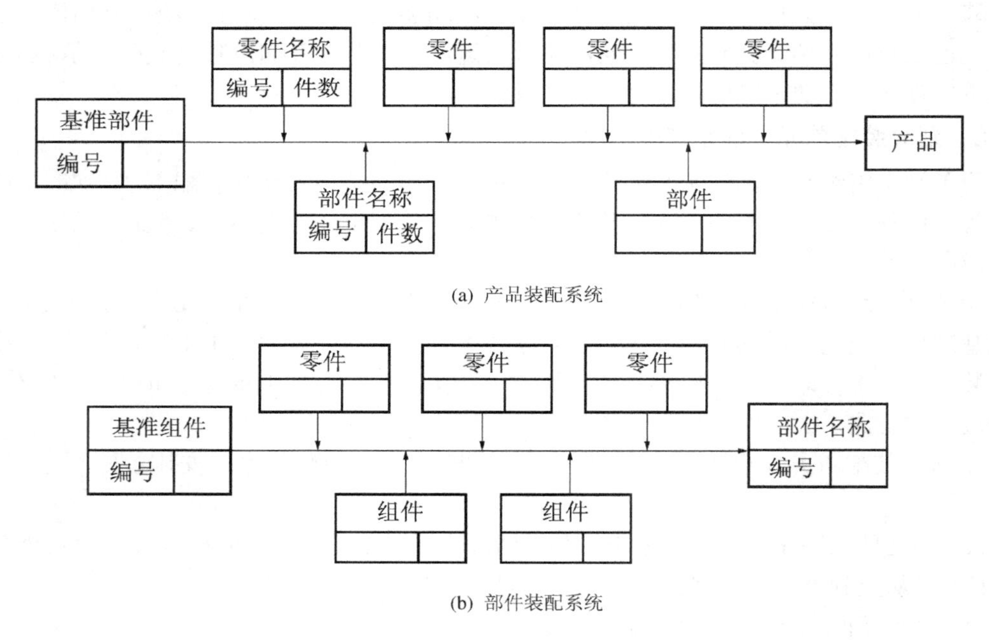

图1-129　装配单元系统图

6．填写工艺文件

单件小批量生产仅要求填写装配工艺过程卡。中批量生产时，通常只需要填写装配工艺过程卡，对复杂产品还需填写装配工序卡。大批大量生产时，不仅要求填写装配工艺过程卡，而且要填写装配工序卡，以便指导工人进行装配。

装配工艺过程卡和装配工序卡的格式见表1-21和表1-22。

表 1-21 装配工艺过程卡片格式

			装配工艺过程卡片	产品型号		零(部)件图号		
				产品名称		零(部)件名称	共( )页	第( )页
	工序号	工序名称	工 序 内 容	装配部门		设备及工艺装备	辅助材料	工时定额 min
描 图								
描 校								
底图号								
装订号								

											设计 (日期)	审核 (日期)	标准化 (日期)	会签 (日期)	
	标记	处数	更改 文件号	签字	日期	标记	处数	更改 文件号	签字	日期					

表 1-22　装配工序卡片格式

			装配工序卡片				产品型号			零(部)件图号					
							产品名称			零(部)件名称			共(　)页		第(　)页
	工序号		工序名称			车间			工段	设备		工序工时			
	简图														
	工步号	工步内容								工艺装备			辅助材料		工时定额 min
描图															
描校															
底图号															
装订号															
											设计(日期)	审核(日期)	标准化(日期)	会签(日期)	
	标记	处数	更改文件号	签字	日期	标记	处数	更改文件号	签字	日期					

第 2 章　典型表面加工方法

2.1　轴类零件外圆表面的加工方法

【学习目标】　掌握轴类零件外圆车削、外圆磨削、外圆表面的光整加工方法；掌握外圆加工方法的选择。

轴类零件的主要加工表面是外圆，常用的加工方法有车削、磨削和光整加工 3 种。

2.1.1　外圆车削

车外圆是车削加工中最常见、最基本和最有代表性的加工方法，是加工外圆表面的主要方法，既适用于单件小批量生产，也适用于成批大量生产。单件小批量、中批量生产中常采用卧式车床加工；成批大量生产中常采用转塔车床和自动、半自动车床加工；对于大尺寸工件常采用大型立式车床加工；对于高精度的复杂零件，宜采用数控车床加工。

车削外圆一般分为粗车、半精车、精车和精细车。

1．粗车

粗车的主要任务是迅速切除毛坯上多余的金属层，通常采用较大的背吃刀量、较大的进给量和中速车削，以尽可能提高生产率。车刀应选取较小的前角、后角和负值的刃倾角，以增强切削部分的强度。粗车尺寸精度等级为 IT11～IT13，表面粗糙度 Ra 为 12.5～50 μm，故可作为低精度表面的最终加工和半精车、精车的预加工。

2．半精车

半精车是在粗车之后进行的，可进一步提高工件的精度和降低表面粗糙度。它可作为中等精度表面的终加工，也可作为磨削或精车前的预加工。半精车尺寸精度等级为 IT9～IT10，表面粗糙度 Ra 为 3.2～6.3 μm。

3．精车

精车一般是在半精车之后进行的，作为较高精度外圆的终加工或作为光整加工的预加工，通常在高精度车床上加工，以确保零件的加工精度和表面粗糙度符合图样要求。一般采用很小的切削深度和进给量进行低速或高速车削。低速精车一般采用高速钢车刀，高速精车常用硬质合金车刀。车刀应选用较大的前角、后角和正值的刃倾角，以提高表面质量。精车尺寸精度等级为 IT6～IT8，表面粗糙度 Ra 为 0.2～1.6 μm。

4．精细车

精细车所用车床应具有很高的精度和刚度。刀具采用金刚石或细晶粒的硬质合金，经仔细刃磨和研磨后可获得很锋利的刀刃。切削时，采用高的切削速度、小的背吃刀量和小的进给量。其加工精度可达 IT6 以上，表面粗糙度 Ra 在 0.4 μm 以下。精细车常用于高精度中、小型有色金属零件的精加工或镜面加工，因有色金属零件在磨削时产生的微细切屑极易堵塞砂轮气孔，使砂轮磨削性能迅速变坏；也可用于加工大型精密外圆表面，以代替磨削，提高生产率。

值得注意的是，随着刀具材料的发展和进步，过去淬火后的工件只能用磨削加工方法的局面有所改变，特别是在维修等单件加工中，可以采用金刚石车刀、CBN 车刀或涂层刀具直接车削硬度达 62HRC 的淬火钢。

2.1.2 外圆磨削

磨削是外圆表面精加工的主要方法。它既能加工淬火的黑色金属零件，也可以加工不淬火的黑色金属和有色金属零件。外圆磨削根据加工质量等级分为粗磨、精磨、精密磨削、超精密磨削和镜面磨削。一般磨削加工后工件的精度可达到 IT7～IT8，表面粗糙度 Ra 为 0.8～1.6 μm；精磨后工件的精度可达 IT6～IT7，表面粗糙度 Ra 为 0.2～0.8 μm。常见的外圆磨削加工应用如图 2-1 所示。

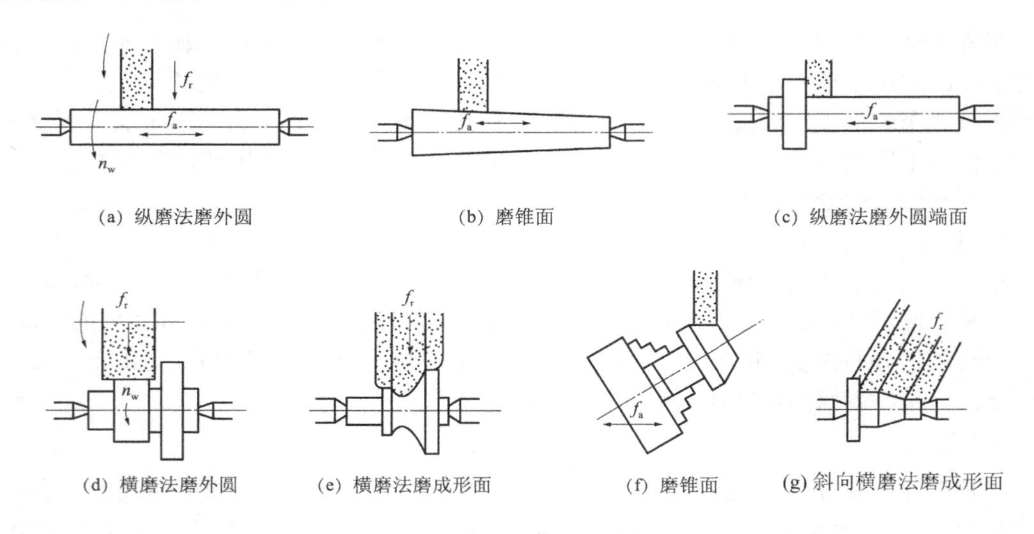

图 2-1 外圆磨削加工的应用

1. 普通外圆磨削

根据工件的装夹状况，普通外圆磨削分为中心磨削法和无心磨削法两类。

(1) 中心磨削法。工件以中心孔或外圆定位，根据进给方式的不同，中心磨削又可分为以下几种磨削方法：

① 纵磨法。如图 2-2(a)所示，磨削时工件随工作台做直线往复纵向进给运动，工件每往复一次(或单行程)，砂轮横向进给一次。由于走刀次数多，故生产率较低，但能获得较高的精度和较小的表面粗糙度，因而应用较广泛，适于磨削长度与砂轮宽度之比大于 3 的工件。

② 横磨法。如图 2-2(b)所示，工件不做纵向进给运动，砂轮以缓慢的速度连续或断续地向工件做径向进给运动，直至磨去全部余量为止。横磨法生产效率高，但磨削时发热量

大，散热条件差，且径向力大，故一般只用于大批量生产中磨削刚性较好、长度较短的外圆及两端都有台阶的轴颈。

③ 综合磨削法。如图 2-2(c)所示，先用横磨法分段粗磨被加工表面的全长，相邻段搭接处过磨 5～15 mm，留下 0.01～0.03 mm 余量，然后用纵磨法进行精磨。此法兼有横磨法的高效率和纵磨法的高质量，适用于成批生产中刚性好、长度较长、余量多的外圆面。

④ 深磨法。图 2-2(d)是一种生产率高的先进方法，磨削余量一般为 0.1～0.35 mm，纵向进给长度较小(1～2 mm)，适用于在大批、大量生产中磨削刚性较好的短轴。

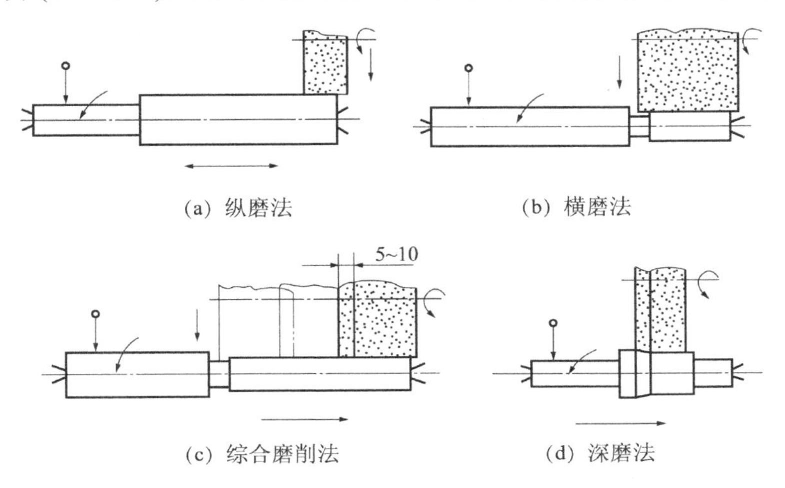

图 2-2　外圆磨削方式或类型

(2) 无心磨削法。如图 2-3 所示，无心磨削直接以磨削表面定位，用托板支承着放在砂轮与导轮之间进行磨削，工件的轴心线稍高于砂轮与导轮连线的中心，无需在工件上钻出顶尖孔。磨削时，工件靠导轮与工件之间的摩擦力带动旋转，导轮采用摩擦系数大的结合剂(橡胶)制造。导轮的直径较小、速度较低，一般为 20～80 m/min；而砂轮速度则大大高于导轮速度，是磨削的主运动，它担负着磨削工件表面的重任。无心磨削操作简单、效率较高，易于自动加工，但机床调整复杂，故只适用于大批生产。无心磨削前工件的形状误差会影响磨削的加工精度，且不能改善加工表面与工件上其他表面的位置精度，也不能磨削有断续表面的轴。

根据工件是否需要轴向运动，无心磨削方法分为两种：通磨(贯穿纵磨)法，适用于不带台阶的圆柱形工件，如图 2-3(a)所示。切入磨(横磨)法，适用于阶梯轴和有成形回转表面的工件，如图 2-3(b)所示。

与中心磨削法相比，无心磨削法具有以下工艺特征：

① 无需打中心孔且装夹工件省时省力，可连续磨削，故生产效率高。

② 尺寸精度较好，但不能改变工件原有的位置误差。

③ 支承刚度好，刚度差的工件也可采用较大的切削用量进行磨削。

④ 容易实现工艺过程的自动化。

⑤ 有一定的圆度误差产生，圆度误差一般不小于 0.002 mm。

⑥ 所能加工的工件有一定局限，不能磨带槽工件(如有键槽、花键和横孔的工件)，也不能磨内外圆同轴度要求较高的工件。

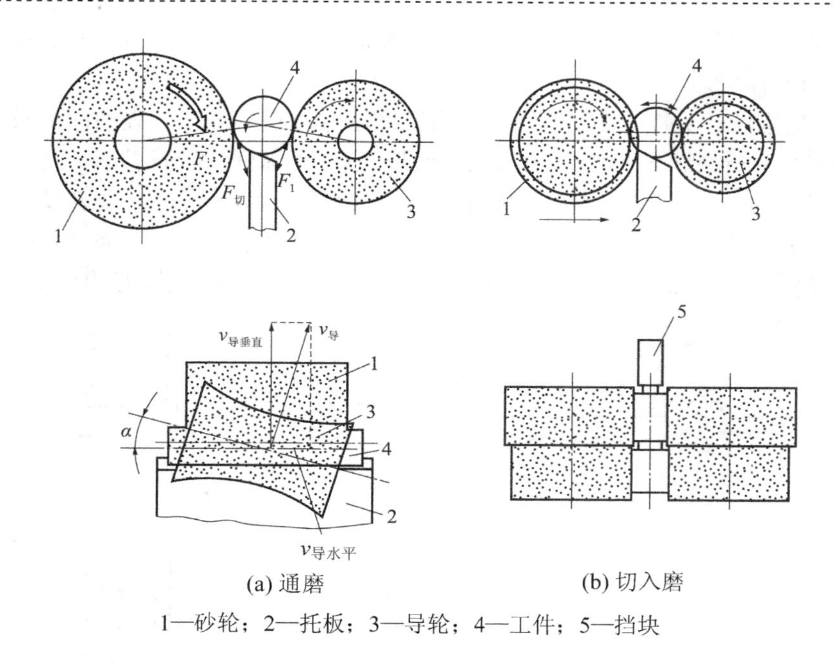

1—砂轮；2—托板；3—导轮；4—工件；5—挡块

图 2-3　无心外圆磨削

2. 高效磨削

以提高效率为主要目的的磨削均属高效磨削，其中以高速磨削、强力磨削、宽砂轮和多砂轮磨削、砂带磨削在外圆加工中较为常用。

(1) 高速磨削。它是指砂轮速度大于 50 m/s 的磨削(砂轮速度低于 35 m/s 的磨削为普通磨削)。砂轮速度提高，增加了单位时间内参与磨削的磨粒数。如果保持每颗磨粒切去的厚度与普通磨削时一样，即进给量成比例增加，磨去同样余量的时间则按比例缩短；如果进给量仍与普通磨削相同，则每颗磨粒切去的切削厚度减少，提高了砂轮的耐用度，减少了修整次数。

(2) 强力磨削。它是指采用较高的砂轮速度、较大的背吃刀量(背吃刀量一次可达 6 mm，甚至更大)和较小的轴向进给，直接从毛坯上磨出加工表面的方法。它可以代替车削和铣削进行粗加工，生产率很高，但要求磨床、砂轮及切削液供应均应与之相匹配。

(3) 宽砂轮和多砂轮磨削。宽砂轮与多砂轮磨削，实质上就是用增加砂轮的宽度来提高磨削生产率。一般外圆砂轮宽度仅有 50 mm 左右，宽砂轮外圆磨削时砂轮宽度可达 300 mm。

(4) 砂带磨削。砂带磨削是根据被加工零件的形状选择相应的接触方式，在一定压力下，使高速运动着的砂带与工件接触产生摩擦，从而使工件加工表面余量逐步磨除或抛磨光滑的磨削方法，如图 2-4 所示。砂带是一种单层磨料的涂覆磨具，静电植砂砂带不但具有磨粒锋利、定向排布、容屑排屑空间大和一定的弹性的特点，还具有生产效率高、加工质量好、发热少、设备简单、应用范围广等特点(可用来磨削曲面)，拥有“冷态磨削”和“万能磨削”的美誉，即使磨削铜、铝等有色金属也不覆塞磨粒，而且干磨也不烧伤工件。砂带磨削类型有外圆、内孔、平面、曲面等。砂带可以是开式，也可以是环形闭式。外圆砂带磨削变通灵活，实施方便(结构布局见表 2-1)，近年来获得了极大的发展，发达国家砂带磨削与砂轮磨削的材料磨除量已达到 1∶1。

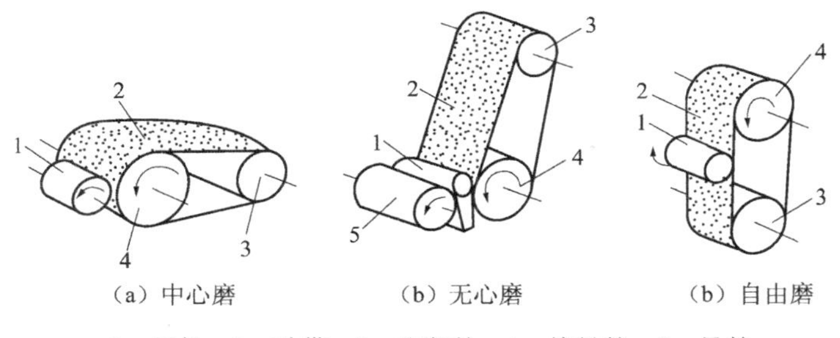

（a）中心磨　（b）无心磨　（b）自由磨

1—工件；2—砂带；3—张紧轮；4—接触轮；5—导轮

图 2-4　砂带磨削

表 2-1　外圆砂带磨削实施原理与结构方案布局

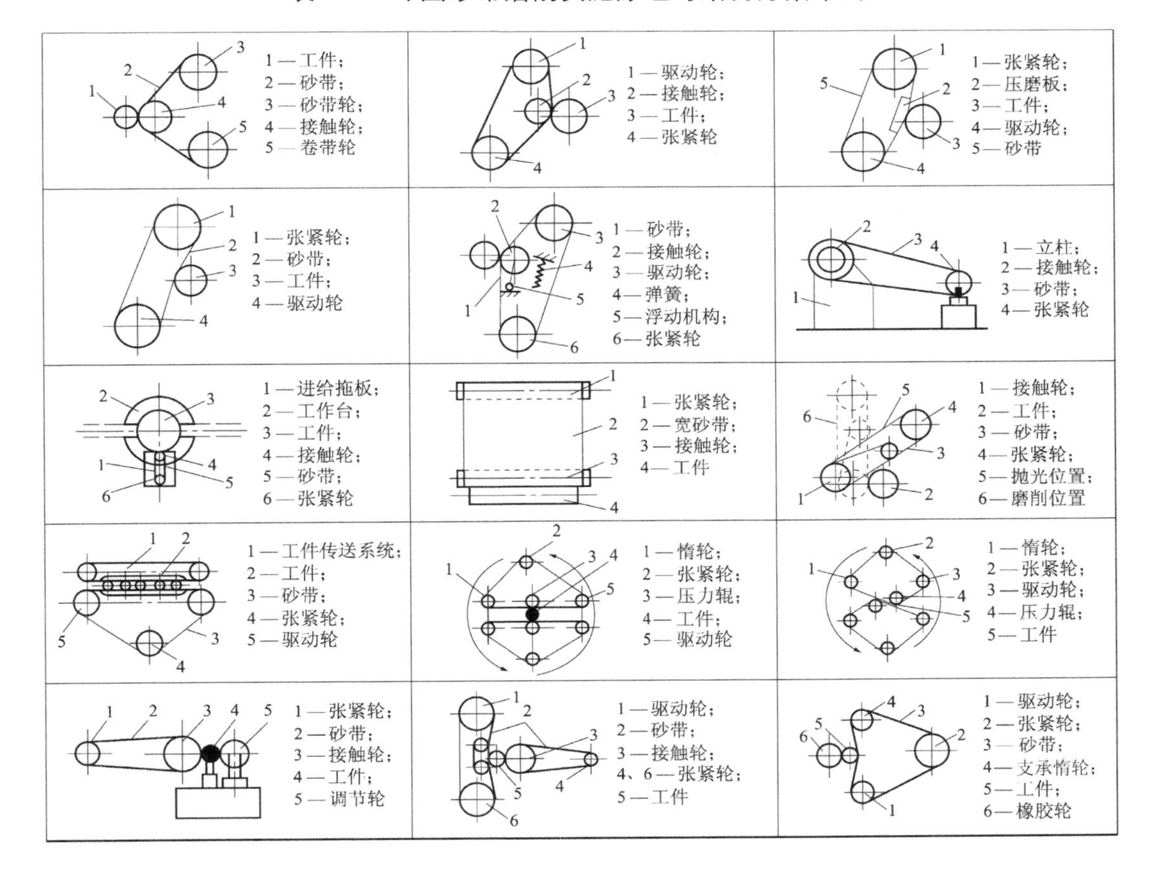

1—工件；2—砂带；3—砂带轮；4—接触轮；5—卷带轮	1—驱动轮；2—接触轮；3—工件；4—张紧轮	1—张紧轮；2—压磨板；3—工件；4—驱动轮；5—砂带
1—张紧轮；2—砂带；3—工件；4—驱动轮	1—砂带；2—接触轮；3—驱动轮；4—弹簧；5—浮动机构；6—张紧轮	1—立柱；2—接触轮；3—砂带；4—张紧轮
1—进给拖板；2—工作台；3—工件；4—接触轮；5—砂带；6—张紧轮	1—张紧轮；2—宽砂带；3—接触轮；4—工件	1—接触轮；2—工件；3—砂带；4—张紧轮；5—抛光位置；6—磨削位置
1—工件传送系统；2—工件；3—砂带；4—张紧轮；5—驱动轮	1—惰轮；2—张紧轮；3—压力辊；4—工件；5—驱动轮	1—惰轮；2—张紧轮；3—驱动轮；4—压力辊；5—工件
1—张紧轮；2—砂带；3—接触轮；4—工件；5—调节轮	1—驱动轮；2—砂带；3—接触轮；4、6—张紧轮；5—工件	1—驱动轮；2—张紧轮；3—砂带；4—支承惰轮；5—工件；6—橡胶轮

2.1.3　外圆表面的光整加工

外圆表面的光整加工有高精度磨削、研磨、抛光、超精加工、珩磨和滚压等，这里主要介绍前面 4 种加工方法。

1．高精度磨削

使工件表面粗糙度 Ra 小于 0.1 μm 的磨削加工工艺，通常称为高精度磨削。高精度磨削的余量一般为 0.02～0.05 mm，磨削时背吃刀量一般为 0.0025～0.005 mm。为了减小磨床振动，磨削速度应较低，一般取 15～30 m/s，Ra 值较小时速度取低值，反之取高值。高精度磨削包括以下 3 种类型：

(1) 精密磨削。精密磨削采用粒度为 60#～80# 的砂轮，并对其进行精细修整，磨削时微刃的切削作用是主要的，光磨 2～3 次时半钝微刃发挥抛光作用，表面粗糙度 Ra 可达 0.05～0.1 μm。磨削前 Ra 应小于 0.4 μm。

(2) 超精密磨削。超精密磨削采用粒度为 80#～240# 的砂轮进行更精细的修整，选用更小的磨削用量，半钝微刃的抛光作用增加，光磨次数取 4～6 次，可使表面粗糙度 Ra 达 0.012～0.025 μm。磨削前 Ra 应小于 0.2 μm。

(3) 砂轮镜面磨削。镜面磨削采用微粉 W5～W14 树脂结合剂砂轮。精细修整后半钝微刃的抛光作用是主要的，将光磨次数增至 20～30 次，可使表面粗糙度 Ra 小于 0.012 μm。镜面磨削前 Ra 应小于 0.025 μm。

2．研磨

研磨是在研具与工件之间置以半固态状研磨剂(膏)，对工件表面进行光整加工的方法。研磨时，研具在一定压力下与工件做复杂的相对运动，通过研磨剂的机械和化学作用，从工件表面切除一层极微薄的材料，同时工件表面形成复杂网纹，从而达到很高的精度和很小的粗糙度值的一种光整加工方法。

研磨剂(膏)由磨料、研磨液和辅助填料等混合而成，有液态、膏状和固态 3 种，以适应不同的加工需要，其中以研磨膏应用最为广泛。

磨料主要起切削作用，常用的有刚玉、碳化硅、金刚石等，其粒度在粗研时选 80#～120#，精研时选 150#～240#，镜面研磨时选用微粉级 W0.5～W2.8。

研磨液有煤油、全损耗系统用油、工业用甘油等，主要起冷却、润滑和充当磨料载体的作用，并能使磨粒较均匀地分布在研具表面。

辅助填料可使金属表面生成极薄的软化膜，易于切除，常用的有硬脂酸、油酸等化学活性物质。

研磨可分为手工研磨和机械研磨两类，具体介绍如下：

(1) 手工研磨。如图 2-5 所示，外圆手工研磨采用手持研具或工件进行。例如，在车床上研磨外圆时，工件装在卡盘或顶尖上，由主轴带动做低速旋转(20～30 r/min)，研套套在工件上，用手推动研套做往复直线运动。手工研磨劳动强度大，生产率低，多用于单件小批量生产。

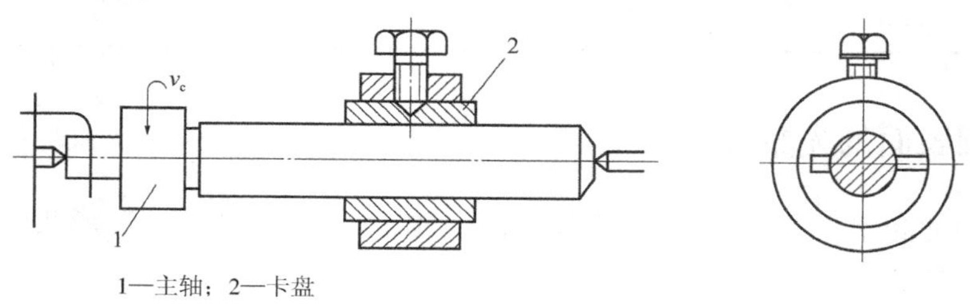

1—主轴；2—卡盘

图 2-5　外圆的手工研磨

(2) 机械研磨。图 2-6 为研磨机研磨滚柱的外圆。机械研磨在研磨机上进行，一般用于大批量生产中，但研磨工件的形状受到一定的限制。

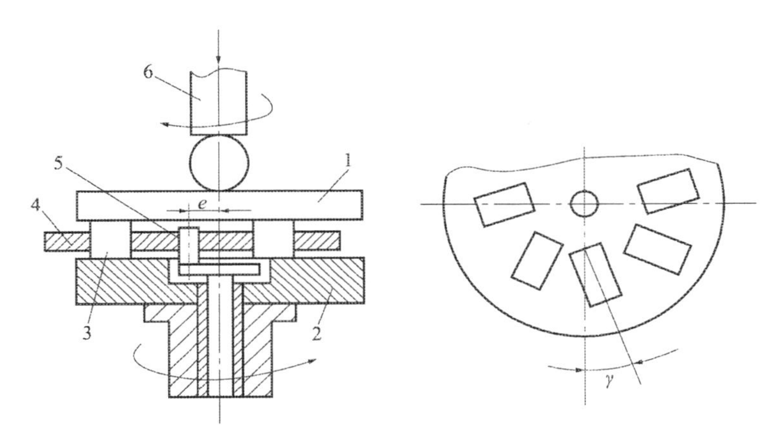

1—上研磨盘；2—下研磨盘；3—工件；4—隔离盘；5—偏心轴；6—悬臂轴

图 2-6　机械研磨

研磨的工艺特点：设备和研具简单，成本低，加工方法简便可靠，质量容易得到保证；研磨不能提高表面的相对位置精度，生产率较低，需要控制研磨的加工余量(一般为 0.01～0.03 mm)；研磨后工件的形状精度高，表面粗糙度小，Ra 可达 0.1～0.008 μm，尺寸精度等级可达 IT3～IT6；研磨还可以提高零件的耐磨性、抗蚀性、疲劳强度和使用寿命，常用作精密零件的最终加工。研磨应用比较广泛，可加工钢、铸铁、铜、铝、硬质合金、陶瓷、半导体、塑料等材料的内外圆柱面、圆锥面、平面、螺纹、齿形等表面。

3. 砂带镜面磨削抛光外圆

砂带镜面磨削抛光外圆分为闭式和开式两种方法。由于砂带的进步，现在已经有 400#～1000#的闭式砂带直接用于 Ra 为 0.2 μm 以下表面的干式镜面磨削，实施非常简单方便，可在车床上进行，如图 2-7 所示。砂带磨头像车刀一样安装在刀台上，更换不同粒度的砂带可以达到不同的加工要求。对于较长工件，还可采用双磨头方式，实现“粗精”同步进行。目前，市面可供应的有刚玉类和碳化硅磨料的砂带，具有成本低廉、工序少、设备简单、效率高及镜面效果好(Ra 可达 0.05～0.01 μm)等特点。

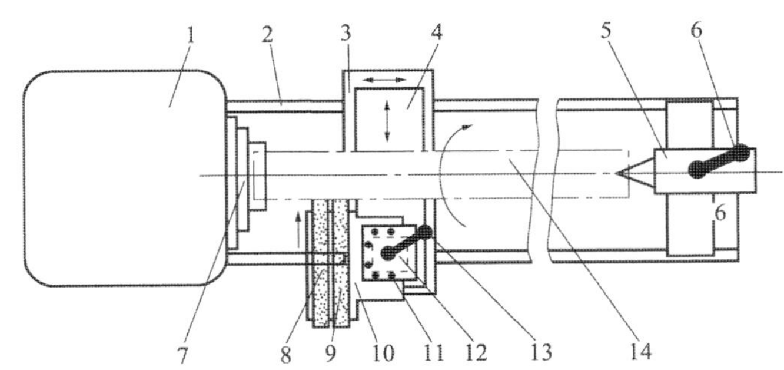

1—主轴箱；2—导轨；3—大托板；4—中托板；5—尾座；6、13—手柄；7—卡盘；

8—粗砂带；9—精砂带；10—支架；11—螺栓；12—刀台；14—工件

图 2-7　车床上砂带镜面抛光外圆

采用开式金刚石砂带附加超声振动对外圆进行镜面抛光，如图 2-8 所示，附加的振动可以使磨粒在工件表面形成复杂的交叉网纹，达到极低的表面粗糙度，即 Ra 为 0.01 μm，但其效率比闭式低得多。

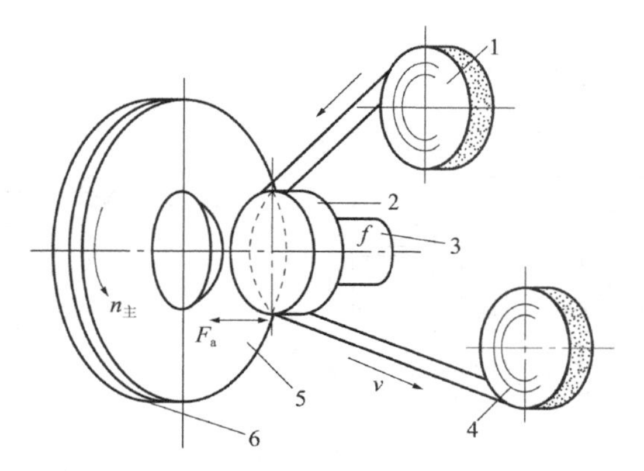

1—砂带轮；2—接触轮；3—振荡器；4—卷带轮；5—工件；6—真空吸盘

图 2-8　开式砂带镜面抛光

4．超精加工

如图 2-9 所示，超精加工是用极细磨粒 W2～W60 的低硬度油石，在一定的压力下对工件表面进行加工的一种光整加工方法。加工时，装有油石条的磨头以恒定的压力 p (10～30 N/cm^2)轻压于工件表面，工件做低速旋转(v=15～150 m/min)运动，磨头做轴向进给运动(0.1～0.15 mm/r)，油石做轴向低频振动(频率为 10～35 Hz，振幅为 2～6 mm)，且在油石与工件之间注入润滑油，以清除屑末及形成的油膜。

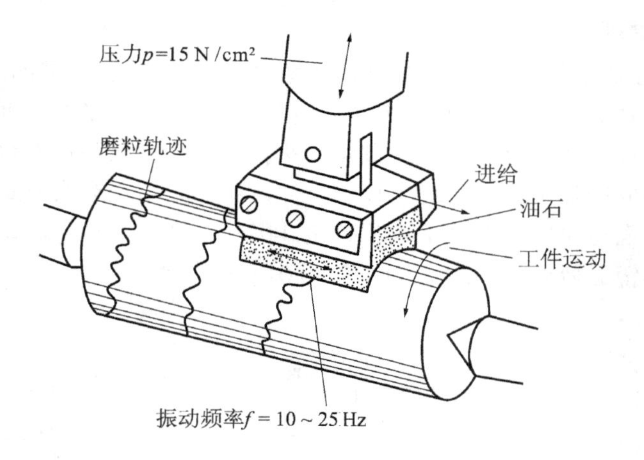

图 2-9　超精加工

超精加工的工艺特点如下：

(1) 设备简单，自动化程度较高，操作简便，对工人技术水平要求不高。

(2) 切削余量极小(3～10 μm)，加工时间短(30～60 s)，生产率高。

(3) 因磨条运动轨迹复杂，加工后表面具有交叉网纹，利于储存润滑油，耐磨性好。

(4) 只能提高加工表面质量(Ra 为 0.008～0.1 μm)，不能提高尺寸精度和形位精度。

超精加工主要用于轴类零件的外圆柱面、圆锥面和球面等的光整加工。

2.2 套类零件内孔表面的加工方法

【学习目标】 掌握钻、扩、锪、车、铰、拉、镗、磨、珩磨、研磨等孔表面的加工方法。

孔或内圆的表面是盘、套、支架、箱体、大型筒体等零件的重要表面之一，也可能是这些零件的辅助表面。孔的机械加工方法较多。中、小型孔一般靠刀具本身尺寸来获得被加工孔的尺寸，如钻孔、扩孔、锪孔、车孔、铰孔、拉孔等；大、较大型孔则需采用其他方法，如立车孔、镗孔、磨孔等。本节介绍钻、扩、锪、车、铰、拉等孔表面的一般加工方法，还介绍镗孔、磨孔、珩磨孔、研磨孔等加工方法。

孔加工方法的选择，需根据孔径大小、深度，孔的精度、表面粗糙度，以及零件结构形状、材料与孔在零件上的部位而定。

2.2.1 钻孔

用钻头在工件实体部位加工孔的方法称为钻孔。钻孔属于孔的粗加工，多用作扩孔、铰孔前的预加工，或加工螺纹底孔和油孔。其精度等级为 IT11～IT13，表面粗糙度 Ra 为 12.5 μm。钻孔主要在钻床和车床上进行，也常在镗床和铣床上进行。在钻床、镗床上钻孔时，由于钻头旋转而工件不动，在钻头刚性不足的情况下，钻头引偏就会使孔的中心线发生歪曲，但孔径无显著变化。如在车床上钻孔，因为是工件旋转而钻头不转动，这时钻头的引偏只会引起孔径的变化并产生锥度、腰鼓等缺陷，但孔的中心线是直的，且与工件回转中心一致。因此，钻小孔和深孔时，为了避免孔的轴线偏移和不直，应尽可能在车床上进行。钻头引偏引起的加工误差如图 2-10 所示。

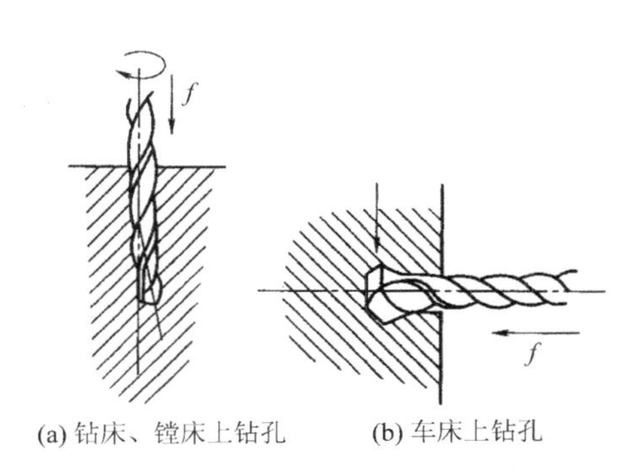

图 2-10 钻头引偏引起的加工误差

2.2.2 扩孔

扩孔是用扩孔钻对已钻出、铸出、锻出或冲出的孔进行再加工，以扩大孔径并提高精度和减小表面粗糙度的方法。扩孔精度可达 IT10，表面粗糙度 Ra 为 6.3～12.5 μm。扩孔属于孔的半精加工，常用作铰孔等精加工前的准备工序，也可作为精度要求不高的孔的最终工序。一般工件的扩孔，可用麻花钻。对于孔的半精加工，可用扩孔钻。扩孔可以在一定程度上校正钻孔的轴线偏斜，其加工质量和生产率比钻孔高。由于扩孔钻的结构刚性好，刀刃数目较多，且无端部横刃，加工余量较小(一般为 2～4 mm)，故切削时轴向力小，切削过程平稳，因此可以采用较大的切削速度和进给量。如果采用镶有硬质合金刀片的扩孔钻，切削速度还可提高 2～3 倍，使扩孔的生产率进一步提高。当孔径大于 100 mm 时，一般采用镗孔而不用扩孔。扩孔使用的机床与钻孔相同。用于铰孔前的扩孔钻，其直径偏差为负值；用于终加工的扩孔钻，其直径偏差为正值。

2.2.3 锪孔

用锪削方法加工平底或锥形沉孔，叫做锪孔。锪孔一般在钻床上进行，加工的表面粗糙度 Ra 为 3.2～6.3 μm。有些零件钻孔后需要孔口倒角，有些零件要用顶尖顶住孔口加工外圆，这时可用锥形锪钻在孔口锪出内圆锥。

2.2.4 非定尺寸钻扩及复合加工

由于钻头材料和结构的进步，可以用同一把机夹式钻头实现钻孔、扩孔加工，因而用一把钻头可加工通孔沉孔、盲孔沉孔、斜面上钻孔及凹槽，还可以钻孔、倒角(圆)、锪端面等一次进行的非定尺寸钻扩及复合加工，如图 2-11 所示。

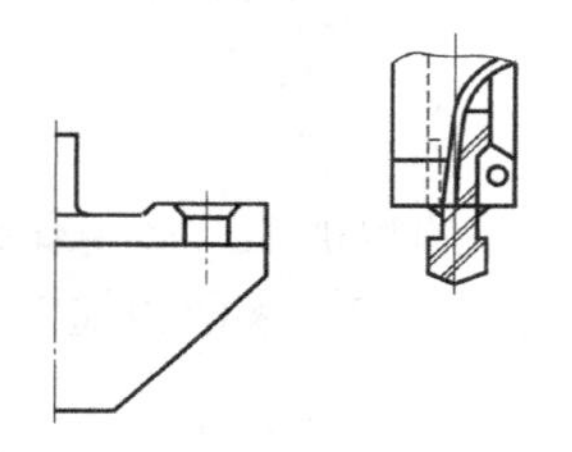

(a) 铸件钻孔、倒角、锪端面

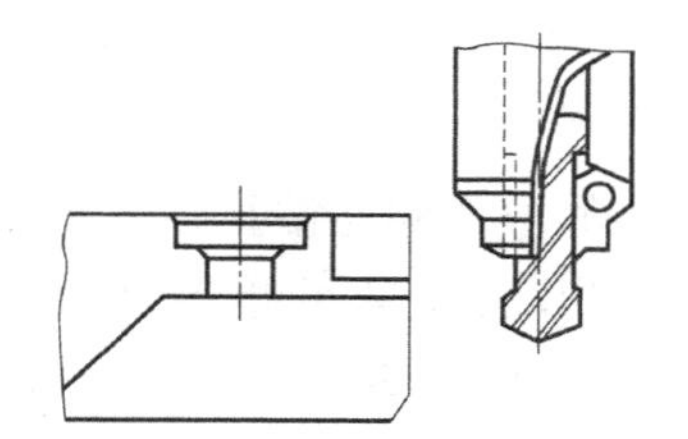

(b) 钻孔、沉孔、倒角

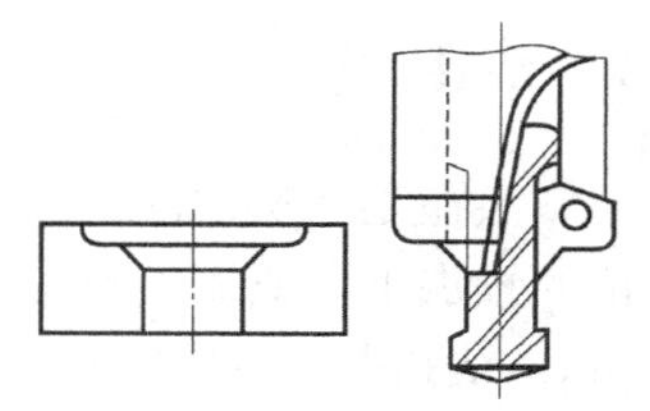

(c) 钻孔、倒角、圆弧角加工

图 2-11 新型钻头复合加工示例

2.2.5 车孔

铸造孔、锻造孔或用钻头钻出的孔，为了达到所要求的精度和表面粗糙度，还需要车孔。车孔是常用的孔加工方法之一，可以作粗加工，也可以作精加工，加工范围很广泛。车孔精度一般可达 IT7～IT8，表面粗糙度 Ra 为 1.6～3.2 μm，精细车削可以达到更小(Ra 为 0.8 μm)。

车孔的关键技术是解决内孔车刀的刚性和排屑问题。增加内孔车刀的刚性主要采取以下两项措施：

1. 尽量增加刀杆的截面积

一般的内孔车刀有一个缺点，刀杆的截面积小于孔截面积的 1/4，如果让内孔车刀的刀尖位于刀杆的中心线上，则刀杆的截面积就可达到最大限度。

2. 刀杆的伸出长度尽可能缩短

如果刀杆伸出太长，就会增加刚性，容易引起振动。因此，为了增加刀杆刚性，刀杆伸出长度只要略大于孔深即可，而且要求刀杆的伸长能根据孔深加以调节。

解决排屑问题主要是控制切屑流出方向。精车孔时，要求切屑流向待加工表面(前排屑)。前排屑主要是采用正刃倾角内孔车刀。

2.2.6 铰孔

铰孔是在半精加工(扩孔或半精镗孔)基础上进行的一种孔的精加工方法，其精度可达 IT6～IT8，表面粗糙度 Ra 为 0.4～1.6 μm。铰孔有手铰和机铰两种方式，在机床上进行的铰削称为机铰，用手工进行的铰削称为手铰。

铰孔之前，一般先经过车孔或扩孔后留些铰孔余量。余量的大小直接影响铰孔的质量。余量太小，往往不能把前道工序所留下的加工痕迹铰去。余量太大，切屑挤满在铰刀的齿槽中，使切削液不能进入切削区，严重影响表面粗糙度，或使切削刃负荷过大而迅速磨损，甚至崩刃。铰孔余量一般是：高速钢铰刀为 0.08～0.12 mm，硬质合金铰刀为 0.05～0.20 mm。为避免产生积屑瘤和引起振动，铰削应采用低切速，一般粗铰钢件 v=0.07～0.12 m/s，精铰时 v=0.03～0.08 m/s。机铰进给量为钻孔的 3～5 倍，一般为 0.2～1.2 mm/r，以防出现打滑和啃刮现象。铰削应选用合适的切削液，铰削钢件时常采用乳化液，铰削铸件时用煤油。

机铰刀在机床上常采用浮动连接。浮动机铰或手铰时，一般不能修正孔的位置误差，孔的位置误差应由铰孔前的工序来保证。铰孔直径一般不大于 80 mm，铰削也不宜用于非标准孔、台阶孔、盲孔、短孔和具有断续表面的孔的加工。

2.2.7 拉孔

拉孔是一种高生产率的精加工方法，既可加工内表面也可加工外表面，如图 2-12 所示。拉孔前工件须经钻孔或扩孔。工件以被加工孔自身定位并以工件端面为支承面，在一次行程内便可完成粗加工－精加工－光整加工等阶段的工作。拉孔一般没有粗拉工序和精拉工序之分，除非拉削余量太大或孔太深，用一把拉刀拉，拉刀太长，才分为两个工序加工。

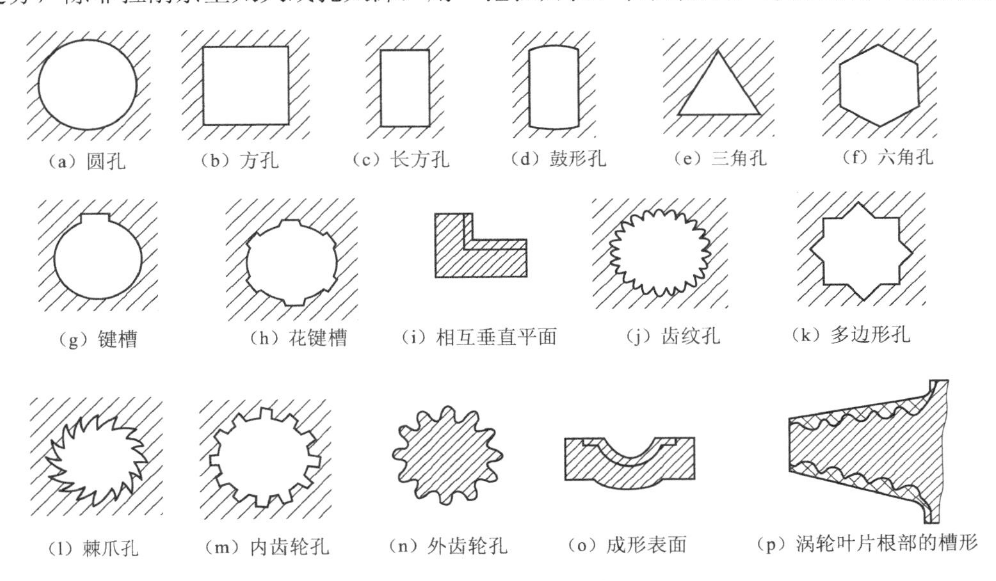

图 2-12 拉削加工的各种截面

拉孔的拉削速度低，每齿切削厚度很小，拉削过程平稳，不会产生积屑瘤；同时拉刀是定尺寸刀具，又有校准齿来校准孔径和修光孔壁，所以拉削加工精度高，表面粗糙度小。

拉孔精度主要取决于刀具，机床对其影响不大。拉孔的精度可达IT6～IT8，表面粗糙度Ra达0.4～0.8 μm。由于拉孔难以保证孔与其他表面间的位置精度，因此被拉孔的轴线与端面之间在拉削前应保证有一定的垂直度。

如图2-13所示，拉刀刀齿尺寸逐个增大而切下金属的过程，可看做是按高低顺序排列成队的多把刨刀进行的刨削。为保证拉刀工作时的平稳性，拉刀同时工作的齿数应在2个以上，但也不应大于8个，否则拉力过大可能会使拉刀断裂。由于受到拉刀制造工艺及拉床动力的限制，过小与特大尺寸的孔均不适宜拉削加工。

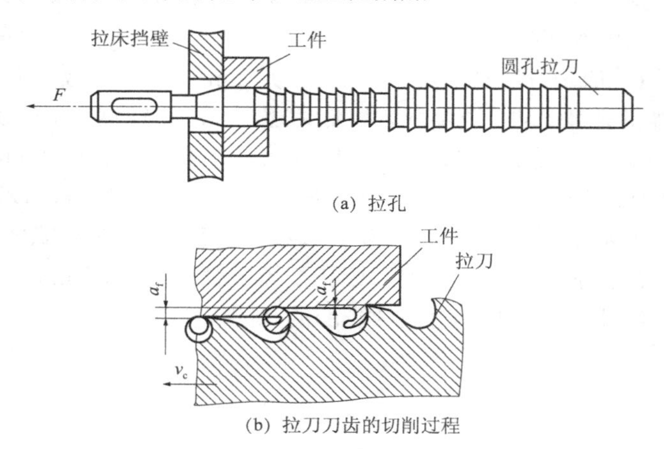

(a) 拉孔

(b) 拉刀刀齿的切削过程

图2-13　拉孔及拉刀刀齿的切削过程

当工件端面与工件毛坯孔的垂直度不好时，为改善拉刀的受力状态，防止拉刀崩刃或折断，常采用在拉床固定支承板上装有自动定心的球面垫板作为浮动支承装置。

拉刀结构复杂、排屑困难、价格昂贵、设计制造周期长，故一般用于大批量生产中。

拉削不仅能加工圆孔，而且还可以加工成形孔、花键孔。另外，由于拉刀是定尺寸刀具，不适合用于加工大孔，而且形状复杂，价格昂贵，在单件小批生产中使用也受限制，故拉孔常用在大批量生产中加工孔径为8～125 mm、孔深不超过孔径5倍的中、小件通孔。

2.2.8　镗孔

镗孔是用镗刀对已钻出孔或毛坯孔进一步加工的方法，可用来粗、精加工各种零件上不同尺寸的孔。对于直径很大的孔，几乎全部采用镗孔的方法。镗孔可以在多种机床上进行，其加工方式有以下3种，如图2-14所示。

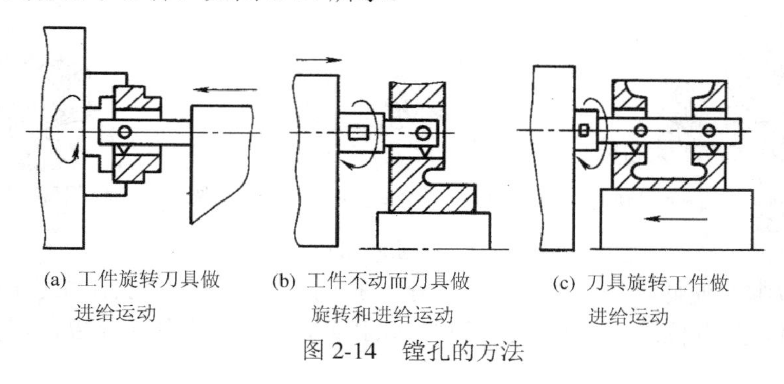

(a) 工件旋转刀具做进给运动　(b) 工件不动而刀具做旋转和进给运动　(c) 刀具旋转工件做进给运动

图2-14　镗孔的方法

1. 工件旋转刀具做进给运动

如图 2-14(a)所示，在车床类机床上加工盘类零件属于这种方式。其特点是加工后孔的轴线和工件的回转轴线一致，孔轴线的直线度好，能保证在一次装夹中加工的外圆和内孔有较高的同轴度，并与端面垂直。刀具进给方向不平行于回转轴线或不呈直线运动，都不会影响轴线的位置和直线度，也不影响孔在任何一个截面内的圆度，仅会使孔径发生变化，产生锥度、鼓形、腰形等缺陷。

2. 工件不动而刀具做旋转和进给运动

如图 2-14 (b)所示，这种加工方式是在镗床类机床上进行的。这种方式也能基本保证镗孔的轴线和机床主轴轴线一致，但随着镗杆伸出长度的增加，镗杆变形加大会使孔径逐步减小。此外，镗杆及主轴自重引起的下垂变形也会导致孔轴线弯曲。如果镗削同轴线多孔，则会加大这些孔的不同轴度，故这种方式适于加工孔深不大而孔径较大的壳体孔。

3. 刀具旋转工件做进给运动

如图 2-14(c)所示，这种加工方式适用于镗削箱体两壁相距较远的同轴孔系，易于保证孔与孔、孔与平面间的位置精度。镗孔时进给运动方向发生偏斜或非直线性都不会影响孔径，但镗孔的轴线相对于机床主轴线会产生偏斜或不呈直线，使孔的横截面形状呈椭圆形。镗杆与机床主轴间多用浮动连接，以减少主轴误差对加工精度的影响。

镗孔常用的是结构简单的单刀镗刀，刀具受到孔径尺寸的限制，刚性较差，容易发生振动。镗孔的切削用量比车削外圆小，镗孔的尺寸要依靠调整刀具来保证。因此，镗孔比车外圆以及扩孔、铰孔的生产率低。但在单件小批生产中，镗孔可以避免准备大量不同尺寸的扩孔钻和铰刀，故是一种比较经济的加工方法。粗镗的精度为 IT11～IT13，表面粗糙度 Ra 为 6.3～12.5 μm；半精镗的精度为 IT9～IT10，Ra 为 1.6～3.2 μm；精镗的精度为 IT7～IT8，Ra 为 0.8～1.6 μm；精细镗的精度可达 IT6，Ra 为 0.1～0.4 μm。

精镗可以采用浮动镗刀加工(见图 2-15(a))，能够获得较高的孔径精度。但由于刀片在镗杆矩形孔中浮动，故不能纠正孔的位置误差，需由上一道工序保证孔的位置精度。图 2-15(b)为可调节的浮动镗刀块，刃磨后可通过调整两刀刃的径向位置来保证所需的尺寸。

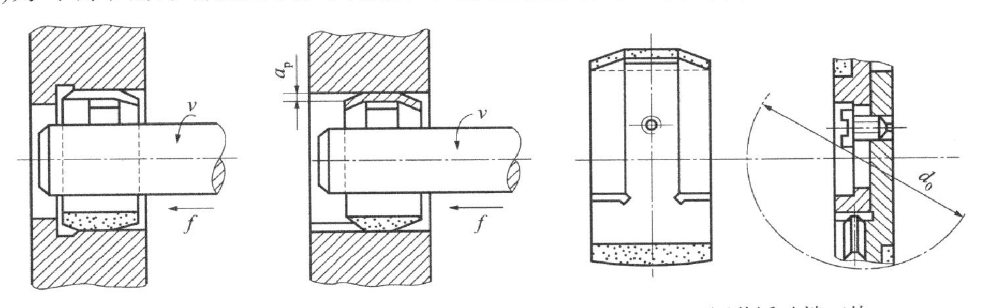

(a) 浮动镗刀镗孔　　(b) 可调节浮动镗刀块

图 2-15　浮动镗孔及其刀具

精密孔的精细镗削常在金刚镗床上进行高速精镗。金刚镗床具有高的精度和刚度，主轴转速高(可达 5000 r/min)，并采用带传动，借助多速电动机及更换带轮来变速。进给机构常用液压传动，高速旋转的零件都经过精确的平衡，电动机安装在防振垫片上，因此加工时的振动和变形极小。镗刀目前普遍采用硬质合金或人造金刚石和立方氮化硼刀具，并选用较大的主偏角和较小的刀尖圆弧半径，刀面要研磨到表面粗糙度 Ra≤0.2 μm。为增强刀杆刚度，可采用整体硬质合金刀杆，其直径与孔径之比为 0.8 左右。为控制镗孔的尺寸，常采用微调镗刀头。图 2-16 为带有游标刻度盘的微调镗刀，其刻度值可达 0.0025 mm。装夹有可调位刀片的刀杆 4 上有精密的小螺距螺纹。微调时先旋松夹紧螺钉 7，用扳手旋转套筒 2，刀杆可作微量进退，调整好后将夹紧螺钉锁紧，键 9 可保证刀杆只作移动。金刚镗孔时的加工余量：预镗为 0.2～0.6 mm，终镗为 0.1 mm，进给量为 0.02～0.25 mm/r。加工铸铁时切削速度为 100～250 m/min，加工钢时的切削速度为 150～300 m/min，加工有色金属时切削速度为 300～1500 m/min。镗削时一般不使用切削液，加工精度可达 IT6～IT7，孔径为 ϕ15～ϕ100 mm 时，尺寸偏差不大于 0.005～0.008 mm，圆度不大于 0.003～0.005 mm，表面粗糙度 Ra 为 0.1～0.8 μm。

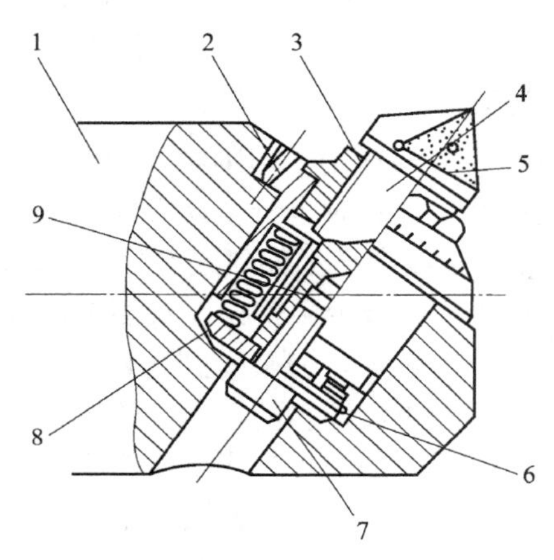

1—镗杆；2—套筒；3—刻度导套；4—刀杆；5—刀片；
6—垫圈；7—夹紧螺钉；8—弹簧；9—键

图 2-16　微调镗刀

2.2.9　磨孔

磨孔是孔精加工的方法之一(见图 2-17)，精度可达 IT7，表面粗糙度 Ra 为 0.4～1.6 μm。

磨孔与磨外圆相比较，工作条件较差：砂轮直径受到孔径的限制，磨削速度低；砂轮轴受到工件孔径和长度的限制，刚性差而容易变形；砂轮与工件接触面积大，单位面积压力小，使磨钝的磨料不易脱落；切削液不易进入磨削区，磨屑排除和散热困难，工件易烧伤，砂轮磨损快、易堵塞，需要经常修整和更换。因此，磨孔的质量和生产率都不如磨外圆。但是，磨孔的适应性好，在单件小批生产中应用很广泛，特别是对淬硬的孔、盲孔、大直径的孔(用行星磨削)、长度短的精密孔以及断续表面的孔(带链槽或花键孔)，内圆磨削是主要的加工方法。增加内圆磨头的转速和采用自动化程度高的内圆磨床，是提高内圆磨削生产率的主要途径。如采用 100000 r/min 风动磨

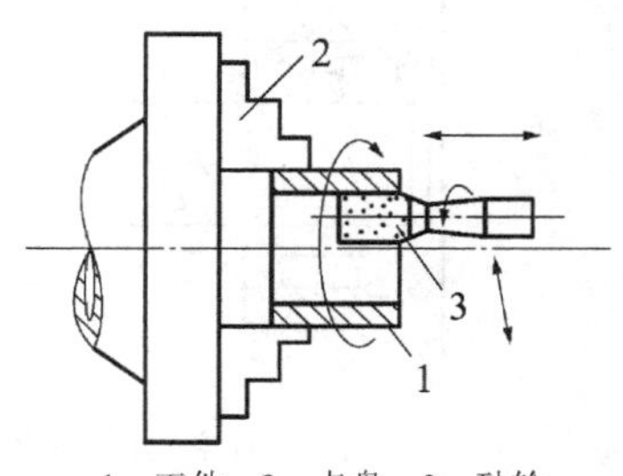

1—工件；2—卡盘；3—砂轮

图 2-17　内圆磨削示意图

头，可以磨削小直径的孔而获得较好的质量和较高的生产率。

2.2.10　珩磨孔

珩磨是孔光整加工的方法之一，常在专用的珩磨机上用珩磨头进行加工。图 2-18 为一种利用螺纹加压式珩磨头。本体 2 通过浮动联轴节和机床主轴连接，磨条 5 用机械方法和磨条座 4 结合而装入本体的槽中，磨条座两端由弹簧箍 1 箍住，使磨条经常向内收缩。珩磨头工作尺寸的调节依靠调节锥 6 实现，当旋转螺母 7 使其向下时，就推动调节锥向下移动，通过磨条顶块 3 使磨条径向张开而获得工作压力；当旋转螺母 7 使其向上时，压力弹簧 8 便推动调节锥向上，磨条受到弹簧箍的作用而收缩。这种珩磨头结构简单，但操作不便，只用于单件小批生产。大批量生产中常用压力恒定的气动或液压加压的珩磨头。珩磨时，工件固定在机床工作台上，主轴驱动珩磨头做旋转和往复运动(见图 2-19(a))，使珩磨头上磨条在孔的表面上切去极薄的一层金属，其切削轨迹成交叉而不重复的网纹，如图 2-19(b)所示。

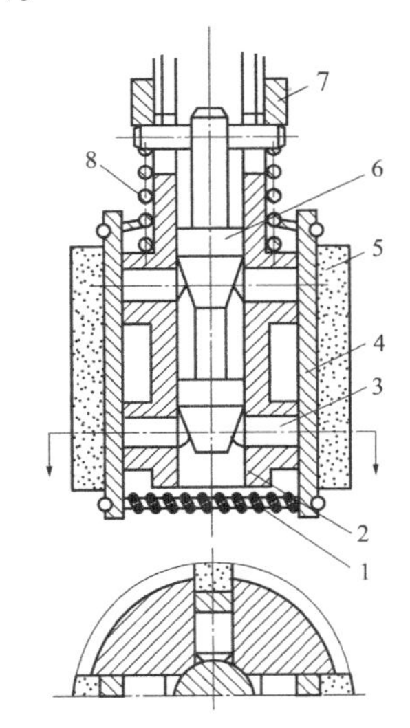

1—弹簧箍；2—本体；3—磨条顶块；4—磨条座；5—磨条；6—调节锥；7—螺母；8—压力弹簧

图 2-18　珩磨头

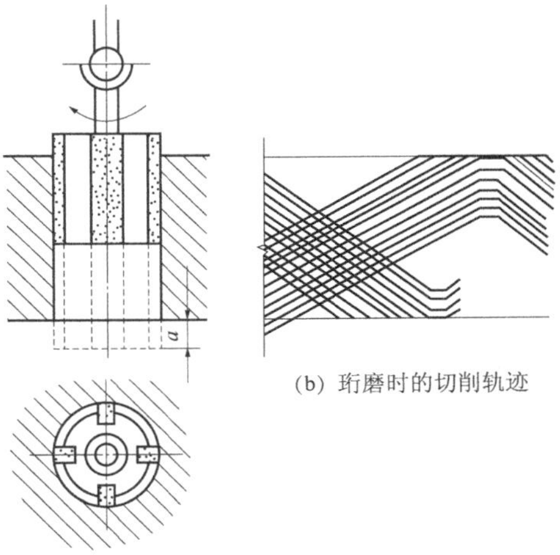

(a) 珩磨时的运动方向

(b) 珩磨时的切削轨迹

图 2-19　珩磨孔时的运动及切削轨迹

珩磨孔时的主要工艺参数有以下几种：

(1) 珩磨余量直接影响加工质量和生产率，加工钢件时为 0.01～0.06 mm，加工铸铁时为 0.02～0.2 mm，孔径大时取大值。粗珩切去余量的 2/3～4/5，精珩只是修平粗珩留下的凸峰。

(2) 珩磨的圆周速度和往复速度增加，可以提高生产率，但过高则会使发热量增大并加速磨条的磨损。一般珩磨钢件时珩磨头圆周速度取 40～60 m/min，往复速度取 10～12 m/min。珩磨铸铁时，圆周速度取 60～75 m/min，往复速度取 15～20 m/min。适当调整珩磨头往复速度与圆周速度之比，可获得合理的网纹交叉角 θ。粗珩时，为提高切削效率，θ 取 40°～60°；精珩时，θ 取 2°～40°，以获得小的表面粗糙度。

(3) 珩磨时磨条与工件表面的压力不宜过大，粗珩时取 0.5～2 MPa，精珩时取 0.2～0.8 MPa。

(4) 磨条选择的一般原则和砂轮特性的选择相同，若表面粗糙度要求越小，则粒度越细。当表面粗糙度 Ra 为 0.4～0.8 μm 时，粒度为 W40～W120；当 Ra 为 0.2～0.4 μm 时，粒度为 W20～W40；当 Ra≤0.1 μm 时，粒度为 W14～W20。磨条硬度一般为 R_3～ZY_1。磨条长度对珩磨孔母线的直线度影响较大，通常应根据被珩磨孔的长度来确定。当珩磨长孔时，$L_{磨条}$≈(1/2)$L_{孔}$；当珩磨短孔(孔径大于孔长)时，$L_{磨条}$≈(2/3～3/4)$L_{孔}$，如图 2-20(a)所示。磨条工作时在孔两端的超程量一般可取 a=(1/3～1/4)$L_{磨条}$，故珩磨时工作行程长度 $L=L_{孔}+2a-L_{磨条}$。若磨条增长则行程减短，可提高生产率，但磨条过长会引起切制不均匀，影响孔的形状精度。若超程量 a 选择不当，则会导致喇叭形成腰鼓形误差，如图 2-20(b)所示。磨条的数量为 3～12 块，随孔径的增大而增多；若少于 3 块，则不易修整孔的几何形状误差。但当孔径很小时，磨条可以减至 1～2 块，加上 1～2 根胶木或硬质合金导向块，以保证珩磨时的导向。

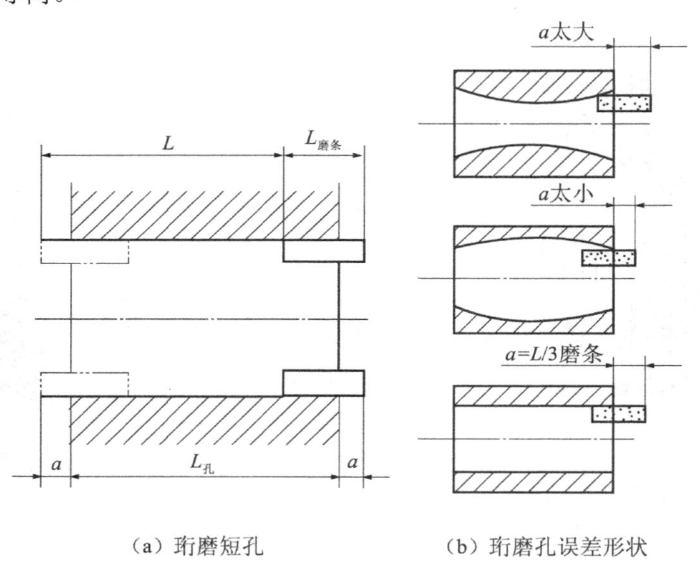

（a）珩磨短孔　　（b）珩磨孔误差形状

图 2-20　磨条长度对珩孔的影响

(5) 珩磨钢件和铸铁时，常用 60%～90%的煤油，加入 10%～40%的硫化油作为切削液，以冲洗磨屑和脱落的磨粒，改善加工表面粗糙度。

珩磨不仅可以获得加工质量高的孔，而且也有较高的生产率。因为珩磨前孔径经过准确的预加工，余量小。珩磨头与主轴间浮动连接，余量均匀。珩磨头径向刚度大，加工过程平稳。珩磨时磨条与孔壁接触面积较大，参加切削的磨粒数多，属于小切削力的微量切削，加上珩磨的切削速度较低，发热量少，不易产生表面烧伤，细粒度的磨条和具有不重复的网状轨迹有利于减小表面粗糙度值，故加工的尺寸精度可达 IT5~IT7，表面粗糙度 Ra 为 0.012～0.4 μm，圆度和圆柱度可达 0.003～0.005 mm。珩磨头的转速虽然较低，但往复速度较高，参加切削的磨粒很多，能很快地切除金属，故生产率比内圆磨、精细镗都高。由于珩磨头与主轴是浮动连接的，珩磨时以孔本身定位，因此不能提高孔的位置精度。珩磨可以加工铸铁和钢件，但不宜加工易堵塞磨条的铜、铝等韧性金属。珩磨加工孔径的范围为 5～500 mm，还可以加工长径比 $L/D>10$ 的深孔(如液压缸孔)。因此，珩磨在汽车、拖拉机以及机床、煤矿机械、液压件生产等部门，都得到了广泛的应用。

2.2.11　研磨孔

研磨孔的原理与研磨外圆相同，研具是用铸铁制成的研磨棒。图 2-21 为可调式研磨棒，通过旋转调节螺母 2、5，借心杆 1 锥体的作用，可调节研磨套 3 的径向尺寸。一般研磨棒外径应比工件内孔小 0.0025～0.01 mm，以保证磨粒能在此间隙内运动。这种研具可以供粗研和精研共用。研磨内孔一般可在车床或钻床上进行。研磨的尺寸精度可达 IT6 级，表面粗糙度 Ra 为 0.01～0.16 μm，但生产率低，故研磨前孔必须经过磨削、精镗或精铰等工序，尽量减少加工余量，对于中、小尺寸孔，研磨余量约为 0.025 mm。此外，研磨孔的位置精度需由前工序来保证。

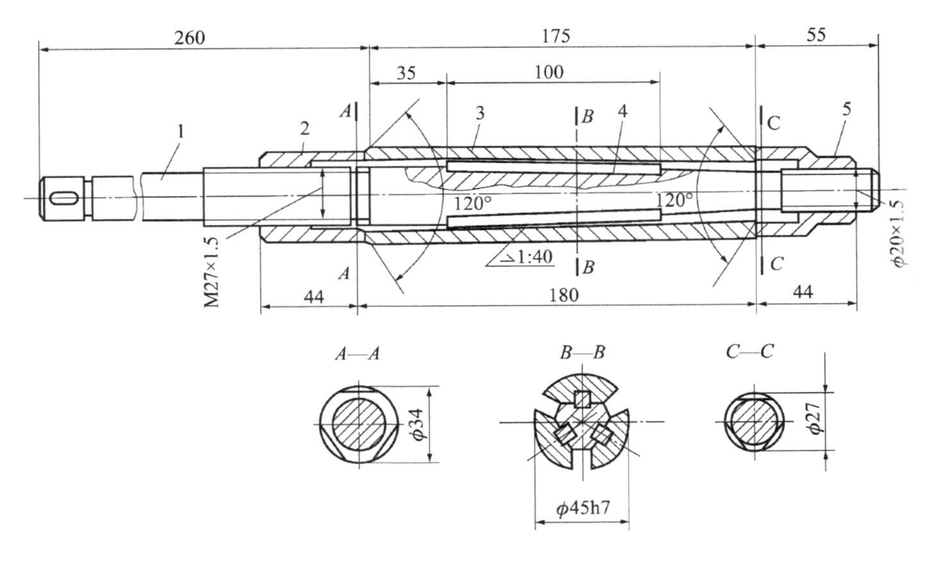

1—心杆；2、5—调节螺母；3—研磨套；4—键

图 2-21　可调式研磨棒

2.3　箱体类零件的加工方法

【学习目标】　掌握平面的常用加工方法(车削、铣削、刨削、磨削、拉削及平面的光整加工)；掌握孔系的加工与保证孔系位置精度的方法。

2.3.1　平面加工方法

零件上有多种形式的加工平面，如箱体零件的结合面，轴、盘类零件的端平面，平板类零件的平面，机床导轨的组合平面等。平面的加工方法有很多，如车削、铣削、刨削、拉削、磨削、刮研、研磨、抛光、超精加工等。

1．平面车削

平面车削一般用于加工轴、轮、盘、套等回转体零件的端面、台阶面等，也用于其他需要加工的孔和外圆零件的端面。通常这些面要求与内、外圆柱面的轴线垂直，一般在车床上与相关的外圆和内孔在一次装夹中加工完成。中、小型零件的平面车削在卧式车床上进行，重型零件的加工可在立式车床上进行。平面车削的精度可达 IT6～IT7，表面粗糙度 Ra＜1.6～12.5 μm。

2．平面铣削

铣削是平面加工的主要方法。铣削中、小型零件的平面一般用卧式或立式铣床，铣削大型零件的平面则用龙门铣床。铣削工艺具有工艺范围广、生产效率高、容易产生振动、刀齿散热条件较好等特点。

平面铣削按加工质量可分为粗铣和精铣。粗铣的表面粗糙度 Ra 为 12.5～50 μm，精度为 IT12～IT14；精铣的表面粗糙度 Ra 可达 1.6～3.2 μm，精度可达 IT7～IT9。按铣刀的切削方式不同铣削可分为周铣与端铣，如图 2-22 所示。周铣和端铣还可同时进行。周铣常用的刀具是圆柱铣刀，端铣常用的刀具是端铣刀，同时进行端铣和周铣的铣刀有立铣刀和三面刃铣刀等。

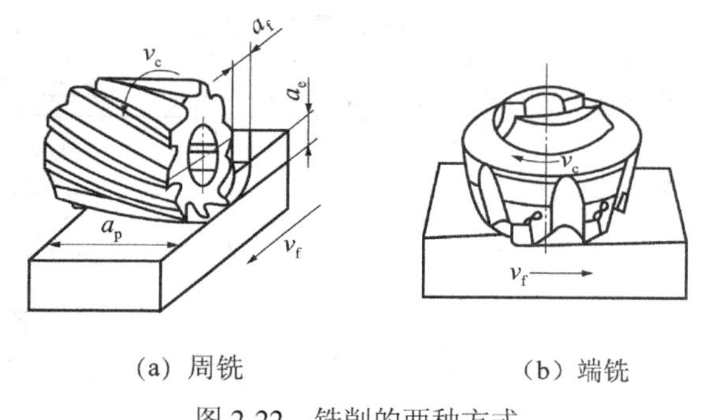

(a) 周铣　　(b) 端铣

图 2-22　铣削的两种方式

1) 周铣

周铣是用铣刀圆周上的切削刃来铣削工件，铣刀的回转轴线与被加工表面平行，如图 2-22(a)所示。周铣适于在中、小批量生产中铣削狭长的平面、键槽及某些曲面。周铣有顺铣和逆铣两种方式。

(1) 顺铣。铣削时，在铣刀和工件接触处，铣刀的旋转方向与工件进给方向相同，称为顺铣，如图 2-23(a)所示。顺铣过程中，刀齿切入时没有滑移现象，但切入时冲击较大。

切削时垂直切削分力有助于夹紧工件，而水平切削分力与工作台移动方向一致，当这一切削分力足够大时，即 F_H 大于工作台与导轨间摩擦力时，就会在螺纹传动副侧隙范围内使工作台向前窜动并短暂停留，严重时甚至引起“啃刀”和“打刀”现象。

(2) 逆铣。铣削时，在铣刀和工件接触处，铣刀的旋转方向与工件的进给方向相反，称为逆铣，如图 2-23 (b)所示。铣削过程中，在刀齿切入工件前，刀齿要在加工面上滑移一小段距离，从而加剧了刀齿的磨损，增加工件表层硬化程度，并增大加工表面的粗糙度。逆铣时有把工件向上挑起的切削垂直分力，影响工件夹紧，需加大夹紧力。但铣削时，水平切削分力有助于丝杠与螺母贴紧，消除丝杠与螺母之间的间隙，使工作台进给运动比较平稳。

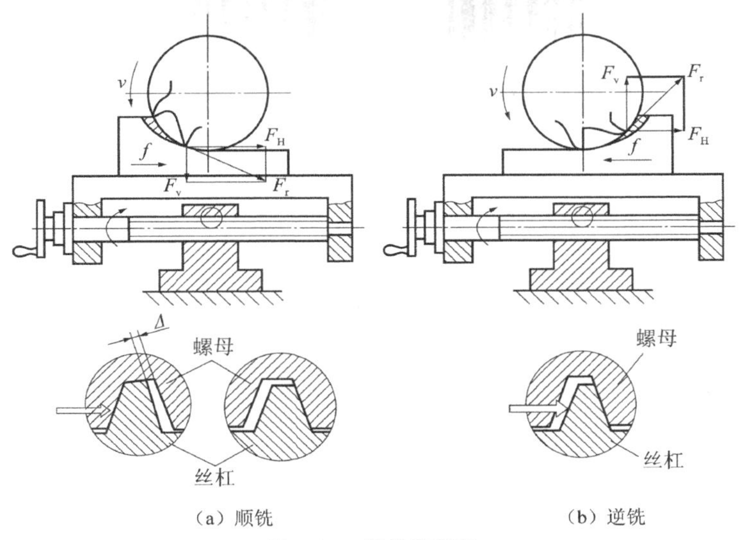

（a）顺铣　　（b）逆铣

图 2-23　逆铣和顺铣

综上所述，顺铣和逆铣各有利弊。在切削用量较小(如精铣)、工作表面质量较好，或机床有消除螺纹传动副侧隙装置时，采用顺铣为宜。另外，对不易夹牢以及薄而长的工件，也常用顺铣。一般情况下，特别是加工硬度较高的工件时，最好采用逆铣。

2) 端铣

端铣是用铣刀端面上的切削刃来铣削工件，铣刀的回转轴线与被加工表面垂直，如图 2-22(b)所示。端铣适于在大批量生产中铣削宽大平面。端铣分为对称铣削和不对称铣削，不对称铣削还分为顺铣和逆铣，如 2-24 所示。

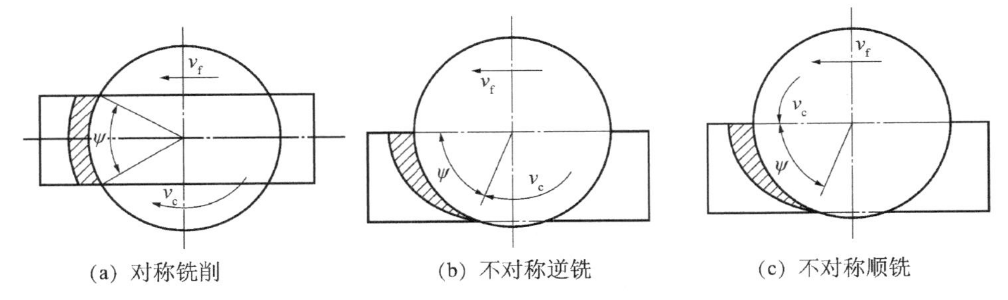

(a) 对称铣削　　(b) 不对称逆铣　　(c) 不对称顺铣

图 2-24　端铣的对称与不对称铣削(俯视图)

3. 平面刨削

刨削是平面加工的方法之一，中、小型零件的平面加工一般多在牛头刨床上进行，龙门刨床则用来加工大型零件的平面以及多个中型工件的平面。刨平面所用的机床、工件夹具结构简单，调整方便，在工件的一次装夹中能同时加工处于不同位置上的平面，且有时刨削加工可以在同一工序中完成。因此，刨平面具有机动灵活、适应性好的优点。

刨削可分为粗刨和精刨。粗刨的表面粗糙度 Ra 为 12.5～50 μm，尺寸公差等级为 IT12～IT14；精刨的表面粗糙度 Ra 可达 1.6～3.2 μm，尺寸公差等级为 IT7～IT9。

宽刃精刨是在普通精刨基础上，使用高精度龙门刨床和宽刃精刨刀，如图 2-25 所示，以低切速和大进给量在工件表面切去一层极薄的金属。对于接触面积较大的定位平面与支承平面，如导轨、机架、壳体零件上的平面的刮研工作，劳动强度大，生产效率低，对工人的技术水平要求高，宽刃精刨工艺可以减少甚至完全取代磨削、刮研工作，在机床制造行业中获得了广泛的应用，能有效地提高生产率。宽刃精刨加工的直线度可达到 0.02 mm/m，表面粗糙度 Ra 可达 0.4～0.8 μm。

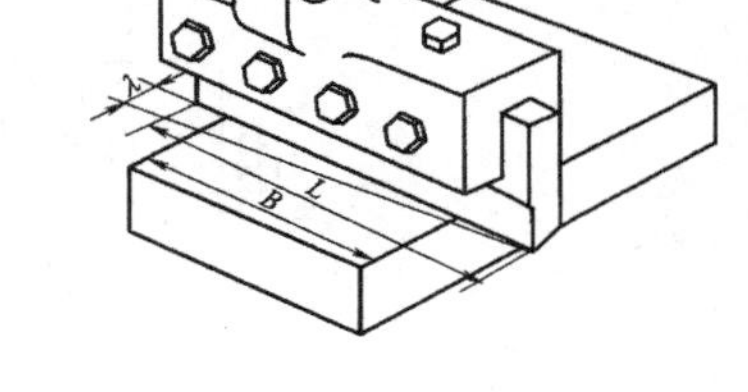

图 2-25　宽刃精刨刀

宽刃精刨工艺有以下几个特点：

(1) 用宽刃刨刀，刨刃的宽度一般为 10～60 mm，有时可达 500 mm。

(2) 切削速度极低(5～12 m/min)，切削过程发热量小。

(3) 切深极微，宽刃精刨可以获得表面粗糙度很小的光整表面。其生产效率比刮研高 20～40 倍。

(4) 宽刃精刨对机床、刀具、工件、加工余量、切削用量和切削液均有严格要求，应特别注意，具体采用时可参考有关技术手册。

4. 平面拉削

平面拉削是一种高效率、高质量的加工方法，主要用于大批量生产中，其工作原理和拉孔相同，平面拉削的精度可达 IT6～IT7，表面粗糙度 Ra 可达 12.5～50 μm。

5. 平面磨削

1) 平面砂轮磨削

对一些平面度、平面之间相互位置精度要求较高，表面粗糙度要求小的平面进行磨削加工的方法，称为平面磨削，平面磨削一般在铣削、刨削、车削的基础上进行。随着高精度和高效率磨削的发展，平面磨削既可作为精密加工，又可代替铣削和刨削进行粗加工。

平面砂轮磨削的方法有周磨和端磨两种。

(1) 周磨。周磨(见图 2-26(a))是指用砂轮的圆周面来磨削平面。砂轮和工件的接触面小，发热量小，磨削区的散热、排屑条件好，砂轮磨损较为均匀，可以获得较高的精度和表面质量。但在周磨中，磨削力易使砂轮主轴受弯变形，故要求砂轮主轴应有较高的刚度，否则容易产生振纹。此法适于在成批生产条件下加工精度要求较高的平面，能获得高的精度和较小的表面粗糙度，常用于各种批量生产中对中、小型工件进行精加工。小型零件的加工可同时磨削多件，以提高生产率。

(2) 端磨。端磨(见图 2-26(b))是用砂轮的端面来磨削平面，但砂轮圆周直径不能过大，而且必须是专用端面磨削砂轮。普通的周磨砂轮是不能用于端磨的，否则容易爆裂。端磨时，磨头伸出短，刚性好，可采用较大的磨削用量，生产效率高。但砂轮与工件接触面积大，发热多，散热和冷却较困难，加上砂轮端面各点的圆周线速度不同，磨损不均匀，故精度较低。一般在大批量生产中，用端磨代替刨削和铣削进行粗加工。

通常，经磨削加工的两平面间的尺寸精度可达 IT5～IT6，平行度可达 0.01～0.03 mm，直线度可达 0.01～0.03 mm/m，表面粗糙度 Ra 可达 0.2～0.8 μm。

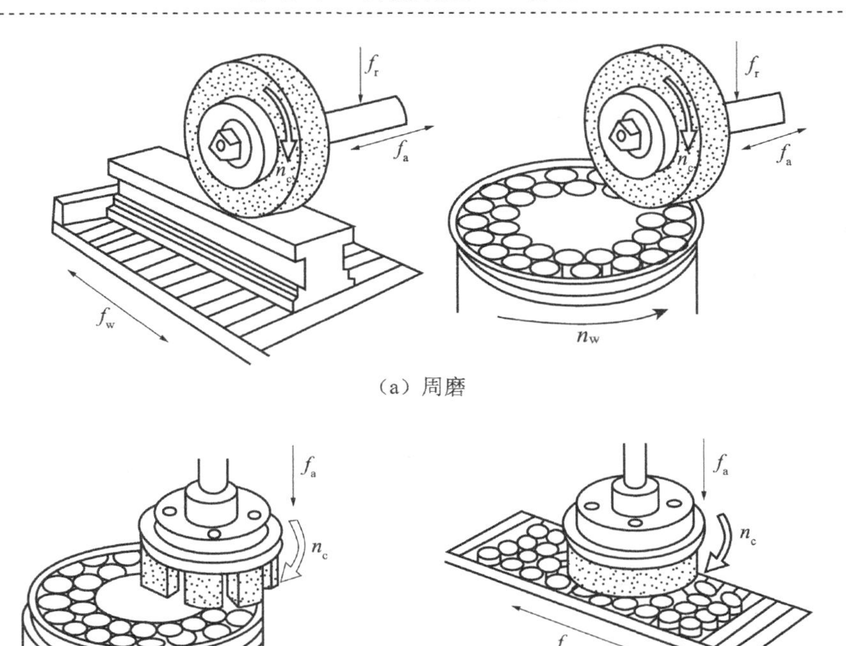

(b) 端磨

图 2-26　平面砂轮磨削的两种方式

2) 平面砂带磨削

对于有色金属、不锈钢、各种非金属(如石棉)大型平面、卷带材、板材，采用砂带磨削不仅不堵塞磨料，能获得极高的生产率，而且一般采用干式磨削，实施极为方便。目前最大的砂带宽度可以做到 5 m，在一次贯穿式的磨削中，可以磨出极大的加工表面(如电梯内装饰板)。砂带磨削平面的磨削布局见表 2-2。

表 2-2　砂带磨削平面的磨削布局

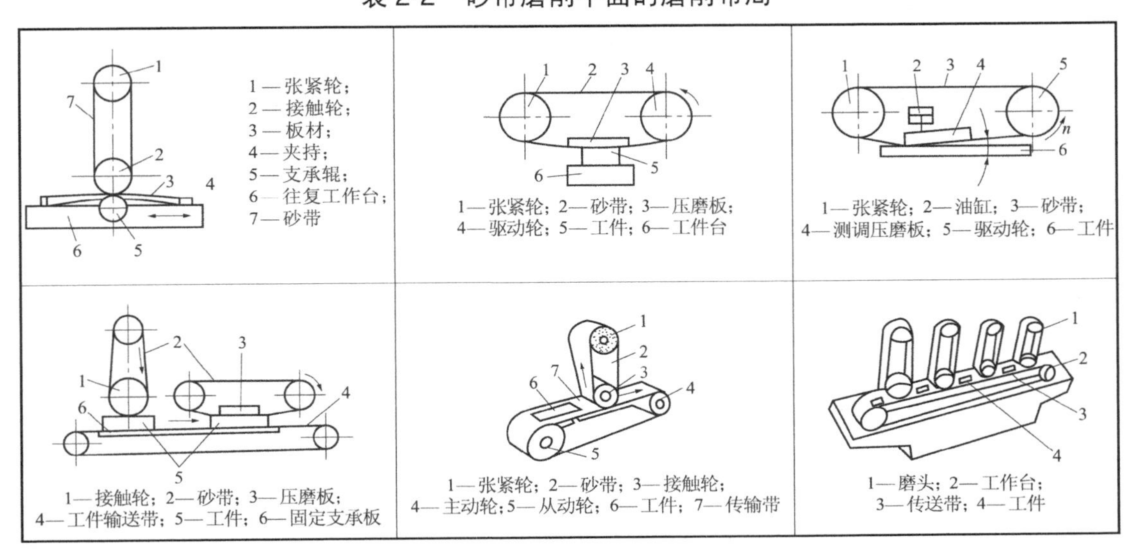

续表

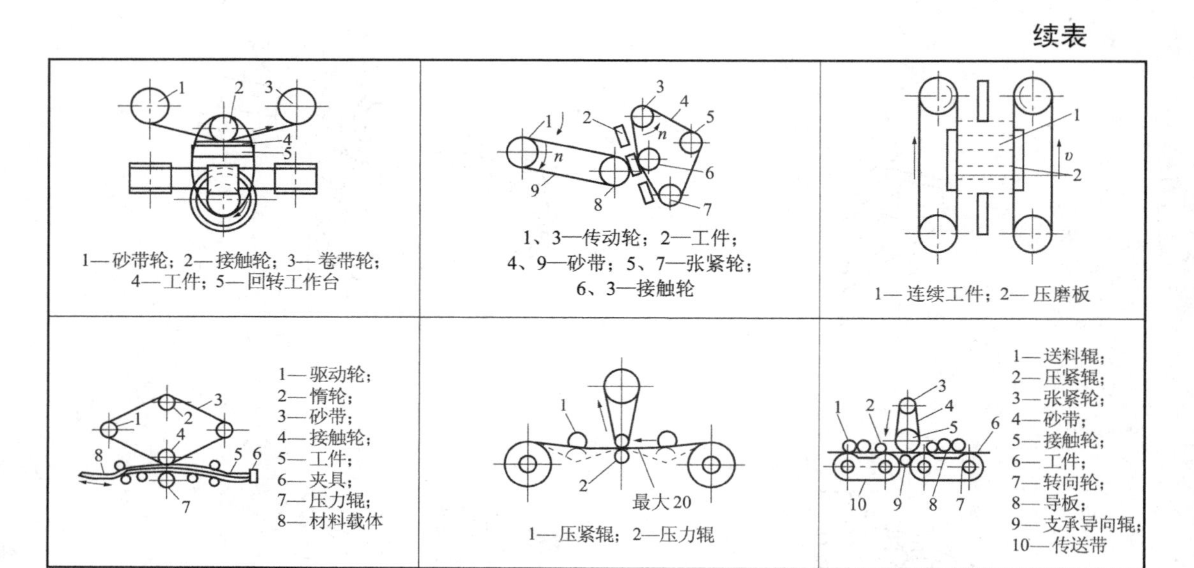

6. 平面的光整加工

1) 平面刮研

平面刮研是利用刮刀在工件上刮去很薄一层金属的光整加工方法，常在精刨的基础上进行。刮研可以获得很高的表面质量，表面粗糙度 Ra 可达 0.4～1.6 μm，平面的直线度可达 0.01 mm/m，甚至可以达到 0.0025～0.005 mm/m。刮研既可提高表面的配合精度，又能在两平面间形成储油空隙，以减少摩擦，提高工件的耐磨性，还能使工件表面美观。

刮研劳动强度大，操作技术要求高，生产率低，故多用于单件小批量生产及修理车间，加工未淬火的要求高的固定连接面(如车床床头箱底面)、导向面(如各种导轨面)及大型精密平板和直尺等。在大批量生产中，刮研多为专用磨床磨削或宽刃精刨所代替。

2) 平面研磨

平面研磨也是平面的光整加工方法之一，一般在磨削之后进行。研磨后两平面的尺寸精度可达 IT3～IT5，表面粗糙度 Ra 可达 0.008～0.1 μm，直线度可达 0.005 mm/m。小型平面研磨还可减小平行度误差。

平面研磨主要用来加工小型精密平板、直尺、块规以及其他精密零件的平面。单件小批量生产中常采用手工研磨，而大批量生产中则常用机械研磨。

2.3.2 保证箱体类零件孔系精度的方法

箱体类零件上一般均有一系列有位置精度要求的孔的组合，称为孔系。孔系可分为平行孔系、同轴孔系和交叉孔系，如图 2-27 所示。

孔系加工是箱体加工的关键。根据箱体批量的不同和孔系精度要求的不同，所用的加工方法也是不一样的。下面介绍几种保证箱体类零件孔系精度的加工方法。

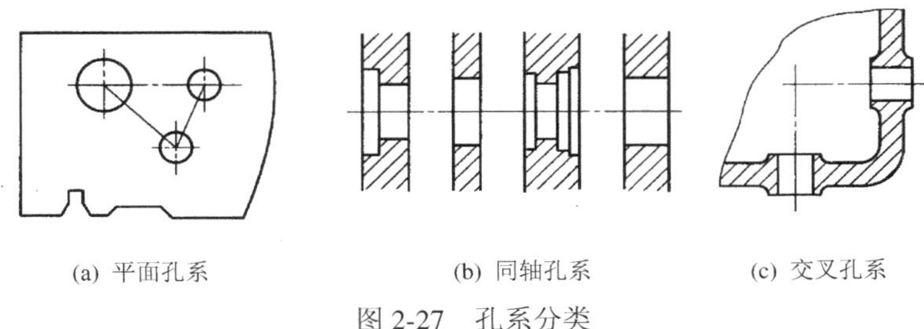

(a) 平面孔系　(b) 同轴孔系　(c) 交叉孔系

图 2-27　孔系分类

1. 平行孔系的加工

所谓平行孔系，是指既要求孔的轴线互相平行，又要求保证孔距精度的一些孔。下面将介绍保证平行孔系孔距精度的方法。

1) 找正法

找正法是工人在通用机床(铣镗床、铣床)上，利用辅助工具来找正要加工孔的正确位置的加工方法。这种方法加工效率低，一般只适于单件小批生产，常见的有以下几种：

(1) 划线找正法。加工前按照零件图在箱体毛坯上划出各孔的加工位置线，然后按划线加工。首先将箱体用千斤顶安放在平台上(见图 2-28(a))，调整千斤顶，使主轴孔 I 和 *A* 面与台面基本平行，*D* 面与台面基本垂直，再根据毛坯的主轴孔划出主轴孔的水平轴线 I－I (在 4 个面上均要划出)，作为第一校正线。划此线时，应检查所有的加工部位在水平方向是否留有加工余量，若有的加工部位无余量，则需要重新校正 I－I 线的位置。 I－I 线确定后，同时划出 *A* 面和 *C* 面的加工线。接着将箱体翻转 90°，把 *D* 面置于 3 个千斤顶上，调整千斤顶，使 I－I 线与台面垂直，再根据毛坯的主轴孔并考虑各个部位在垂直方向的加工余量，按照上述同样的方法划出主轴孔的垂直轴线 II－II 作为第二校正线(见图 2-28(b))，也在 4 个面上均划出，然后依据 II－II 线划出 *D* 面加工线。最后再将箱体翻转 90°(见图 2-28(c))，将 *E* 面置于 3 个千斤顶上，调整千斤顶，使 I－I 线与 II－II 线与台面垂直，再根据凸台高度尺寸，先划出 *F* 面，然后再划出 *E* 面加工线。划线找正花费时间长、生产率低，而且加工出的孔距精度也较低，一般在 0.5～1 mm 范围。为提高划线找正的精度，加工中往往需结合试切法同时进行。

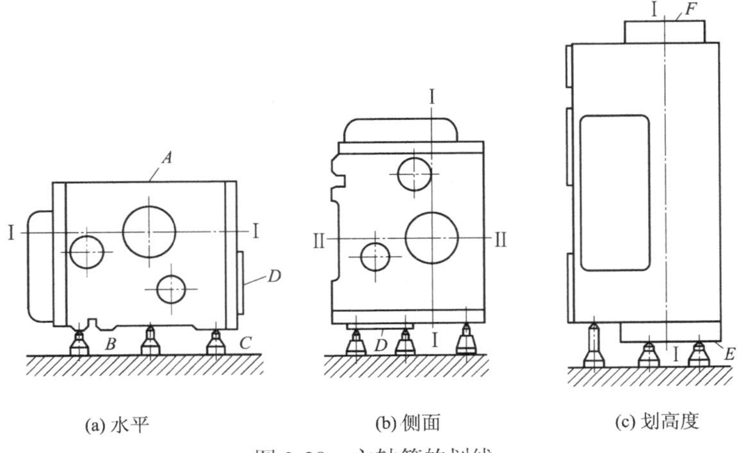

(a) 水平　(b) 侧面　(c) 划高度

图 2-28　主轴箱的划线

(2) 心轴和量规找正法。此法如图 2-29 所示。镗第一排孔时将心轴插入主轴孔(或直接利用镗床主轴插入主轴孔内)，然后根据孔和定位基准的距离，结合一定尺寸的量规来校正主轴位置。校正时用塞尺测量量规与心轴之间的间隙，以避免量规与心轴直接接触而损伤量规，如图 2-29(a)所示。镗第二排孔时，分别在机床主轴和已加工孔中插入心轴，采用同样的方法来校正主轴线的位置，以保证孔距的精度，如图 2-29(b)所示。这种找正法的孔距精度可达±0.03 mm。

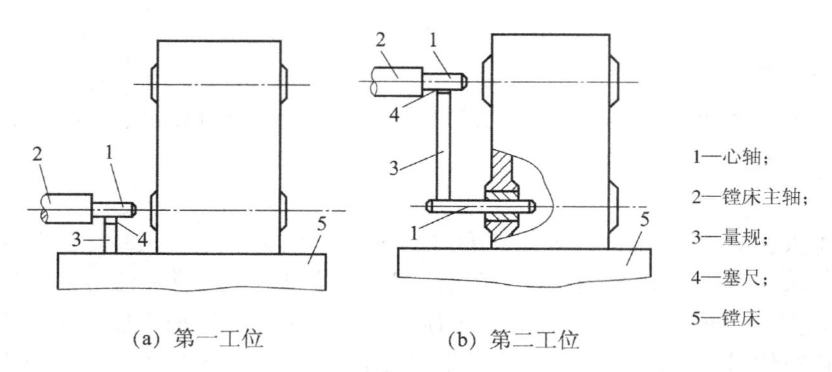

图 2-29　用心轴和量规找正

2) 样板找正法

如图 2-30 所示，用 10～20 mm 厚的钢板制成样板 1，装在垂直于各孔的端面上(或固定于机床工作台上)，样板上的孔距精度较箱体孔系的孔距精度高(一般为±0.01～±0.03 mm)，样板上的孔径较工件的孔径大，以便于镗杆通过。样板上孔的直径精度要求不高，但要有较高的形状精度和较小的表面粗糙度值。当样板准确地装到工件上后，在机床主轴上装一个千分表(或千分表定心器)2，按样板找正机床主轴，找正后即换上镗刀加工。此法加工孔系不易出差错，找正方便，孔距精度可达±0.05 mm。这种样板的成本低，仅为镗模成本的 1/9～1/7，单件小批的大型箱体加工常用此法。

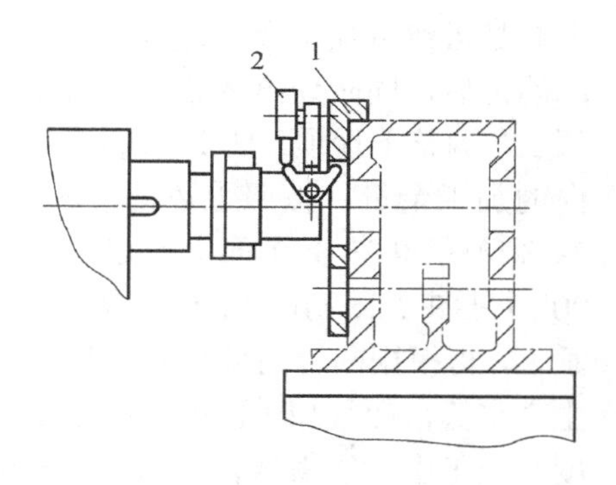

1—样板；2—千分表

图 2-30　样板找正法

3) 镗模法

用镗模加工孔系，如图 2-31(a)所示。工件装夹在镗模上，镗杆被支承在镗模的导套里，增加了系统刚性。这样，镗刀便通过模板上的孔将工件上相应的孔加工出来。当用两个或两个以上的支承来引导镗杆时，镗杆与机床主轴必须浮动连接，图 2-31(b)为常用的一种镗杆活动连接头形式。采用浮动连接时，机床主轴回转误差对孔系加工精度影响很小，因而可以在精度较低的机床上加工出精度较高的平行孔系。镗模法加工的孔距精度主要取决于镗模制造精度、镗杆导套与镗杆的配合精度。当从一端加工且镗杆两端均有导向支承时，孔与孔之间的同轴度和平行度可达 0.02～0.03 mm；当分别由两端加工时，可达 0.04～0.05 mm。

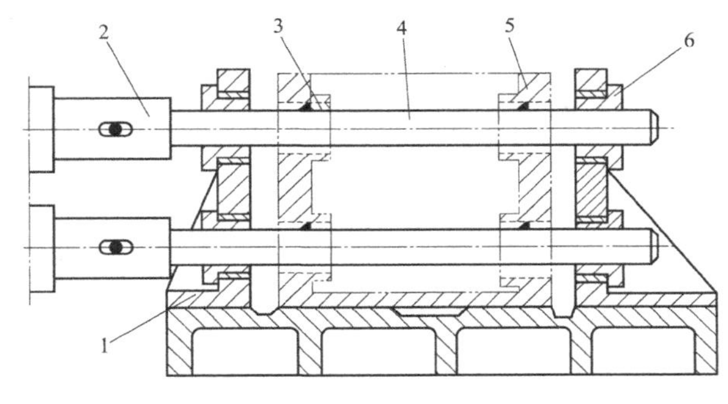

(a) 镗模

1—镗模；2—活动连接头；3—镗刀；4—镗杆；5—工件；6—镗杆导套

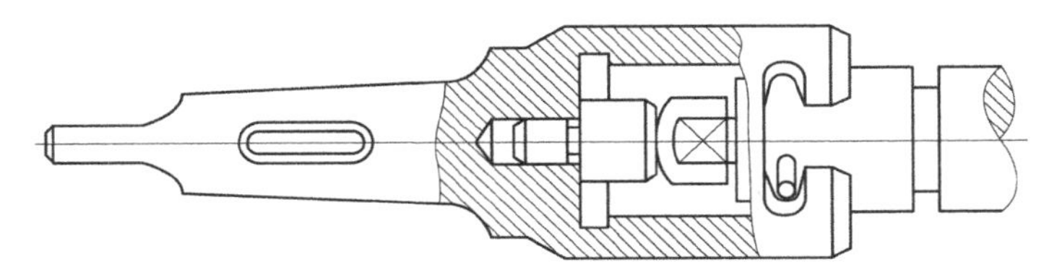

(b) 镗杆活动连接头

图 2-31　用镗模加工孔系

4) 坐标法

坐标法镗孔是在普通卧式铣镗床、坐标镗床或数控镗铣床等设备上，借助于测量装置，调整机床主轴与工件间在水平和垂直方向的相对位置，以保证孔距精度的一种镗孔方法。图 2-32 是在卧式铣镗床上用百分表 1 和量规 2 来调整主轴垂直和水平坐标位置的示意图。

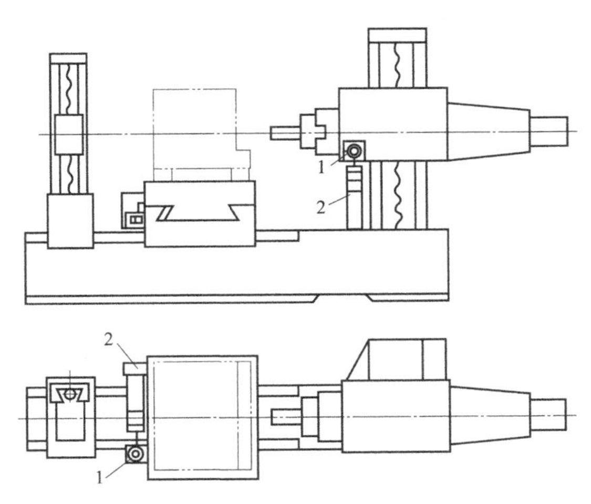

1—百分表；2—量规

图 2-32　在卧式铣镗床上用坐标法加工孔系

因孔与孔间有齿轮啮合关系，故在箱体设计图样上，孔距尺寸有严格的公差要求。采用坐标法镗孔之前，必须先把各孔距尺寸及公差换算成以主轴孔中心为原点的相互垂直的坐标尺寸及公差。目前许多工厂编制了主轴箱传动轴坐标计算程序，用微机可很快完成该项工作。

坐标法镗孔的孔距精度取决于坐标的移动精度，也就是取决于机床坐标测量装置的精度。这类坐标测量装置的形式很多，有普通刻线尺与游标尺加放大镜测量装置(精度为0.1～0.3 mm)、精密刻线尺与光学读数头测量装置(读数精度为 0.01 mm)，还有光栅数字显示装置和感应同步器测量装置(精度可达 0.0025～0.01 mm)、磁栅和激光干涉仪等。

采用坐标法加工孔系时，要特别注意选择基准孔和镗孔顺序，否则坐标尺寸的累积误差会影响孔距精度。基准孔应尽量选择本身尺寸精度高、表面粗糙度值小的孔(一般为主轴孔)，以便于加工过程中检验其坐标尺寸。有孔距精度要求的两孔应连在一起加工，加工时应尽量使工作台朝同一方向移动，以减少传动元件反向间隙对坐标精度的影响。

2. 同轴孔系的加工

成批生产中，箱体同轴孔系的同轴度几乎都由镗模保证，而在单件小批生产中，其同轴度可用下面几种方法来保证：

(1) 利用已加工孔作支承导向。如图 2-33 所示，当箱体前壁上的孔加工好后，在孔内装一导向套，支承和引导镗杆加工后壁上的孔，以保证两孔的同轴度要求。这种方法只适于加工箱壁较近的孔。

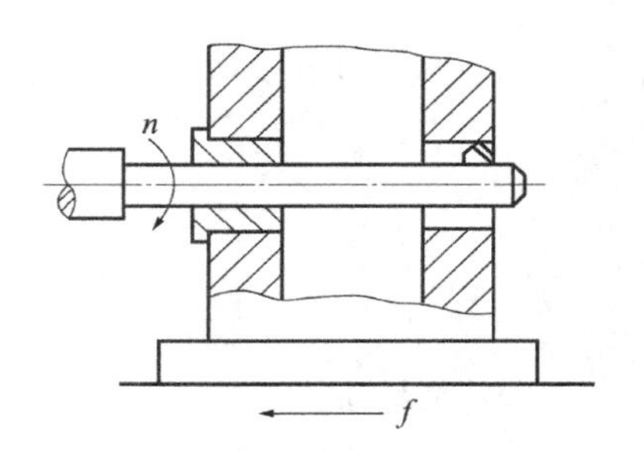

图 2-33　利用已加工孔作导向

(2) 利用铣镗床后立柱上的导向套支承导向。这种方法的镗杆由两端支承，刚性好。但此法调整麻烦，镗杆要长，很笨重，故只适于大型箱体的加工。

(3) 采用调头镗。当箱体箱壁相距较远时，可采用调头镗。工件在一次装夹下，镗好一端孔后，将镗床工作台回转 180°，调整工作台位置，使已加工孔与镗床主轴同轴，然后再加工孔。

当箱体上有一较长并与所镗孔轴线有平行度要求的平面时，镗孔前应先用装在镗杆上的百分表对此平面进行校正(见图 2-34(a))，使其和镗杆轴线平行，校正后加工 B 孔。B 孔加工后，工作台回转 180°，并用镗杆上装的百分表沿此平面重新校正，以保证工作台准确地回转 180°(见图 2-34(b))，然后再加工 A 孔，就可保证 A、B 孔同轴。若箱体上无长的加工好的工艺基面，则可用直尺置于工作台上，借助直尺使其表面与待加工的孔轴线平行后再固定，调整方法同上，也可达到两孔同轴的目的。

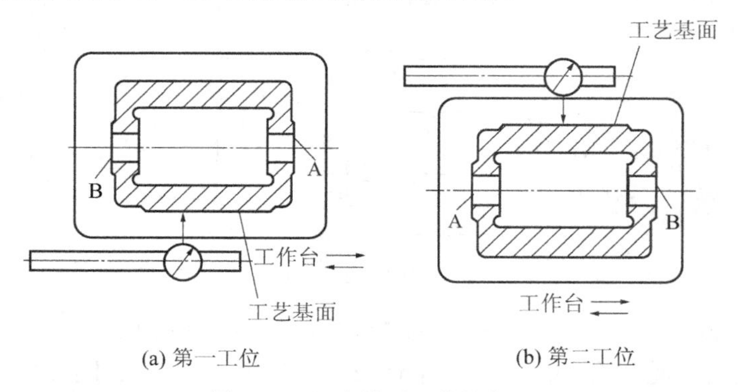

(a) 第一工位　　(b) 第二工位

图 2-34　调头镗时工件的校正

3. 交叉孔系的加工

交叉孔系的主要技术要求是控制有关孔的垂直度，在卧式铣镗床上主要靠机床工作台上的 90° 对准装置。它是挡铁装置，结构简单，对准精度低(T68 铣镗床的出厂精度为 0.04 mm/900 mm，相当于 8″)。目前国内有些铣镗床，如 TM617，采用了端面齿定位装置，90° 定位精度达 5″，还有的用了光学瞄准器。

当有些铣镗床工作台 90° 分度定位精度很低时，可用心棒与百分表找正来帮助提高其定位精度，即在加工好的孔中插入心棒，工作台转位 90°，用百分表找正(转动工作台)，如图 2-35 所示。

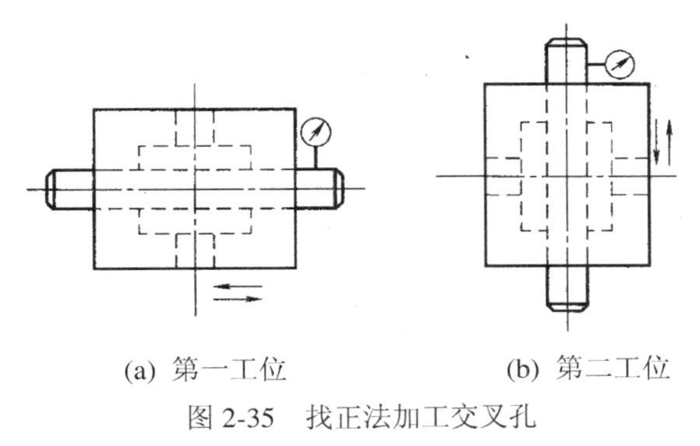

(a) 第一工位　(b) 第二工位

图 2-35　找正法加工交叉孔

2.4　成形面展成法加工

【学习目标】　掌握螺纹的常用加工方法，如攻丝、套扣、车螺纹、铣螺纹、磨螺纹、滚压螺纹；掌握齿轮的加工方法，如插齿、滚齿、剃齿、珩齿和磨齿。

成形面展成法加工是指按照成形面的曲线复合运动轨迹来加工表面的方法，最常见也是最典型的就是螺栓的螺纹加工和齿轮的齿形加工。

2.4.1　螺纹的加工方法

螺纹的加工方法有攻丝、套扣、车螺纹、铣螺纹、磨螺纹和滚压螺纹等。

1. 攻丝和套扣

用丝锥加工内螺纹的方法称为攻丝，如图 2-36 所示；用板牙加工外螺纹的方法称为套扣，如图 2-37 所示。

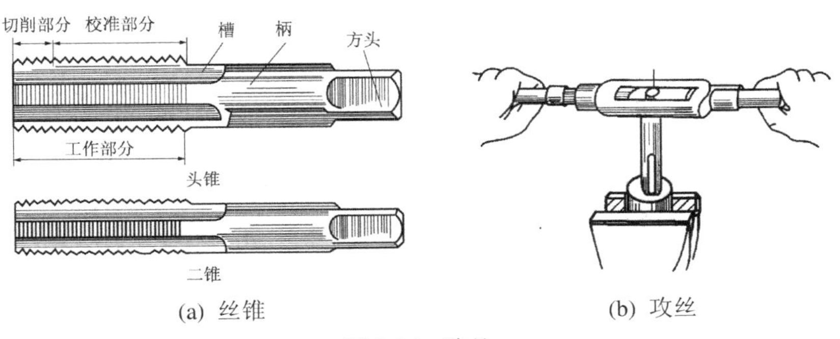

(a) 丝锥　(b) 攻丝

图 2-36　攻丝

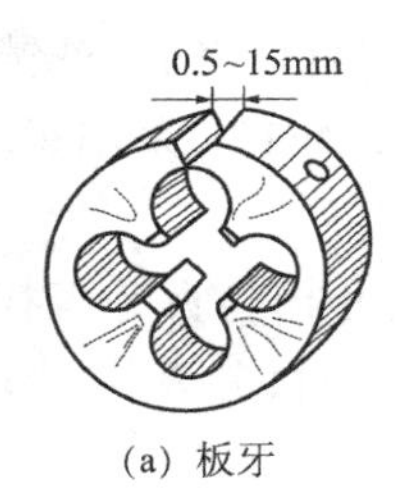

(a) 板牙

(b) 套扣

图 2-37　套扣

攻丝和套扣是应用较广的螺纹加工方法，主要用于螺纹直径不超过 16 mm 的小尺寸螺纹的加工，单件小批量生产一般用手工操作，批量较大时，也可在机床上进行。

2．车螺纹

车螺纹是螺纹加工的最基本的方法。其主要特点是刀具制作简单、适应性广，使用通用车床即能加工各种形状、尺寸、精度的内、外螺纹，特别适于加工尺寸较大的螺纹；但车螺纹生产率低，加工质量取决于机床精度和工人的技术水平，所以适合单件小批量生产。

当生产批量较大时，为了提高生产率，常采用螺纹梳刀车削螺纹，如图 2-38 所示。这种多齿螺纹车刀只要一次走刀即可切出全部螺纹，所以生产效率高；但螺纹梳刀加工精度不高，不能加工精密螺纹和螺纹附近有轴肩的工件。

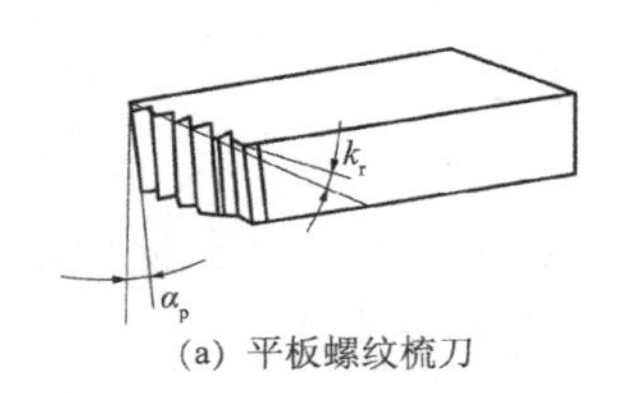

(a) 平板螺纹梳刀

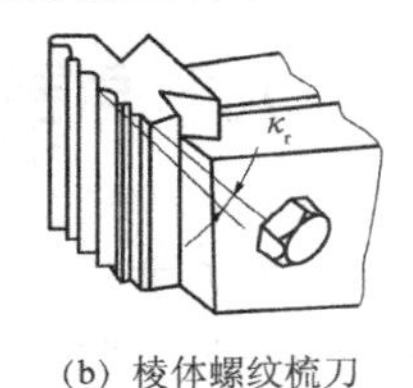

(b) 棱体螺纹梳刀

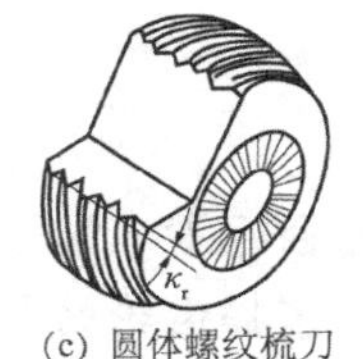

(c) 圆体螺纹梳刀

图 2-38　螺纹梳刀

对于不淬硬精密丝杆的加工，通常在精密车床或精密螺纹车床上加工，可以获得较高的精度和较小的表面粗糙度。

3．铣螺纹

铣螺纹是利用旋锋切削加工螺纹的方法，其生产率比车削螺纹的高，但加工精度不高，在成批和大量生产中应用广泛，适用于一般精度的未淬硬内外螺纹的加工，或作为精密螺纹的预加工。

铣螺纹可以在专门的螺纹铣床上进行，也可以在改装的车床和螺纹加工机床上进行。铣螺纹的刀具有盘形螺纹铣刀、铣螺纹梳刀。铣削时，铣刀轴线与工件轴线倾斜一个螺旋升角 λ，如图 2-39 所示。

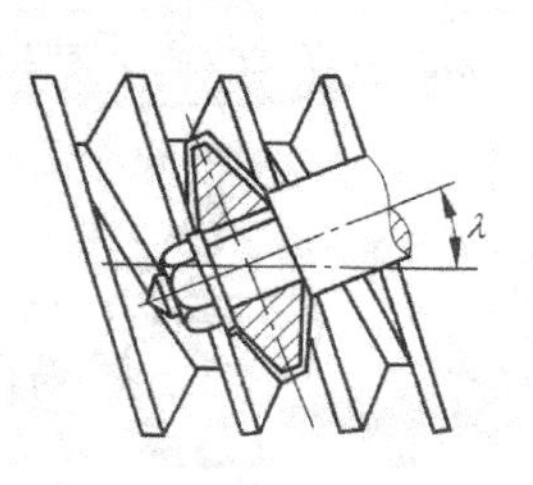

(a) 盘形螺纹铣刀铣螺纹

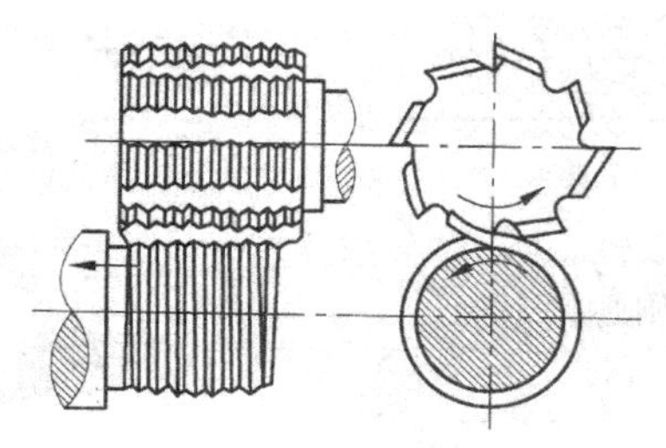
(b) 铣螺纹梳刀铣螺纹

图 2-39　铣螺纹

4. 磨螺纹

螺纹磨削常见于淬硬螺纹的精加工，以修正热处理引起的变形，提高加工精度。螺纹磨削一般在螺纹磨床上进行。螺纹在磨削前必须经过车削或铣削进行预加工，对于小尺寸的精密螺纹也可以直接磨出。根据砂轮的形状，外螺纹的磨削可分为单线砂轮磨削和多线砂轮磨削，如图 2-40 所示。

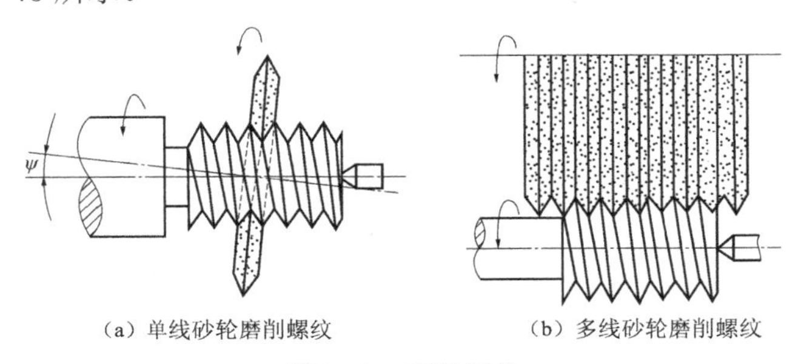

(a) 单线砂轮磨削螺纹　(b) 多线砂轮磨削螺纹

图 2-40　磨削螺纹

5. 滚压螺纹

滚压螺纹根据滚压的方式不同又分为搓丝和滚丝两种。

(1) 搓丝。如图 2-41(a)所示，搓丝时，工件放在固定搓丝板与活动搓丝板中间。两搓丝板的平面都有斜槽，宏观上的截面形状与被搓制的螺纹牙型相吻合。当活动搓丝板移动时，工件在搓丝板间滚动，即在工件表面挤压出螺纹。被搓制好的螺纹件在固定搓丝板的另一边落下。活动搓丝板移动一次，即可搓制一个螺纹件。

搓丝前，必须将两搓丝板之间的距离根据被加工螺纹的直径预先调整好。搓丝的最大直径可达 25 mm，表面粗糙度值 Ra 可达 0.4～1.6 μm。

(2) 滚丝。图 2-41(b)为双滚轮滚丝，滚丝时，工件放在两滚轮之间。两滚轮的转速相等，转向相同，工件由两滚轮带动作自由旋转。两滚轮圆周面上都有螺纹，一轮轴心固定(称为定滚轮)，一轮做径向进给运动(称为动滚轮)，两滚轮配合逐渐滚压出螺纹。

滚丝零件的直径范围很广，为 0.3～120 mm，加工精度高，表面粗糙度值 Ra 可达 0.2～0.8 μm，可以滚制丝锥、丝杆等。但滚丝生产效率较低。

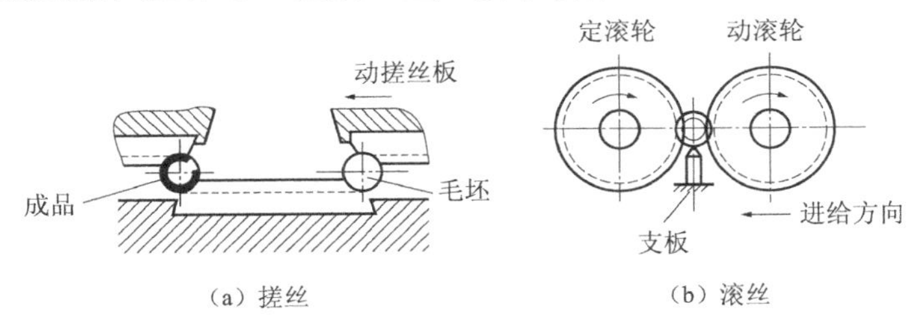

(a) 搓丝　(b) 滚丝

图 2-41　滚压螺纹

2.4.2　齿形加工方法

齿轮加工的关键是齿形加工。展成法齿形加工是利用一对齿轮啮合或齿轮与齿条啮合原理，使其中一个作为刀具，在啮合过程中加工齿面的方法，如插齿、滚齿、剃齿、珩齿和磨齿等，在生产实际中应用广泛。

1．插齿

1）插齿的运动

插齿就是用插齿刀在插齿机上加工齿轮的齿形。插齿的主要运动(见图 2-42)有以下几种：

(1) 主运动。插齿的主运动即插齿刀的往复直线运动，常以单位时间内往复行程数来表示，其单位为 str/min(或 str/s)。

(2) 分齿(展成)运动。插齿刀与工件间应保持正确的啮合关系，即若插齿刀的齿数为 Z_0，被切齿轮的齿数为 Z_ω，则插齿刀转速 n_0 与被切齿轮转速 n_ω 之间，应严格满足 $n_\omega/n_0 = Z_0/Z_\omega$。插齿刀每往复一次，工件相对刀具在分度圆上转过的弧长，为加工时圆周进给运动的进给量，故刀具与工件的啮合过程也就是圆周进给过程。

(3) 径向进给运动。插齿时，为逐步切至全齿深，插齿刀应有径向进给运动 f_r。当进给到要求的深度时，径向进给停止。

(4) 让刀运动。为了避免插齿刀在返回行程中刀齿擦伤已加工齿面，减少刀具的磨损，在插齿刀向上运动时，工作台带动工件从径向退离切削区一段距离，当插齿刀在工作行程时，工件又恢复原位。这一运动称为让刀运动。

当加工斜齿圆柱齿轮时，要使用斜齿插齿刀。插斜齿时除了上述 4 个运动外，插齿刀在做往复直线运动的同时，还要有一个附加的转动，以便使刀齿切削运动的方向与工件的齿向一致。

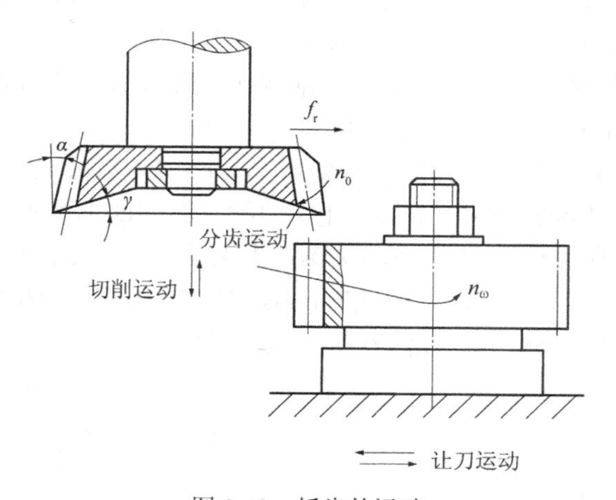

图 2-42　插齿的运动

2）插齿的加工循环

开动插齿机后，插齿刀做上、下切削运动，同时以 n_0 转动，工件以 n_ω 转动。刀具还可以向工件做径向进给运动，当切至全齿深时，径向进给自动停止，而刀具、工件继续转动。当工件再转动一周时，切完所有齿的全部齿形，工件自动退出并停车，完成插削一个齿形的工作循环。

2．滚齿

1）滚齿的运动

滚切直齿圆柱齿轮时的运动如图 2-43 所示。

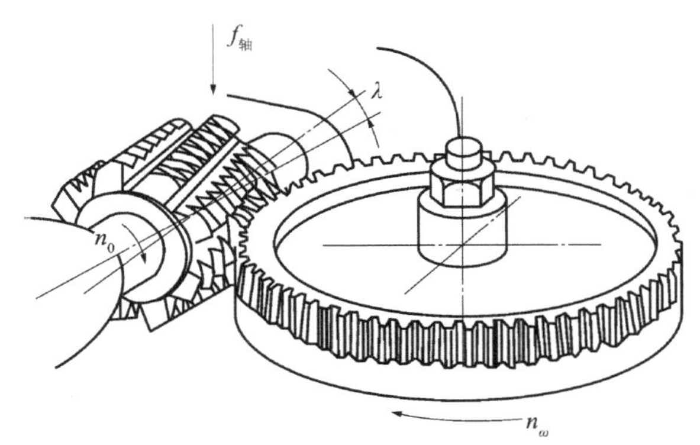

图 2-43　滚齿运动

(1) 主运动。滚齿的主运动即滚刀旋转，其转速用 n_0 表示。

(2) 分齿(展成)运动。分齿运动是保持滚刀与被切齿轮之间啮合关系的运动。这一运动使滚刀切削刃的切削轨迹连续，包络形成齿轮的渐开线齿形，并连续地进行分度。如果滚刀的头数为κ(一般$\kappa = 1 \sim 4$)，被切齿轮的齿数为 $Z_ω$，则滚刀转速 n_0 与被切齿轮转速 $n_ω$之间，应严格保证 $n_ω/n_0 = \kappa / Z_ω$。

(3) 轴向进给运动。为了在齿轮的全齿宽上切出齿形，滚刀需沿工件做进给运动，工件转 1 转滚刀移动的距离，称为轴向进给量。

滚切直齿圆柱齿轮时，为了使滚刀螺旋线的方向与被切齿轮的齿向一致，也就是使滚刀螺旋线法向齿距($t_法 = \pi m$)与齿轮分度圆上的齿距($t = \pi m$)相等，故滚刀必须扳转一个λ角(滚刀螺旋线升角)。若使用右旋滚刀，则被切齿轮转向为逆时针方向；若用左旋滚刀，则被切齿轮转向为顺时针方向。

2) 滚切斜齿圆柱齿轮

滚切斜齿轮与滚切直齿轮主要有两点区别。第一是滚刀安装时扳转的角度不同，如图 2-44 所示。

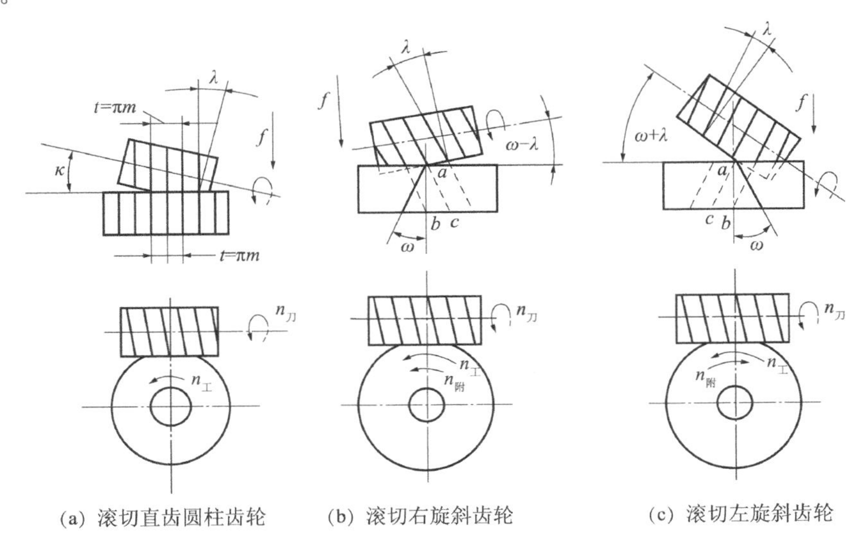

(a) 滚切直齿圆柱齿轮　(b) 滚切右旋斜齿轮　(c) 滚切左旋斜齿轮

图 2-44　滚切直齿、斜齿圆柱齿轮滚刀刀架的调整

为了使滚刀螺旋线方向与被切齿轮的齿向一致，当用右旋滚刀滚切右旋齿轮时，滚刀扳转的角度应为$\omega-\lambda$(ω为齿轮的螺旋角，λ为滚刀螺旋线升角)；当用右旋滚刀滚切左旋齿轮时，滚刀应扳转的角度为$\omega+\lambda$。故滚刀扳转的角度与ω、λ的关系可归纳为“同向相减，异向相加”。第二是被切齿轮需要一个附加的转动，如图 2-44(b)所示。当右旋滚刀滚切右旋齿轮时，取一个齿槽 ac 来分析，滚刀由 a 点开始切削，滚刀做轴向进给运动 f，最后要到 b 点，而与齿槽 ac 不相符合。为了切出斜齿轮的齿槽 ac，被切齿轮必须有一个附加转动，使滚刀切到 b 点时，齿轮上的 c 点也到达 b 点，即齿轮要多转一点(同旋向多转)。当用右旋滚刀滚切左旋齿轮时，情况相反(见图 2-44(c))，齿轮要少转一点(异旋向少转)。由于斜齿轮的齿槽是一个螺旋槽，故当滚刀垂直向下送进一个导程 L 时，被切齿轮应多转或少转 1 转。

3) 滚切蜗轮

由图 2-45 可见，滚切蜗轮时，滚刀应水平放置，滚刀轴线应在蜗轮中心平面内。滚刀的旋转是主运动，分齿运动应保证被切蜗轮的转速 n_ω 与滚刀转速 n_0 符合蜗轮、蜗杆的速比关系，即滚刀转 1 转时，蜗轮应转过 k/z 转(k 为蜗杆头数，z 为蜗轮齿数)。径向进给运动由蜗轮或滚刀来实现，滚刀从齿顶部分开始切削，一直切到齿高符合要求为止。

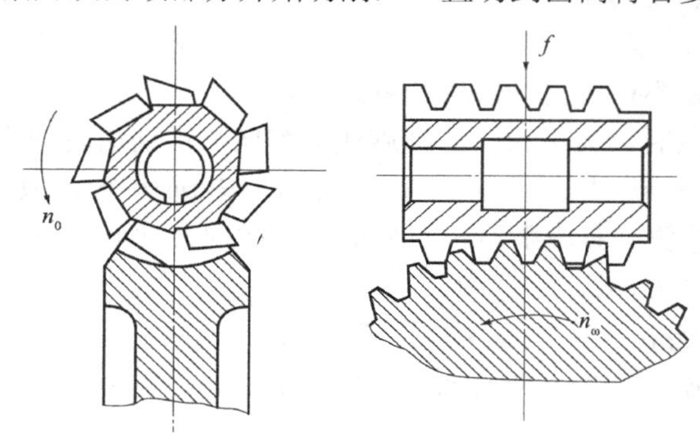

图 2-45 滚切蜗轮的运动

必须指出，滚切蜗轮用的滚刀，其模数、齿距、斜齿的旋向和螺旋升角λ等，必须和该蜗轮相啮合的蜗杆完全一样，才能加工出合格的蜗轮。

4) 滚齿和插齿的比较

滚齿和插齿一般都能保证 7～8 级精度。若采用精密插齿或滚齿，则可以达到 6 级精度。但是用滚齿法加工齿轮，可以获得较高的运动精度。这是由于插齿机的传动机构中比滚齿机多了一个传动刀具的蜗轮副，增加了分度传动误差；插齿刀的全部刀齿都参与工作，刀具的齿距累积误差必然要反映到齿轮上，而滚齿不存在这些问题。必须指出，用插齿法加工齿轮的齿形精度比滚齿高，齿面的表面粗糙度值也较小。这是由于插齿刀的制造、刃磨等均比滚刀方便，容易制造得较精确，又没有滚刀齿形的近似造型误差，故插齿的齿形精度较高。插齿时在齿宽方向是连续切削，包络齿面的刀齿数较多(圆周进给量较小)，而使齿面表面粗糙度值较小(Ra 为 1.6 μm)。滚齿的生产率一般比插齿高，由于插齿的主运动为往复直线运动，切削速度受到冲击和惯性力的限制。此外，插齿刀有回程的时间损失。但是，对于模数较小、齿圈较薄的小齿轮以及扇形齿轮，插齿的生产率比滚齿高，因为滚齿有较大的“切入”时间损失和空程时间损失。

滚齿的通用性比插齿好，用一把滚刀可以加工模数和压力角相同的直齿轮和任意螺旋角的斜齿轮，而插齿则不能。用滚齿法还可以加工蜗轮。但是加工齿圈靠近的多联齿轮，以及按展成法加工内齿轮、人字齿轮、齿条、带凸台的齿轮等，只能用插齿法加工。

3．剃齿

剃齿一般可达到 6～7 级精度，齿面表面粗糙度 Ra 为 0.4～0.8 μm，剃齿的生产率高，在成批生产中主要用于滚(或插)齿预加工后，淬火前的精加工。

剃齿是利用一对交错轴斜齿轮啮合的原理在剃齿机上进行的。盘形剃齿刀(见图 2-46)实质上是一个高精度的斜齿轮，每个齿的齿侧沿渐开线方向开槽以形成刀刃(见图 2-47)。加工时工件装在工作台上的顶尖间，由装在机床主轴上的剃齿刀带动工件自由转动。剃齿刀与工件间应有一定的夹角 ϕ，使剃齿刀与工件的齿向一致，两者形成无侧隙双面紧密啮合。由于剃齿刀和工件相当于一对交错轴斜齿轮，故在接触点的切向分速度不一致，这样工件的齿侧面沿剃齿刀的齿侧面就产生滑移，利用这种相对滑移，在齿面上切下细丝状的切屑。剃齿刀与工件轴线夹角 $\phi=\beta_{工}\pm\beta_{刀}$，$\beta_{工}$、$\beta_{刀}$分别为工件、剃齿刀的分度圆螺旋角，两者螺旋同向时取“+”号，反向时取“−”号。图 2-48 为左旋剃齿刀剃削右旋齿轮的啮合状况。在啮合点 O，剃齿刀与工件的圆周速度分别为 $v_{刀}$和 $v_{工}$，可以分解为法向分速度 $v_{刀法}$、$v_{工法}$和切向分速度 $v_{刀切}$、$v_{工切}$。其中法向分速度 $v_{刀法}=v_{工法}$，而 $v_{刀}$和 $v_{工}$间有一夹角，故两者的切向分速度不等，因而在齿面间产生相对滑移速度 v_0，v_0 即为切削速度。ϕ 值越大，则 v_0 越大，但会使刀具与工件接触不良，一般取 ϕ=10°～15°。

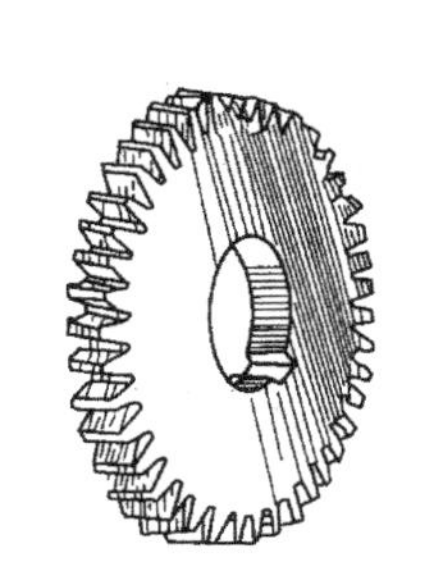

图 2-46　盘形剃齿刀

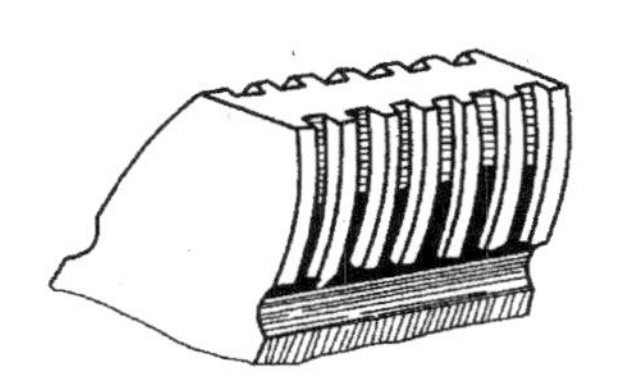

图 2-47　剃齿刀刀齿

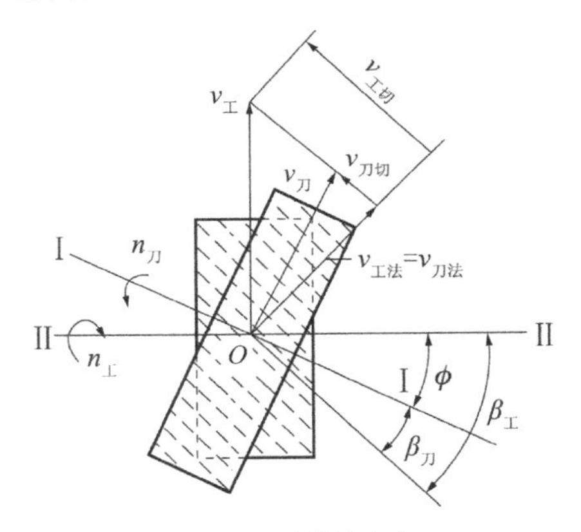

图 2-48　剃削速度

由于剃齿刀与工件啮合时为点接触，为了剃出整个齿侧面，工作台必须带着工件做纵向往复运动，工作台每次行程后，剃齿刀带动工件反转，以剃出另一齿侧面。工作台每次双行程后还应作径向进给，逐步剃去所留余量，得到所需的齿厚。

剃齿时由于刀具与工件之间没有强制性的运动关系，不能保证分齿均匀，因此剃齿对纠正运动误差的能力较差。但是，剃齿刀的精度高，工件的基节偏差、齿形误差和齿向误差均能在刀具与工件的相互对滚中得到改善，故剃齿后齿轮的平稳性精度、接触精度都能提高。此外，轮齿表面粗糙度也能减小。

4．珩齿

珩齿是对淬硬齿轮进行精加工的方法之一。其原理和运动与剃齿相同，主要区别就是刀具不同，以及珩磨轮的转速比剃齿刀高。珩磨轮是珩齿的刀具，它是由磨料加环氧树脂等材料浇铸或热压而成，齿形精度较高的斜齿轮。珩磨齿时，珩磨轮与工件在自由对滚过程中，借齿面间的一定压力和相对滑动，由磨粒来进行切削。由于珩磨轮的磨削速度较低(1～3 m/s)，加之磨料粒度较细，结合剂弹性较大，因此珩磨实际上是一种低速磨制、研磨和抛光的综合过程。珩齿时齿面间除了沿齿向产生滑动进行切削外，沿渐开线方向的滑动也使磨粒能切削，因此齿面的刀痕纹路比较复杂而使表面粗糙度显著变小。加上珩齿的切削速度低，齿面不会产生烧伤和裂纹，故齿面质量较好。

珩齿目前主要用来切除热处理后齿面上的氧化皮及毛刺。其加工精度在很大程度上取决于前工序的加工精度和热处理的变形量。珩齿一般能加工 6～7 级精度齿轮，轮齿表面粗糙度 Ra 可达 0.4～0.8 μm。珩齿的生产率高，在成批、大量生产中得到广泛的应用。

5．磨齿

磨齿是目前齿形精加工中加工精度最高的方法，对磨齿前的加工误差及热处理变形有较强的修正能力，加工精度可达 3～6 级，轮齿表面粗糙度 Ra 可达 0.2～0.8 μm。但其加工成本高，生产率较低，多用于齿形淬硬后的光整加工。

磨齿生产中常用展成法，是根据齿轮、齿条啮合原理来进行加工的。按砂轮形状的不同，分为以下几种：

(1) 碟形砂轮磨齿(见图 2-49(a))。两片碟形砂轮倾斜安装，构成假想齿条的两个齿面。磨齿时砂轮高速旋转，工件一面转动一面移动，同时沿轴向做低速进给运动，在磨完工件的两个齿侧表面后，工件快速退离砂轮，再进行分度，继续磨削下两个齿面。碟形砂轮磨齿精度为 4～5 级，生产率较低。

(2) 锥形砂轮磨齿。砂轮截面修整成假想齿条的一个齿廓，如图 2-49(b)所示。磨削时，砂轮一面高速旋转，一面沿工件轴向做快速往复运动，工件同时既转动又移动，形成齿轮、齿条的啮合运动。在工件的一次左、右往复运动过程中，先后磨出齿槽的两个侧面，然后砂轮快速离开工件，工件自动进行分度，再磨削下一个齿槽。锥形砂轮磨齿的加工精度为 5～6 级，生产率比碟形砂轮磨齿的高。

(3) 蜗杆形砂轮磨齿。用蜗杆形砂轮磨齿时的运动与滚齿相同，如图 2-49(c)所示，砂轮制成蜗杆形状，但直径比滚刀大得多。蜗杆形砂轮磨齿精度一般为 4～5 级，由于连续分度和很高的砂轮转速(2000 r/min)，生产率比前两种方法都高，但蜗杆形砂轮的制造和修整较为困难。

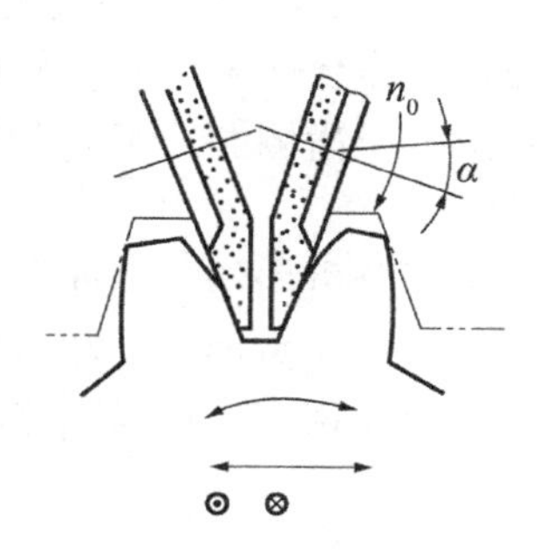

(a) 用两个碟形砂轮磨齿

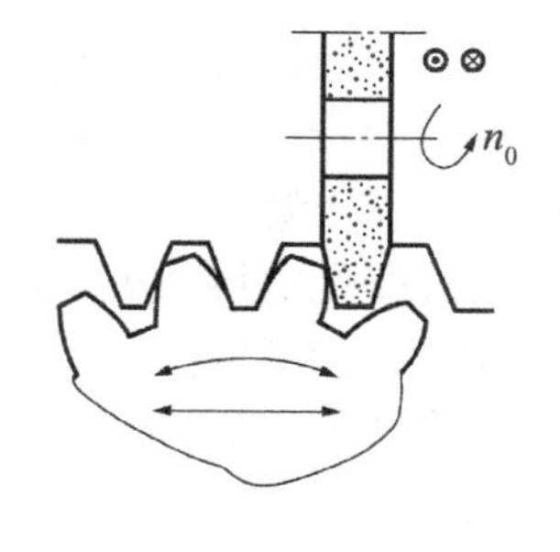

(b) 锥形砂轮磨齿

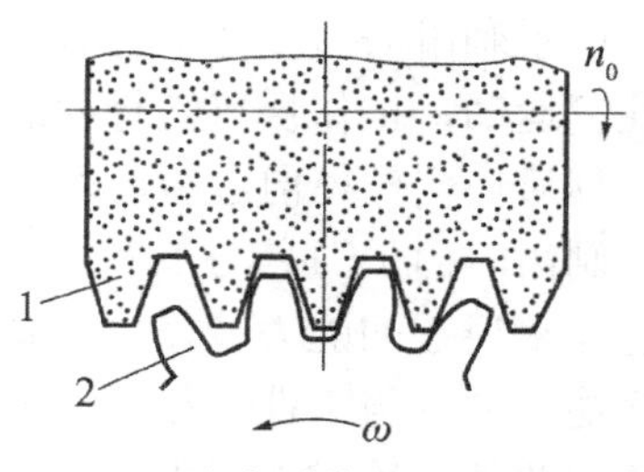

1—蜗杆砂轮；2—工件

(c) 蜗杆形砂轮磨齿

图 2-49　展成磨齿方法

第 3 章　典型零件工艺规程

3.1　轴类零件机械加工工艺规程制订

【学习目标】　了解轴类零件的结构特点及技术要求；掌握各类轴类零件制订工艺规程时定位基准的选择、表面加工方法的选择、加工顺序的确定等所考虑的因素；具备制订中等复杂程度轴类零件工艺规程的能力。

3.1.1　轴类零件的功用、类型及结构特点

1．轴的功用

轴类零件是机器中的主要零件之一，它的主要功能是支承传动件(齿轮、带轮、离合器等)和传递转矩。

2．轴的常见类型

常见轴的种类如图 3-1 所示。

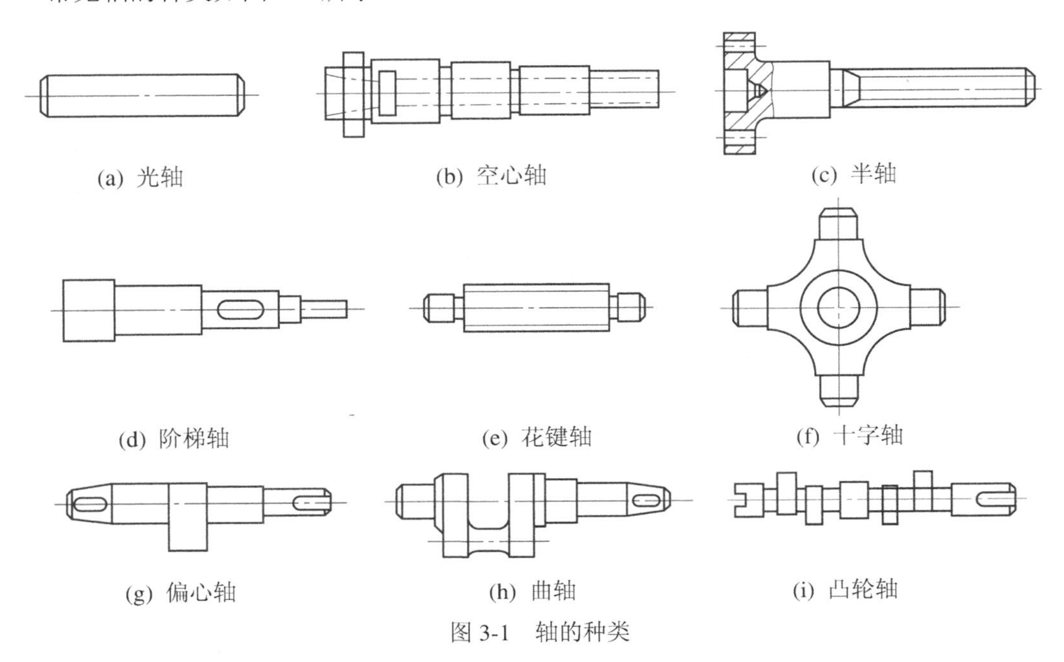

图 3-1　轴的种类

3．轴的结构特点

从轴类零件的结构特征来看，它们都是长度 L 大于直径 d 的旋转体零件，若 $L/d \leqslant 12$，

则通常称为钢性轴；若 $L/d>12$，则称为挠性轴。其加工表面主要有内外圆柱面、内外圆锥面、螺纹、花键、沟槽等。

3.1.2　轴类零件的技术要求

1．尺寸精度

轴类零件的支承轴颈一般与轴承配合，是轴类零件的主要表面，它影响轴的旋转精度与工作状态。通常对其尺寸精度要求较高，为 IT5～IT7，装配传动件的轴颈尺寸精度要求可低一些，为 IT6～IT9。

2．形状精度

轴类零件的形状精度主要是指支承轴颈的圆度、圆柱度，一般应将其限制在尺寸公差范围内，对精度要求高的轴，应在图样上标注其形状公差。

3．位置精度

保证配合轴颈(装配传动件的轴颈)相对支承轴颈(装配轴承的轴颈)的同轴度或跳动量，是轴类零件位置精度的普遍要求，它会影响传动件(齿轮等)的传动精度。普通精度轴的配合轴颈对支承轴颈的径向圆跳动一般规定为 0.01～0.03 mm，高精度轴为 0.001～0.005 mm。

4．表面粗糙度

一般与传动件相配合的轴颈的表面粗糙度 Ra 值为 2.5～0.63 μm，与轴承相配合的支承轴颈的表面粗糙度 Ra 值为 0.16～0.63 μm。

3.1.3　轴类零件的材料、毛坯及热处理

1．轴类零件的材料

轴类零件应根据不同工作条件和使用要求选用不同的材料和不同的热处理，以获得一定的强度、韧性和耐磨性。45# 钢是一般轴类零件常用的材料，经过调质可得到较好的切削性能，而且能获得较高的强度和韧性等综合力学性能，重要表面经局部淬火后再回火，表面硬度可达 45～52HRC。40Cr 等合金结构钢适用于中等精度而转速较高的轴，这类钢经调质和表面淬火处理后，具有较高的综合力学性能。轴承钢 GCr15 和弹簧钢 65Mn 可制造较高精度的轴，这类钢经调质和表面高频感应加热淬火后再回火，表面硬度可达 50～58HRC，并具有较高的耐疲劳性。对于高转速、重载荷等条件下工作的轴，可选用 20CrMoTi、20Mn2B 等低碳合金钢或 38CrMoAL 中碳合金渗氮钢。低碳合金钢经正火和渗碳淬火处理后可获得很高的表面硬度、较软的芯部，因此耐冲击韧性好，但缺点是热处理变形较大；对于渗氮钢，由于渗氮温度比淬火低，经调质和表面渗氮后，变形很小而硬度却很高，具有很好的耐磨性和耐疲劳强度。

2．轴类零件的毛坯

轴类零件最常用的毛坯是圆棒料和锻件，只有某些大型或结构复杂的轴(如曲轴)，在质量允许时才采用铸件。由于毛坯经过加热锻造后，能使金属内部纤维组织沿表面均匀分布，可获得较高的抗拉、抗弯及抗扭，所以除光轴直径相差不大的阶梯轴可使用热轧棒料

或冷拉棒料外，一般比较重要的轴大都采用锻件，这样既可改变力学性能，又能节约材料、减少机械加工量。

根据生产规模的大小，毛坯的锻造方式有自由锻和模锻两种。自由锻设备简单、容易投产，但所锻毛坯精度较差、加工余量大且不易锻造形状复杂的毛坯，所以多用于中小批量生产；模锻的毛坯制造精度高、加工余量小、生产率高，可以锻造形状复杂的毛坯，但模锻需昂贵的设备和专用锻模，所以只适用于大批量生产。

另外，对于一些大型轴类零件，例如低速船用柴油机曲轴，还可采用组合毛坯，即将轴预先分成几段毛坯，经各自锻造加工后，再采用红套等过盈连接方法拼装成整体毛坯。

3. 轴类零件的热处理

轴的质量除与所选钢材种类有关外，还与热处理有关。轴的锻造毛坯在机械加工之前，均需进行正火或退火处理(碳的质量分数大于 0.7%的碳钢和合金钢)，使钢材的晶粒细化(或球化)，以消除锻造后的残余应力，降低毛坯硬度，改善切削加工性能。

凡要求局部表面淬火以提高耐磨性的轴，需在淬火前安排调质处理(有的采用正火)。当毛坯加工余量较大时，调质放在粗车之后、半精车之前，使粗加工产生的残余应力能在调质时消除；当毛坯余量较小时，调质可安排在粗车之前进行。表面淬火一般放在精加工之前，可保证淬火引起的局部变形在精加工中得到纠正。

对于精度要求较高的轴，在局部淬火和粗磨之后，还需安排低温时效处理，以消除淬火及磨削中产生的残余应力和残余奥氏体，控制尺寸稳定；对于整体淬火的精密主轴，在淬火和粗磨后，要经过较长时间的低温时效处理；对于精度更高的主轴，在淬火之后，还要进行定性处理，定性处理一般采用冰冷处理方法，以进一步消除加工应力，保持主轴精度。

3.1.4　轴类零件加工工艺过程与工艺分析

轴类零件的加工工艺过程随结构形状、技术要求、材料种类、生产批量等因素有所差异。日常工艺工作中遇到的大量工作是一般轴的工艺编制，其中机床空心主轴涉及轴类零件加工中的许多基本工艺问题，是轴类零件中很有代表性的零件，本节以图 3-2 所示空心主轴的加工工艺过程为例进行分析。

1. 主轴的技术条件分析

从图 3-2 所示的车床主轴零件简图可以看出，支承轴颈 *A*、*B* 是主轴部件的装配基准，它的制造精度直接影响到主轴部件的回转精度，所以对 *A*、*B* 两段轴颈提出很高的加工技术要求。

主轴莫氏锥孔是用来安装顶尖或工具锥柄的，其锥孔轴线必须与支承轴颈的基准轴线严格同轴，否则会使加工工件产生位置等误差。

主轴前端圆锥面和端面是安装卡盘的定位表面，为了保证卡盘的定位精度，这个圆锥面也必须与支承轴颈的轴线同轴、端面与轴线垂直，否则将产生夹具安装误差。

主轴上的螺纹是用来固定零件或调整轴承间隙的，当螺纹与支承轴颈的轴线歪斜时，会造成主轴部件上锁紧螺母的端面与轴线不垂直，导致拧紧螺母时使被压紧的轴承环倾斜，严重时还会引起主轴弯曲变形，因此这些次要表面也有相应的加工精度要求。

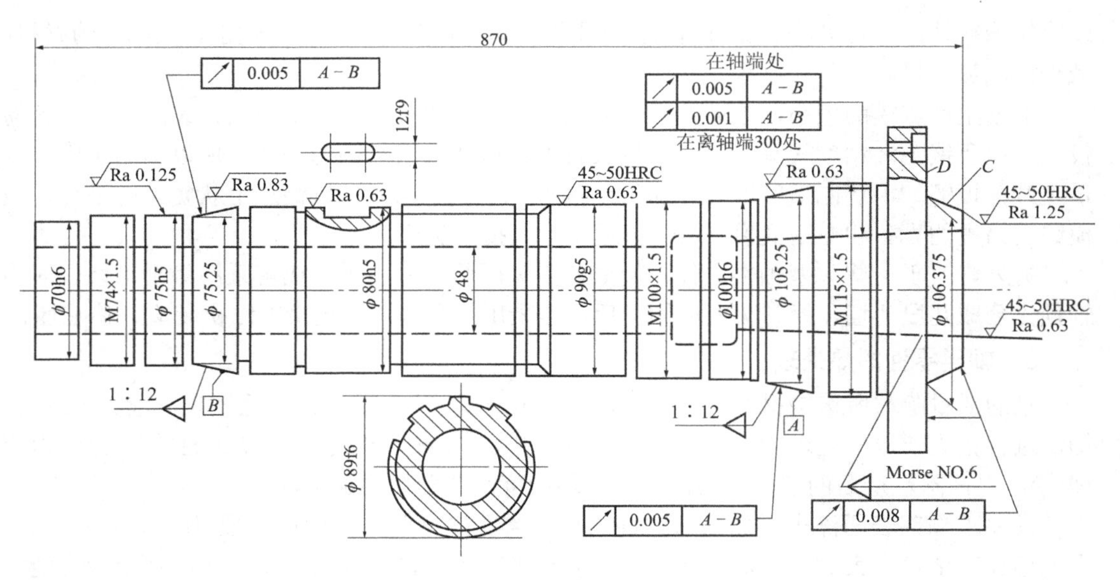

图 3-2 车床主轴零件简图

2. 车床主轴的加工工艺过程

经过对主轴的结构特点与技术要求的分析后，可根据生产批量、设备条件等因素，考虑主轴的工艺过程。表 3-1 为某车床主轴大批量生产的工艺过程。

表 3-1 主轴加工工艺过程

序号	工序名称	工 序 简 图	加工设备
1	备料		
2	精锻		立式精锻机
3	热处理	正火	
4	锯头		
5	铣端面和钻中心孔		专用机床
6	荒车	车各外圆面	卧式机床
7	热处理	调至 220～240HBS	
8	车大端各部	$\phi108^{+0.13}_{0}$ Ra 10 I φ124 φ198 26 16 870 I放大 30° 30° 1.5 13	卧式车床 C620B

续表一

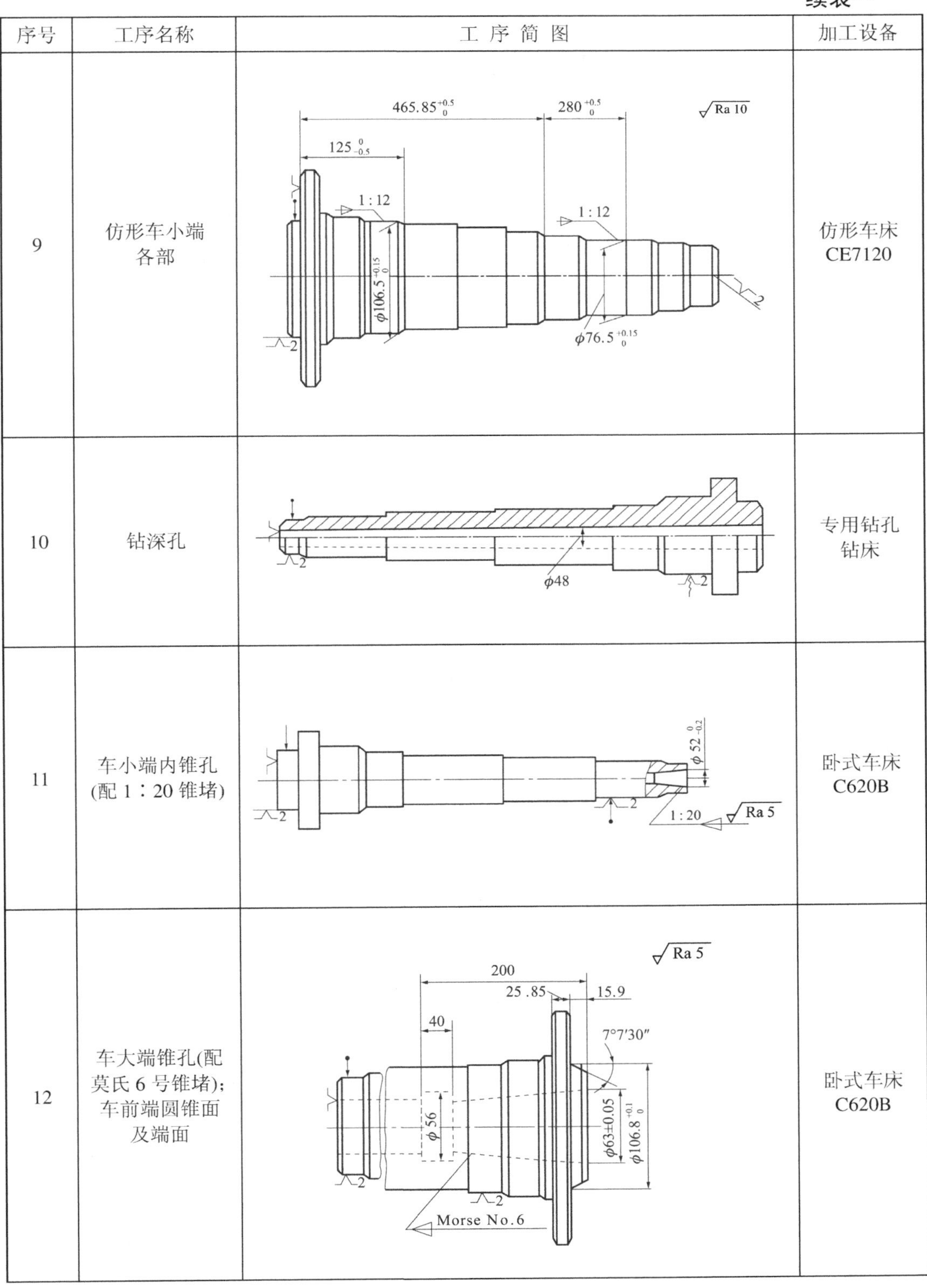

序号	工序名称	工 序 简 图	加工设备
9	仿形车小端各部		仿形车床 CE7120
10	钻深孔		专用钻孔钻床
11	车小端内锥孔(配 1∶20 锥堵)		卧式车床 C620B
12	车大端锥孔(配莫氏 6 号锥堵)；车前端圆锥面及端面		卧式车床 C620B

续表二

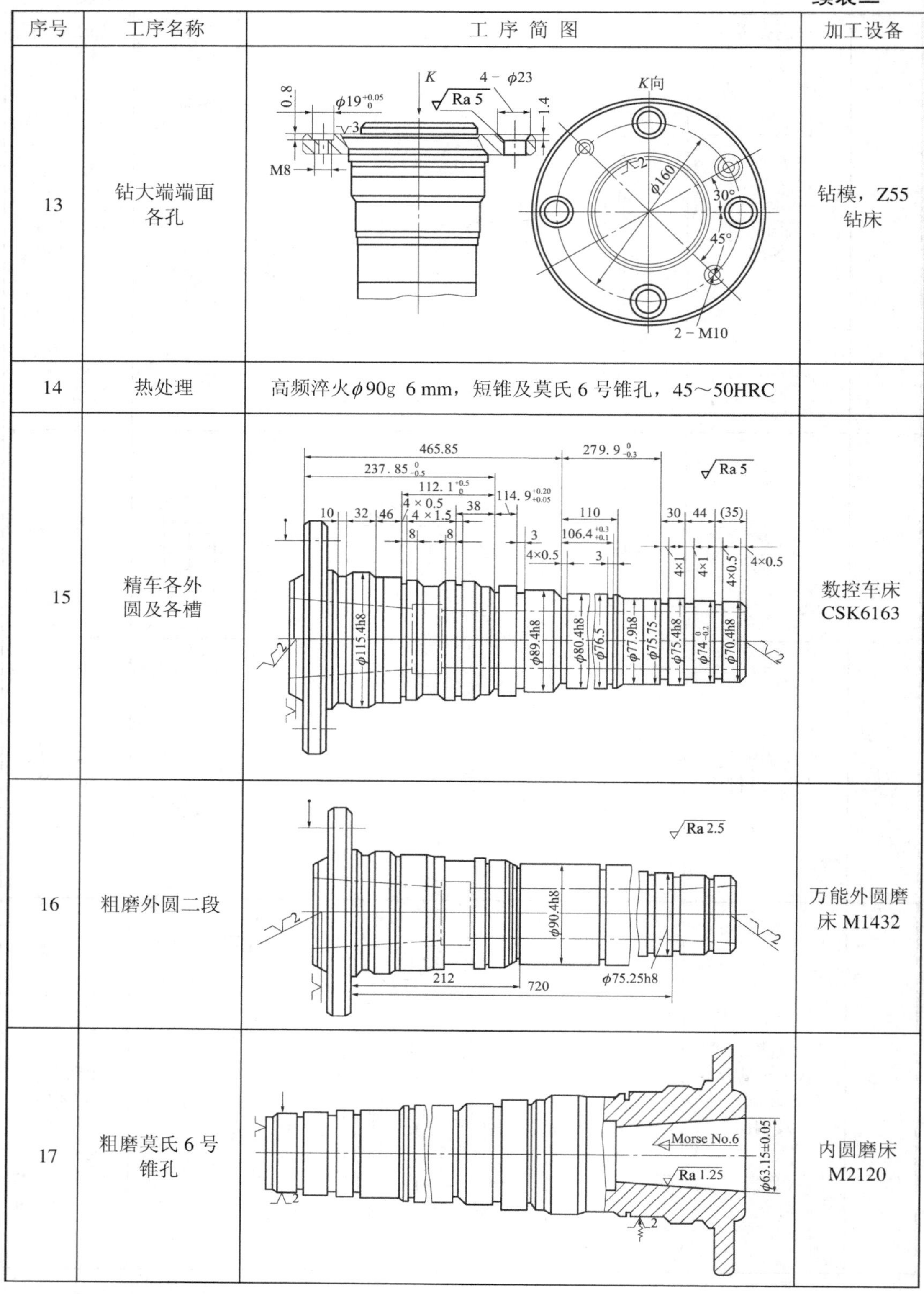

序号	工序名称	工 序 简 图	加工设备
13	钻大端端面各孔		钻模，Z55钻床
14	热处理	高频淬火ϕ90g 6 mm，短锥及莫氏6号锥孔，45～50HRC	
15	精车各外圆及各槽		数控车床CSK6163
16	粗磨外圆二段		万能外圆磨床M1432
17	粗磨莫氏6号锥孔		内圆磨床M2120

续表三

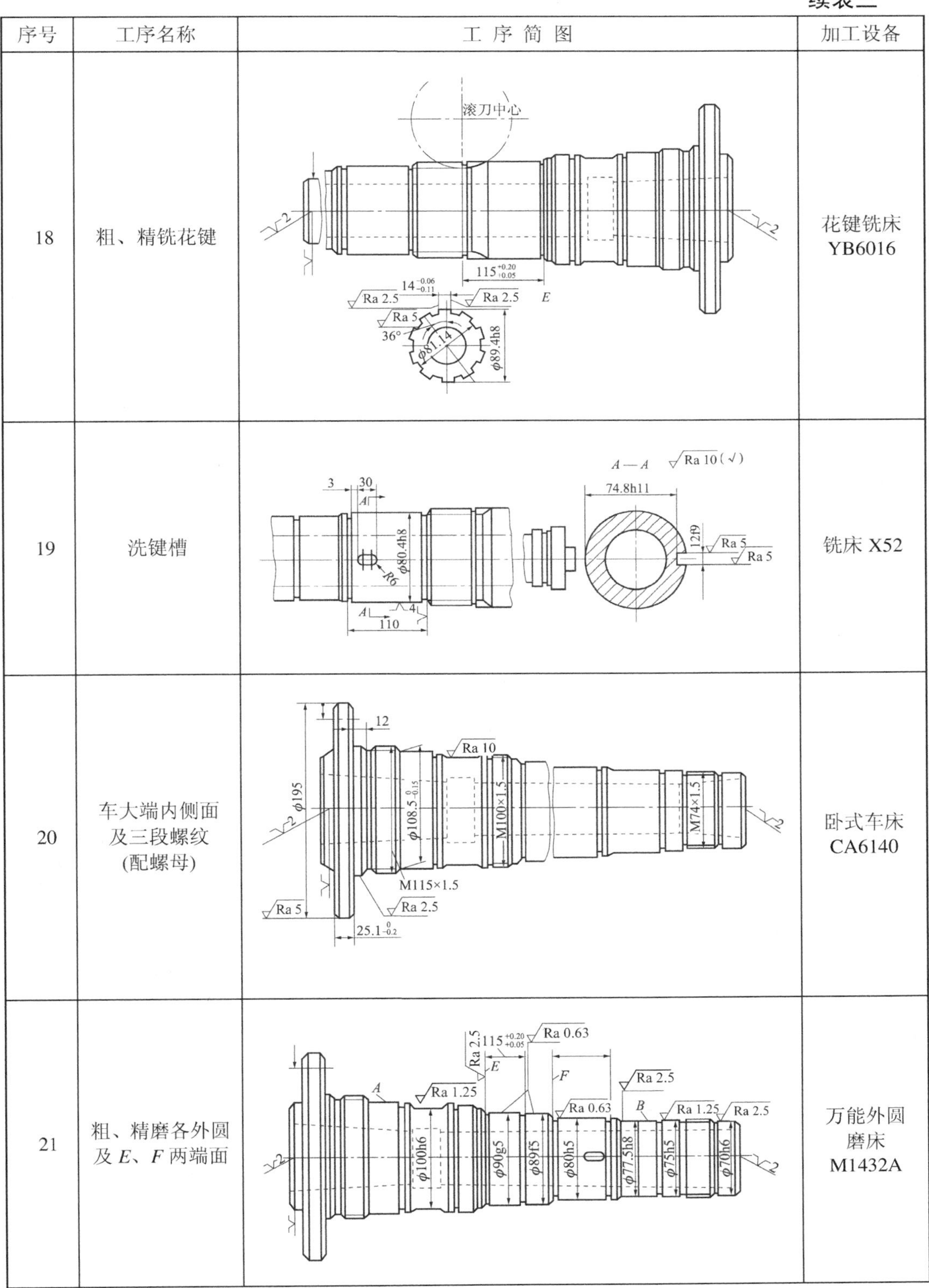

序号	工序名称	工序简图	加工设备
18	粗、精铣花键		花键铣床 YB6016
19	洗键槽		铣床 X52
20	车大端内侧面 及三段螺纹 (配螺母)		卧式车床 CA6140
21	粗、精磨各外圆 及 *E*、*F* 两端面		万能外圆 磨床 M1432A

续表四

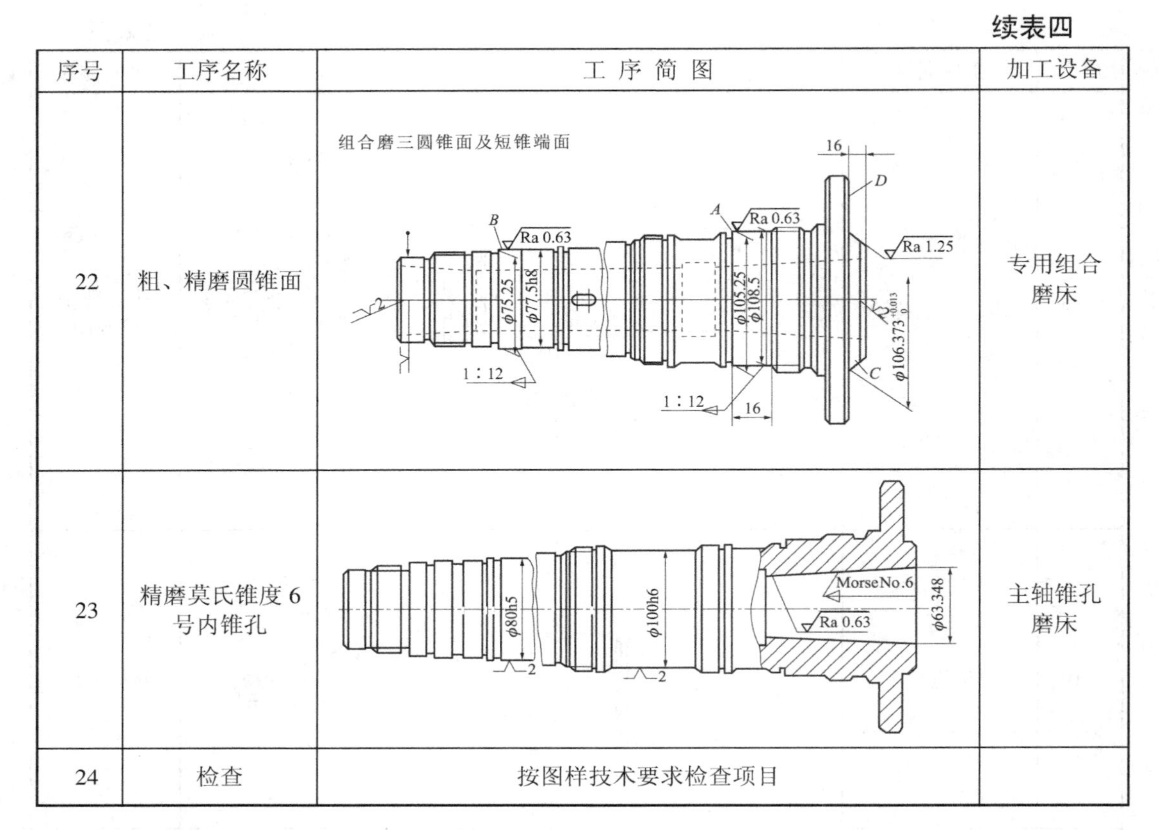

序号	工序名称	工 序 简 图	加工设备
22	粗、精磨圆锥面	组合磨三圆锥面及短锥端面	专用组合磨床
23	精磨莫氏锥度6号内锥孔		主轴锥孔磨床
24	检查	按图样技术要求检查项目	

3. 车床主轴加工工艺过程分析

从上述主轴加工工艺过程可以看出，在拟定主轴零件加工工艺过程时，应考虑下列一些共性问题。

1) 定位基准的选择与转换

轴类零件的定位基准，最常用的是两中心孔，它是辅助基准，工作时没有作用。采用两中心孔作为统一的定位基准加工各外圆表面，不但能在一次装夹中加工出多处外圆和端面，而且可确保各外圆轴线间的同轴度以及端面与轴线的垂直度要求，符合基准统一原则。因此，只要有可能，就应尽量采用中心孔定位。

对于空心主轴零件，在加工过程中，作为定位基准的中心孔因钻出通孔而消失，为了在通孔加工之后还能使用中心孔作定位基准，一般都采用带有中心孔的锥堵或锥套心轴，如图3-3所示。

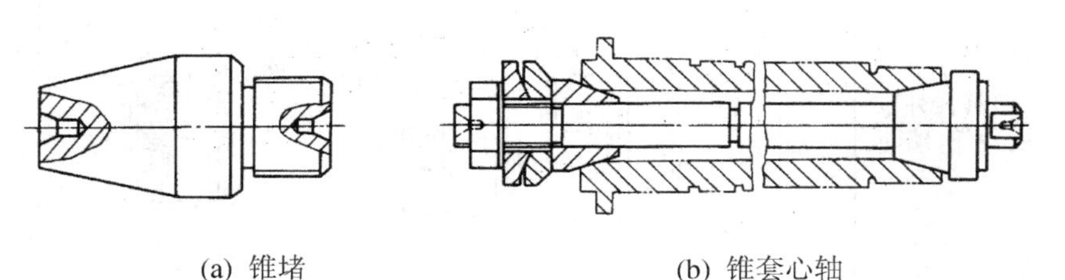

(a) 锥堵　　(b) 锥套心轴

图3-3　锥堵与锥套心轴

采用锥堵时应注意的问题：锥堵应具有较高的精度，锥堵的中心孔既是锥堵本身制造的定位基准，又是磨削主轴的精基准，所以必须保证锥堵上的锥面与中心孔轴线有较高的同轴度；在使用锥堵过程中，应尽量减少锥堵的装拆次数，因为工件锥孔与锥堵上的锥角不可能完全一致，重新拆装会引起安装误差，所以对中小批量生产来说，锥堵安装后一般不能中途更换。但对有些精密主轴，外圆和锥孔要反复多次互为基准进行磨削加工。在这种情况下，重新镶配锥堵时需按外圆进行找正和修磨锥堵上的中心孔。另外，热处理时还会发生中心通孔内气体膨胀而将锥堵推出，因此需注意在锥堵上钻一轴向透气孔，以便气体受热膨胀时逸出。

为了保证锥孔轴线和支承轴颈(装配基准)轴线的同轴，磨主轴锥孔时，选择主轴的装配基准——前后支承轴颈作为定位基准，这样符合基准重合原则，使锥孔的径向圆跳动易于控制。还有一种情况，在外圆表面粗加工时，为了提高零件的装夹刚度，常采用一夹一顶方式，即主轴的一头外圆用卡盘夹紧，另一头使用尾座顶尖顶住中心孔。

从表 3-1 所示主轴加工工艺过程来看，定位基准的使用与转换大体为：工艺过程一开始，以外圆为粗基准铣端面、钻中心孔，为粗车外圆准备好定位基准；车大端各部外圆，采用中心孔作为统一基准，并且又为深孔加工准备好定位基准；车小端各部，则使用已车过的一端外圆和另一端中心孔作为定位基准(一夹一顶方式)；钻深孔采用前后两挡外圆作为定位基准(一夹一托方式)；之后，先加工好前后锥孔，以便安装锥堵，为精加工外圆准备好定位基准；精车和磨削各挡外圆，均统一采用两中心孔作为定位基准；终磨锥孔之前，必须磨好轴颈表面，以便使用支承轴颈作为定位基准，使主轴装配基准与加工基准一致，消除基准不重合引起的定位误差，获得锥孔加工的精度。

2) 工序顺序的安排

(1) 加工阶段划分。由于主轴是多阶梯带通孔的零件，切除大量的金属后会引起残余应力重新分布而变形，因此在安排工序时，应将粗、精加工分开，先完成各表面的粗加工，再完成各表面的半精加工与精加工，主要表面的精加工放在最后进行。

对主轴加工阶段的划分大体为：荒加工阶段为准备毛坯；正火后，粗加工阶段为车端面和钻中心孔、粗车外圆；调质处理后，半精加工阶段是半精车外圆、端面、锥孔；表面淬火后，精加工阶段是主要表面的精加工，包括粗、精磨各级外圆，精磨支承轴颈、锥孔。各阶段的划分大致以热处理为界。整个主轴加工的工艺过程，就是以主要表面(特别是支承轴颈)的粗加工、半精加工和精加工为主线，穿插其他表面的加工工序而组成的。

(2) 外圆表面的加工顺序。外圆表面应先加工大直径外圆，然后加工小直径外圆，以免一开始就降低了工件的刚度。

(3) 深孔加工工序的安排。该工序安排时应注意两点：第一，钻孔安排在调质之后进行，因为调质处理变形较大，深孔会产生弯曲变形。若先钻深孔，后进行调质处理，则孔的弯曲得不到纠正，这样不仅影响使用时棒料通过主轴孔，而且还会带来因主轴高速转动不平衡而引起的振动。第二，深孔应安排在外圆粗车或半精车之后，以便有一个较精确的轴颈作定位基准(搭中心架用)，保证孔与外圆轴线的同轴度，使主轴壁厚均匀。如果仅从定位基准考虑，希望始终用中心孔定位，避免使用锥堵，而将深孔加工安排到最后工序，然而，由于深孔加工毕竟是粗加工、发热量大，会破坏外圆加工表面的精度，故该方案不可取。

(4) 次要表面加工的安排。主轴上的花键、键槽、螺纹、横向小孔等次要表面的加工，通常均安排在外圆精车、粗磨之后或精磨外圆之前进行。这是因为如果在精车前就铣出键槽，精车时因断续切削而产生振动，既影响加工质量，又容易损坏刀具；另一方面，也难以控制键槽的深度尺寸。但是这些加工也不宜放在主要表面精磨之后，以免破坏主要表面已获得的精度。主轴上的螺纹有较高的要求，应注意安排在最终热处理(局部淬火)之后，以克服淬火后产生的变形，而且车螺纹使用的定位基准与精磨外圆使用的基准应当相同，否则也达不到较高的同轴度要求。

3.1.5　曲轴机械加工工艺规程制订

1．概述

1) 曲轴的功用和结构特点

曲轴是将直线运动转变成旋转运动，或将旋转运动变成直线运动的零件。它是往复式发动机、压缩机、剪切机与冲压机械的重要零件。曲轴的结构与一般轴不同，它由主轴颈、连杆轴颈、主轴颈与连杆轴颈之间的连接板组成，其结构细长且多曲拐，刚性差，因而安排曲轴加工过程时应考虑到这些特点。

2) 主要技术要求

曲轴的主要技术要求如下：

(1) 主轴颈、连杆轴颈本身的精度，即尺寸公差等级为IT6，表面粗糙度Ra值为0.63～1.25 μm。轴颈长度公差等级为IT9～IT10。轴颈的形状公差，如圆度、圆柱度控制在尺寸公差之半。

(2) 位置精度，包括主轴颈与连杆轴颈的平行度，一般为100 mm之内不大于0.02 mm；曲轴各主轴颈的同轴度，小型高速曲轴为0.025 mm，中大型低速曲轴为0.03～0.08 mm。

(3) 各连杆轴颈的位置度不大于±20'。

3) 材料与毛坯

曲轴工作时要承受很大的转矩及交变的弯曲应力，容易产生扭振、折断及轴颈磨损，因此要求用材应有较高的强度、冲击韧性、疲劳强度和耐磨性。常用材料有：一般曲轴为35、40、45# 钢或球墨铸铁QT600−2；对于高速、重载曲轴，采用40Cr、35CrMoAl、42Mn2V等材料。

曲轴的毛坯由批量大小、尺寸、结构及材料品种来决定。批量较大的小型曲轴采用模锻；单件小批量的中大型曲轴采用自由锻造；球墨铸铁材料则采用铸造毛坯。

2．曲轴机械加工工艺规程制订

1) 曲轴加工工艺过程

以图3-4所示的三拐曲轴为例介绍其工艺过程，见表3-2。

2) 曲轴加工的工艺特点分析

(1) 图3-4所示的零件是三拐小型曲轴，生产批量不大，故选用中心孔定位，它是辅助基准，装夹方便，节省找正时间，又能保证三处连杆轴颈的位置精度。但轴两端的轴颈分别是ϕ20 mm和ϕ25 mm，而三处连杆轴颈中心距分布在ϕ32 mm的圆周上，故不能直接在轴端面上钻三对中心孔。于是，在曲轴毛坯制造时，预先铸造两端ϕ45 mm 的工艺搭子(见图3-5)，这样就可以在工艺搭子上钻出四对中心孔，达到用中心孔定位的目的。

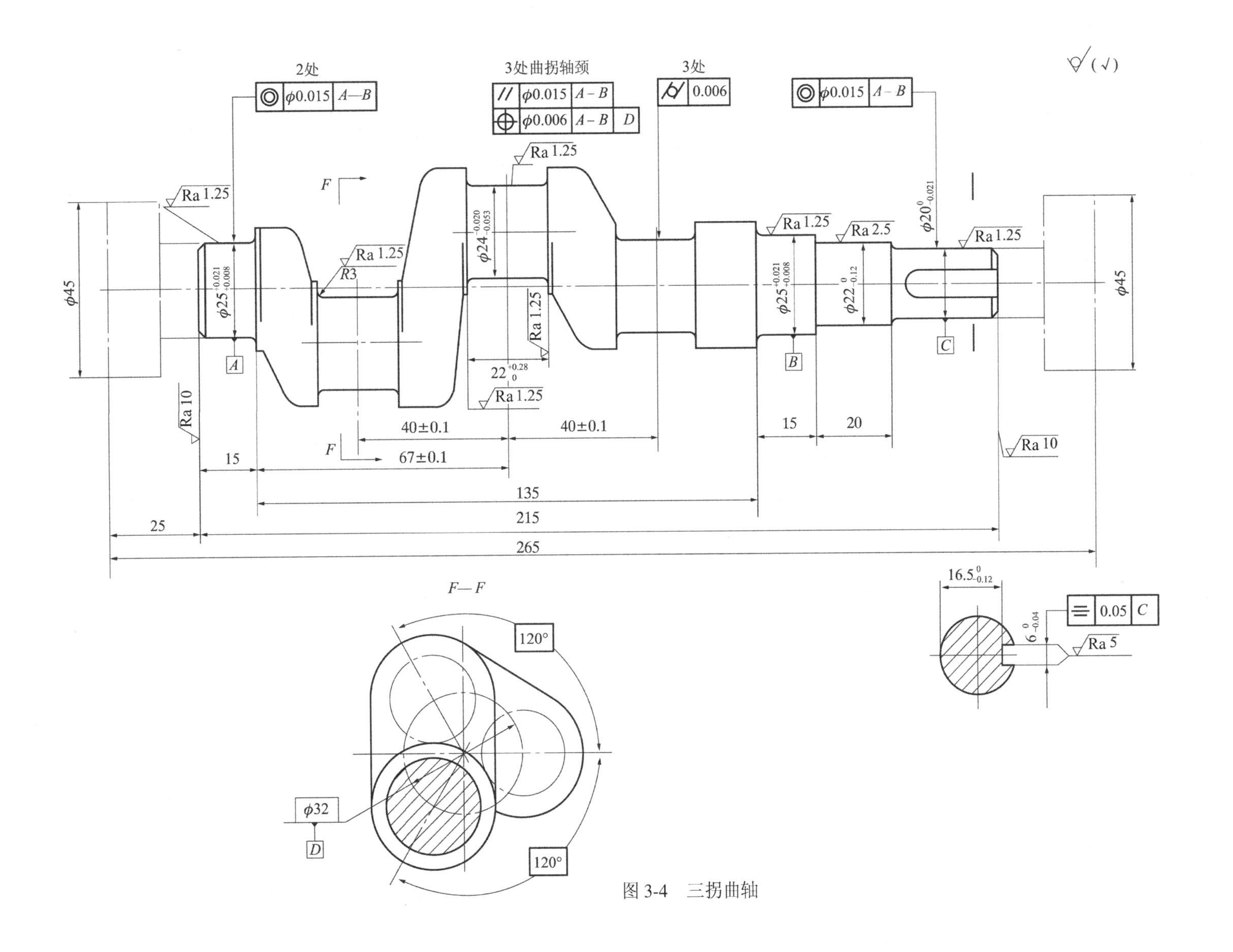
2处
φ0.015 A—B
3处曲拐轴颈
φ0.015 A−B
φ0.006 A−B D
3处
0.006
φ0.015 A−B
(√)
Ra 1.25
Ra 1.25
R3
Ra 1.25
Ra 1.25
Ra 1.25
Ra 1.25
Ra 2.5
Ra 1.25
Ra 10
Ra 10
F
F
φ45
φ45
A
B
C
40±0.1
40±0.1
67±0.1
15
15
20
135
215
25
265
F—F
120°
120°
φ32
D
0.05 C
Ra 5

图 3-4　三拐曲轴

表 3-2　三拐曲轴工艺过程

工序号	工序名称	工序内容	定位及夹紧
1	铸	铸造，清理	
2	热处理	正火	
3	铣	铣两端面，总长 265 mm(两端留工艺搭子，见图 3-4 中双点划线)	两主轴颈
4	车	套车两端工艺搭子外圆至ϕ45 mm(工艺要求)，钻两端主轴颈中心孔	主轴颈，连杆轴颈
5	钻	在两端工艺搭子上钻三对连杆轴颈中心孔	主轴颈中心孔，连杆轴颈
6	检验		
7	车	车工艺搭子端面，粗、精车三个连杆轴颈 $\phi24_{-0.053}^{-0.020}$，留磨量 0.5 mm	对应的三对中心孔
8	车	粗车各处外圆，留加工余量 2 mm	主轴颈中心孔
9	车	粗车各处外圆，留磨量 0.5 mm	主轴颈中心孔
10	检验		
11	磨	精磨三个连杆轴颈外圆至图样要求	对应的三对中心孔
12	磨	精磨两主轴颈 $\phi25_{+0.008}^{+0.021}$ 至图样要求	两端主轴颈中心孔
13	磨	精磨 $\phi20_{-0.12}^{0}$ 和 $\phi20_{-0.021}^{0}$ 至图样要求	两端主轴颈中心孔
14	检验		
15	车	切除两端工艺搭子	两主轴颈外圆
16	车	车两端面，取全长至 215 mm，倒角，表面粗糙度 Ra 值为 10 μm	两主轴颈外圆
17	铣	铣键槽至图样要求	主轴颈，连杆轴颈
18	钳	去毛刺	
19	检验		

(2) 在工艺搭子端面上钻四对中心孔，先以两主轴颈为粗基准，钻好主轴颈的一对中心孔(工序 4)；然后以这一对中心孔定位，以连杆轴颈为粗基准划线，再将曲轴放到回转工作台上，加工ϕ32 mm、圆周 120° 均布的三个连杆轴颈的中心孔(工序 5)，这样就保证了它们之间的位置精度。

(3) 该零件刚性较差，应按先粗后精的原则安排加工顺序，逐步提高加工精度。对于主轴颈与连杆轴颈的加工顺序是，先加工三个连杆轴颈，然后再加工主轴颈及其他各处的外圆(工序 7～工序 13)，这样安排可以避免一开始就降低工件刚度，减少受力变形，有利于提高曲轴加工精度。

(4) 由于使用了工艺搭子，铣键槽工序安排在切除中心孔后进行，故磨外圆工序必须提前在还保留工艺搭子中心孔时进行(工序 13)，要注意防止已磨好的表面被碰伤。

要补充说明的是，在汽车、拖拉机制造业中，由于产量较大，不用工艺搭子或者对于偏心距较大的曲轴或中型曲轴，不便在两端附加工艺搭子，则加工连杆轴颈时，可利用已加工过的主轴颈定位，安装到专用的偏心卡盘分度夹具中，使连杆轴颈的轴线与转动轴线 4 重合，如图 3-5 所示。连杆轴颈之间的角度位置精度靠夹具上的分度装置来保证，加工时(多拐曲轴)依次加工同一轴线上的连杆轴颈及曲柄端面，工件 2 通过在夹具体 3 上的分度板 1 与分度定位销 5 分度。由于曲轴偏心装夹，虽然卡盘上装有平衡块，但曲轴回转时仍免不了产生振动，所以必须适当降低主轴转速。对于大批量生产，为了提高其加工生产率，采用专用的半自动曲轴车床，工件能在一次装夹下(仍以主轴颈定位)对所有连杆轴颈同时车削；专用自动曲轴磨床也能对所有连杆轴颈同时磨削。

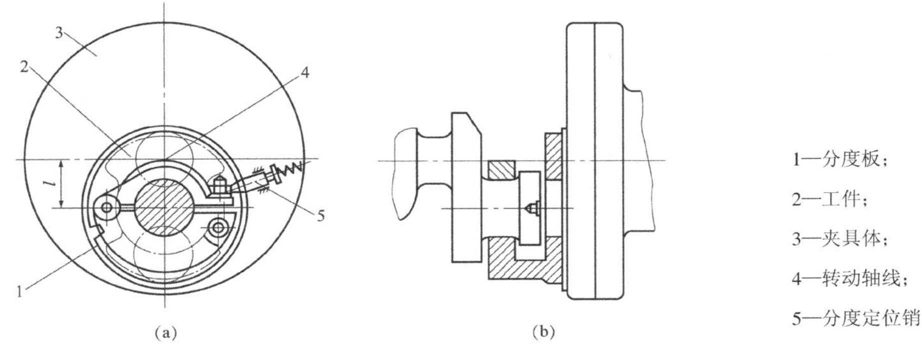

1—分度板；2—工件；3—夹具体；4—转动轴线；5—分度定位销

图 3-5　偏心卡盘分度夹具

3.1.6　丝杠机械加工工艺规程制订

丝杠加工的工艺过程根据被加工材料、结构、技术要求、生产类型及工厂具体生产条件而有所不同，但总的工艺过程还是属于轴类零件加工，与前述主轴加工工艺有许多共同之处。表 3-3 为图 3-6 所示某机床滚珠丝杠零件的加工过程。

表 3-3　滚珠丝杠加工工艺过程

工序号	工序名称	工 序 内 容	安装及夹紧
1	备料	热轧圆钢ϕ65 mm×1715 mm	
2	热处理	球化退火	
3	车	车割试样，试样尺寸为ϕ45 mm×8 mm，车割后应保证零件总长为 1703 mm	外圆
4	磨	在平面磨床上磨试样两平面(磨出即可)，表面粗糙度 Ra 值为 1.25 μm	
5	检验	检验试样，要求试样球化等级 1.5～4 级，网状组织小于 3 级，待试样合格后方可转入下道工序	
6	热处理	调质，硬度为 250HBS，校直	
7	粗车	粗车各部外圆，均留加工余量为 6 mm	中心孔及外圆
8	钳	划线，钻ϕ10 mm 起吊通孔	外圆及端面
9	热处理	时效处理，除应力，要求全长弯曲小于 1.5 mm，不得冷校直	
10	车	车两端面，取总长为 1697 mm，修正两端中心孔，要求 60°锥面的表面粗糙度 Ra 值为 2.5 μm； 车外圆ϕ60 mm 处至$\phi 60^{+0.40}_{+0.30}$ mm，滚珠螺纹大径ϕ54 mm 处至$\phi 56^{+0.40}_{+0.20}$ mm，车锥度 1∶12，留磨量 1.1～1.2 mm，车螺纹 M33 mm ×1.5 mm-7h 大径至$\phi 33^{+0.50}_{+0.30}$mm，车螺纹 M39 mm×1.5 mm-7h 大径至$\phi 39^{+0.80}_{+0.60}$ mm，车其余各外圆，均按图样基本尺寸留加工余量 1.4～1.5 mm，各部倒角。工艺要求：各外圆、锥面相互跳动 0.25 mm，加工后应垂直吊放	中心孔及外圆

续表

工序号	工序名称	工 序 内 容	安装及夹紧
11	粗磨	粗磨滚珠螺纹大径至$\phi 56_{-0.20}^{0}$ mm，磨其他各外圆，均留余量1.1～1.2 mm	中心孔及外圆
12	热处理	按图样技术要求淬硬，中温回火，冰冷处理。工艺要求：全长弯曲小于0.5 mm，两端中心孔硬度为50～56HRC，不得冷校直	
13	检验	检验硬度，磁性探伤，去磁	
14	研	研磨两端中心孔，表面粗糙度Ra值为1.25 μm	
15	粗磨	磨ϕ 60 mm外圆至$\phi 60_{+0.10}^{+0.20}$ mm，磨滚珠螺纹大径至$\phi 55_{0}^{+0.10}$ mm，磨其余各外圆，均留余量0.65～0.75 mm，磨出两端垂直度0.005 mm及表面粗糙度Ra值为1.25 μm的肩面，磨M39 mm × 1.5 mm-7h螺纹大径至$\phi 39_{+0.20}^{+0.30}$ mm，磨M33 mm×1.5 mm-7h螺纹大径至$\phi 33_{+0.20}^{+0.30}$ mm，磨锥度为1∶12，留磨量为0.35 mm～0.45 mm，要求用环规着色检查，接触面50%，完工后垂直吊放	中心孔及外圆
16	检验	磁性探伤，去磁	
17	粗磨	磨滚珠丝杠底槽至尺寸，粗磨滚珠丝杠螺纹，留磨量(三针测量值M= $60.1_{-0.7}^{0}$ mm，量棒直径ϕ 4.2 mm)，齿形用样板透光检查，去不完整牙，完工后垂直吊放	中心孔及外圆
18	检验	磁性探伤，去磁	
19	热处理	低温回火除应力，要求变形不大于0.15 mm，不得冷校直	
20	研	修研两端中心孔，表面粗糙度Ra值为0.63 μm	
21	粗磨	磨ϕ 60 mm外圆至$\phi 60_{-0.20}^{0}$ mm，磨$\phi 45_{-0.05}^{0}$ 外圆至$\phi 45_{+0.30}^{+0.40}$，磨其余各外圆，均留磨量0.3～0.4 mm	中心孔及外圆
22	半精磨	半精磨滚珠螺纹，留精磨余量(三针测量值M= $\phi 59.2_{0}^{+0.20}$ mm，量棒直径ϕ 4.2 mm)，齿形按样板透光检查，完工后垂直吊放	中心孔及外圆
23	热处理	低温回火消除应力，要求全长弯曲小于0.1 mm，不得冷校直	
24	研	修研两端中心孔，表面粗糙度Ra值为0.32 μm，完工后垂直吊放	
25	半精磨	磨ϕ 60 mm外圆(磨出即可)，磨滚珠螺纹大径至图样要求，全长圆柱度为0.02 mm，磨$\phi 45_{-0.05}^{0}$ 外圆至图样要求，磨其余各外圆及端面，外圆均留余量为0.12 mm～0.15 mm，磨M33 mm×1.5 mm-7h螺纹大径、M39 mm×1.5 mm-7h螺纹大径和锥度1∶12，均留余量0.10～0.15 mm。工艺要求：各磨削外圆的圆跳动小于0.005 mm，锥度1∶12的接触面为60%	中心孔及外圆
26	精磨	磨M33 mm×1.5 mm-7h螺纹和M39 mm×1.5 mm-7h螺纹至图样要求	中心孔及外圆
27	精磨	精磨滚珠丝杠螺纹至图样要求，齿间倒圆R 0.3 mm。要求：齿形按样板透光检查(三针测量值M=(59.76 ± 0.10) mm，量棒直径ϕ 4.763 mm)，完工后垂直吊放	中心孔及外圆
28	终磨	终磨各外圆、锥度1∶12及肩面至图样要求，完工后垂直吊放，并涂防锈油(备单配滚珠螺母)	中心孔及外圆

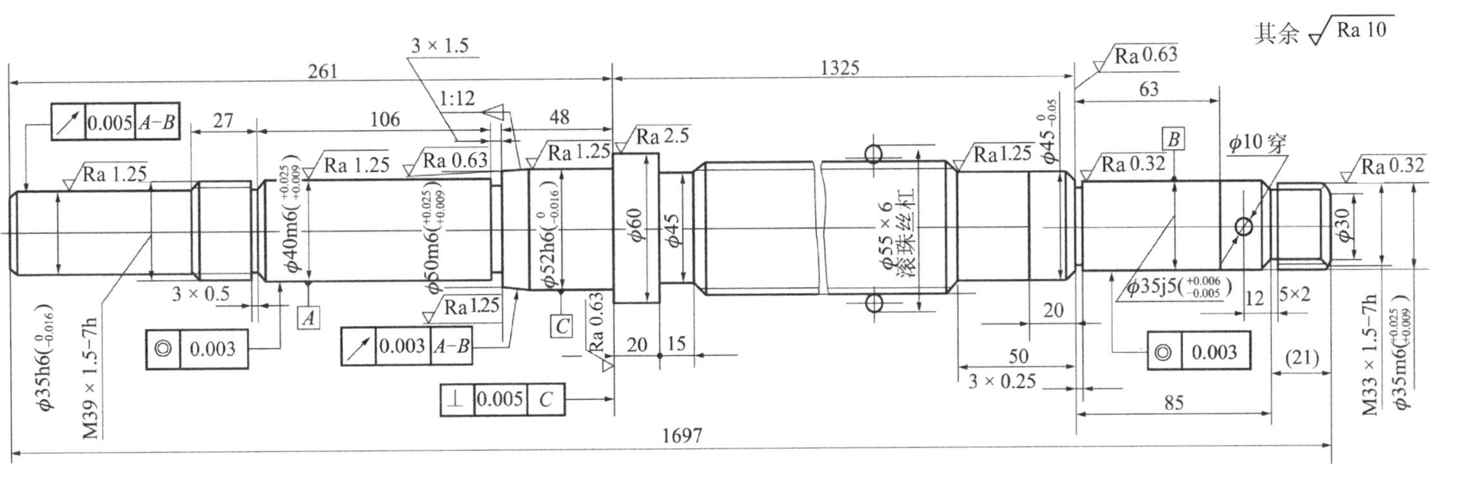

螺纹牙形放大

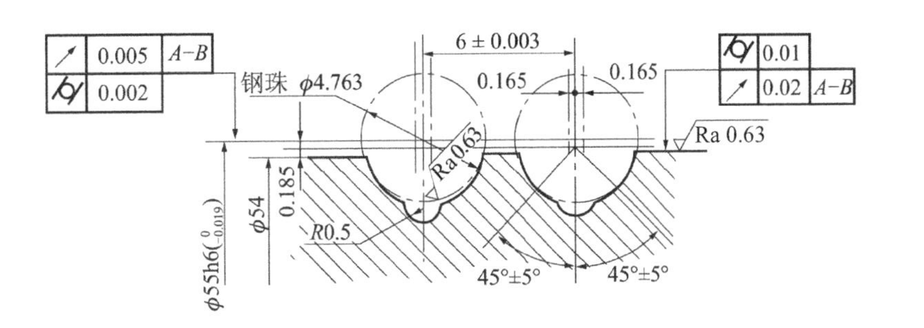

技术条件：

1．锥度 1∶12 部分，用量规作涂色检查，一般接触长度大于 80%。

2．调质硬度 250HBS，除 M39 mm×1.5 mm−7h 和 M33 mm×1.5 mm−7h 螺纹和ϕ60 mm 外圆外，其余均高频淬硬 60HRC。

3．滚珠丝杠的螺距累积误差(mm)：0.006/25、0.009/100、0.016/300、0.018/600、0.022/900、0.03 全长。

4．材料：9Mn2V。

图 3-6　某机床滚珠丝杠零件图

3.2 套类零件机械加工工艺规程制订

【学习目标】 了解套类零件的结构特点及技术要求；掌握各类套类零件制订工艺规程时定位基准的选择、表面加工方法的选择、工序加工顺序的确定等所考虑的因素；具备制订中等复杂程度套类零件工艺规程的能力。

3.2.1 套筒零件概述

1．套筒零件的功用与结构特点

套筒零件是机械中常见的一种零件，通常起支承或导向作用。它的应用范围很广，例如支承旋转轴上的各种形式的轴承、夹具上引导刀具的导向套、内燃机上的气缸套以及液压缸等，图 3-7 为套筒零件示例。

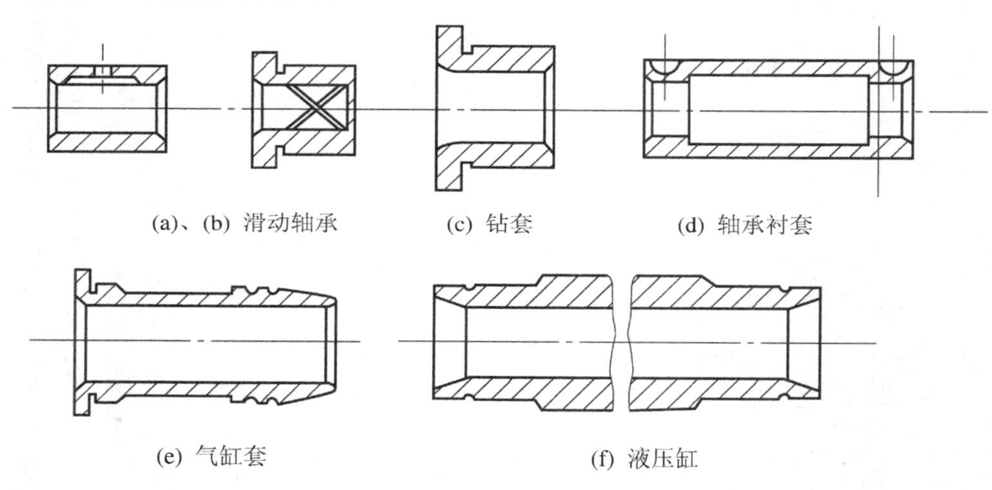

图 3-7 套筒零件示例

由于套筒零件功用不同，其结构和尺寸有着很大的差别，但结构上仍有共同特点，如零件的主要表面为同轴度要求较高的内外旋转表面、零件壁的厚度较薄易变形、零件长度一般大于直径等。

2．套筒零件的技术要求

套筒零件的主要表面是孔和外圆，其主要技术要求如下：

(1) 孔的技术要求。孔是套筒零件起支承或导向作用最主要的表面。孔的直径尺寸精度一般为 IT7，精密轴套取 IT6；由于与气缸和液压缸相配的活塞上有密封圈，要求较低，通常取 IT9。孔的形状精度应控制在孔径公差以内，一些精密套筒控制在孔径公差的 1/3～1/2。对于长套筒，除有圆度要求以外，还应有圆柱度要求。为了保证零件的功用和提高其耐磨性，孔的表面粗糙度 Ra 值为 0.16～2.5 μm，要求高的表面粗糙度 Ra 值达 0.04 μm。

(2) 外圆表面的技术要求。外圆是套筒的支承面，常采用过盈配合或过渡配合同箱体或机架上的孔相连接。套筒的外径尺寸精度通常取 IT6～IT7，形状精度控制在外径公差以内，表面粗糙度 Ra 值为 0.63～5 μm。

(3) 孔与外圆轴线的同轴度要求。当孔的最终加工方法是通过将套筒装入机座后合件进行加工时，其套筒内、外圆间的同轴度要求可以低一些；若最终加工是在装入机座前完成的，则同轴度要求较高，一般为 0.01～0.05mm。

(4) 孔轴线与端面的垂直度要求。当套筒的端面(包括凸缘端面)在工作中承受轴向载荷，或虽不承受载荷，但在装配或加工中作为定位基准时，端面与孔轴线的垂直度要求较高，一般为 0.01～0.05 mm。

3. 套筒零件的材料与毛坯

套筒零件一般用钢、铸铁、青铜或黄铜制成。有些滑动轴承采用双金属结构，以离心铸造法在钢或铸铁套筒内壁上浇铸巴氏合金等轴承合金材料，既可节省贵重的有色金属，又能提高轴承的寿命。对于一些强度和硬度要求较高的套筒(如镗床主轴套筒、伺服阀套)，可选用优质合金钢(38CrMoAIA、18CrNiWA)。

套筒的毛坯选择与其材料、结构、尺寸及生产批量有关。孔径小的套筒一般选择热轧或冷拉棒料，也可采用实心铸件；孔径较大的套筒常选择无缝钢管或带孔的铸件和锻件。大批量生产时，采用冷挤压和粉末冶金等先进毛坯制造工艺，既可节约用材，又可提高毛坯精度及生产率。

3.2.2　套筒零件加工工艺过程与工艺分析

套筒零件由于功用、结构形状、材料、热处理以及尺寸不同，其工艺差别很大。按结构形状来分，大体上分为短套筒与长套筒两类。它们在机械加工中的装夹方法有很大差别。对于短套筒(如钻套)，通常可在一次装夹中完成内、外圆表面及端面加工(车或磨)，工艺过程较为简单，精度容易达到，所以在此不介绍其加工工艺过程。

1. 长套筒类零件机械加工工艺规程制订

在此以图 3-8 所示的液压缸零件为例，介绍长套筒类零件机械加工工艺规程的制订。

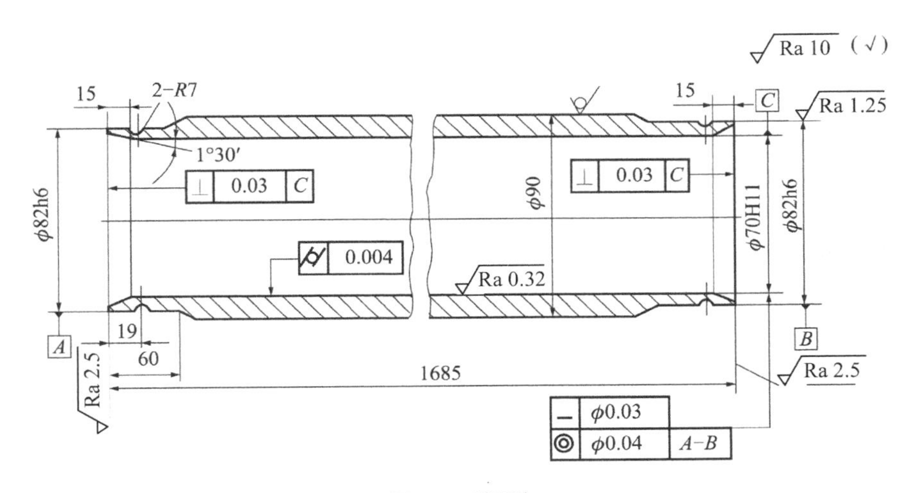

图 3-8　液压缸

1) 液压缸机械加工工艺过程

液压缸机械加工工艺过程见表 3-4。

表 3-4 液压缸加工工艺过程

序号	工序名称	工 序 内 容	定 位 与 夹 紧
1	配料	无缝钢管切断	
2	车	1. 车ϕ82 mm 外圆到ϕ88 mm 及 M88 mm ×1.5 mm 螺纹(工艺用)	三爪自定心卡盘夹一端，大头顶尖顶另一端
		2. 车端面及倒角	三爪自定心卡盘夹一端，搭中心架托ϕ88 mm 处
		3. 掉头车ϕ82 mm 外圆到ϕ84 mm	三爪自定心卡盘夹一端，大头顶尖顶另一端
		4. 车端面及倒角，取总长为 1686 mm(留加工余量 1 mm)	三爪自定心卡盘夹一端，搭中心架托ϕ88 mm 处
3	深孔推镗	1. 半精推镗孔到ϕ68 mm	一端用 M88 mm×1.5 mm 螺纹固定在夹具中，另一端搭中心架
		2. 半精推镗孔到ϕ69.85 mm	
		3. 精铰(浮动镗刀镗孔)到(ϕ70 ± 0.02) mm，表面粗糙度 Ra 值为 2.5 μm	
4	液压孔	用液压头滚压孔至$\phi70^{+0.20}_{0}$ mm，表面粗糙度 Ra 值为 0.32 μm	一端螺纹固定在夹具中，另一端搭中心架
5	车	1. 车去工艺螺纹，车ϕ 82 mm-h6 到尺寸，车 *R*7 mm 槽	软爪夹一端，以孔定位顶另一端
		2. 镗内锥孔 1°30′及车端面	软爪夹一端，中心架托另一端(百分表找正)
		3. 调头，车ϕ82 mm-h6 到尺寸	软爪夹一端，顶另一端
		4. 镗内锥孔 1°30′及车端面，取总长 1685 mm	软爪夹一端，中心架托另一端(百分表找正)

2) 套筒零件加工工艺过程分析

(1) 保证套筒表面位置精度的方法。液压缸零件内、外表面轴线的同轴度以及端面与孔轴线的垂直度要求较高，若能在一次装夹中完成内、外表面及端面的加工，则可获得很高的位置精度，但这种方法的工序比较集中，对于尺寸较大的，尤其是长径比大的液压缸，不便一次完成。于是，将液压缸内、外表面加工分在几次装夹中进行。一般可以先终加工孔，然后以孔为精基准最后加工外圆。由于这种方法所用夹具(心轴)的结构简单、定心精度高，可获得较高的位置精度，因此应用甚广。采用孔定位的方式，可参见图 3-3 所示锥套心轴。另一种方法，是先终加工外圆，然后以外圆为精基准最后加工孔。采用这种方法时，工件装夹迅速、可靠，但夹具较上述的孔定位复杂，加工精度略比上述方法差。

(2) 防止加工中套筒变形的措施。套筒零件孔壁较薄，加工中常因夹紧力、切削力、残余应力和切削热等因素的影响而产生变形。为了防止此类变形，应注意以下几点：

① 减少切削力与切削热的影响，粗、精加工应分开进行，使粗加工产生的变形在精加工中得到纠正。

② 减少夹紧力的影响。工艺上可采取的措施有：改变夹紧力的方向，即径向夹紧改为轴向夹紧。

对于普通精度的套筒，当需径向夹紧时，也应尽可能使径向夹紧力均匀。例如，可采用开缝过渡套筒套在工件的外圆上，一起夹在三爪自定心卡盘内；也可采用软爪装夹，以增大卡爪和工件间的接触面积，如图 3-9 所示。软爪是未经淬硬的卡爪，形状与直径跟被夹的零件直径基本相同，并车出一个台阶，以使工件端面正确定位。在车软爪之前，为了消除间隙，必须在卡爪内端夹持一段略小于工件直径的定位衬柱，待车好后拆除，如图3-9(b)所示。用软爪装夹工件，既能保证位置精度，也可减少找正时间，防止夹伤零件的表面。

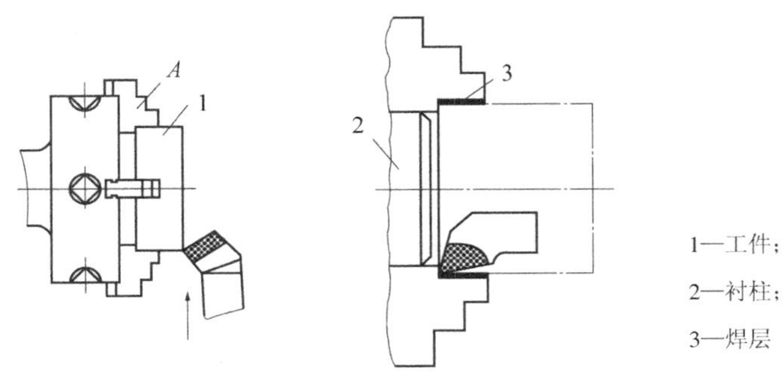

(a) 软爪安装　　(b) 带有焊层的三爪车削方法

图 3-9　用软爪装夹工件

2. 车床尾座套筒机械加工工艺规程制订

(1) 图 3-10 为 CA6140 车床尾座套筒零件图样。生产纲领为小批量生产，材料为45#钢。

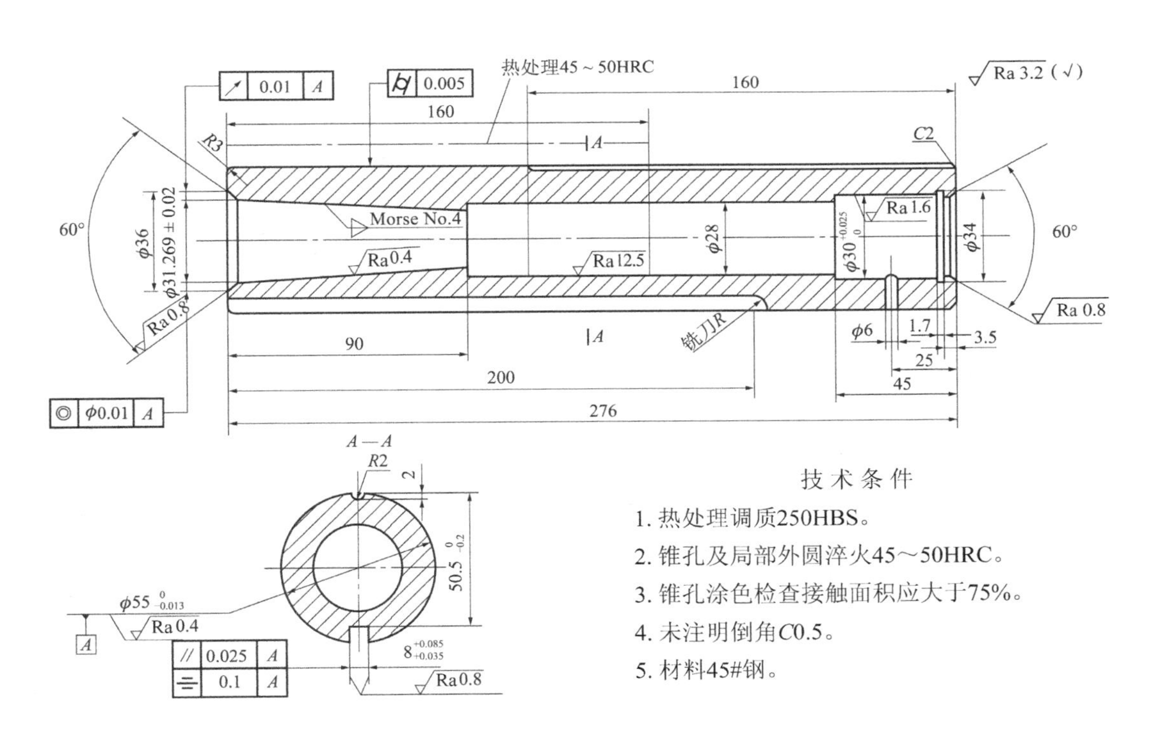

图 3-10　车床尾座套筒

(2) 尾座套筒机械加工工艺过程见表 3-5。

表 3-5　尾座套筒机械加工工艺过程

工序号	工序名称	工 序 内 容
1	锻造	锻造尺寸 ϕ60 mm×285 mm
2	热处理	正火
3	粗车	夹一端，粗车外圆至尺寸 ϕ58 mm，长 200 mm，端面车平即可。钻孔 ϕ20 mm×188 mm，扩孔 ϕ26 mm×188 mm
4	粗车	调头，夹 ϕ58 mm 外圆并找正，车另一端外圆 ϕ58 mm，与工序 3 两 ϕ58 mm 外圆光滑接刀，车端面，保证总长 280 mm，钻孔 ϕ23.5 mm 钻通
5	热处理	调质 250HBS
6	车	夹左端外圆，中心架托右端外圆，车右端面，保证总长 278 mm，扩 ϕ26 mm 孔至 ϕ28 mm，深 186 mm，车右端头 ϕ32 mm×60° 内锥面
7	半精车	采用两顶尖装夹工件，装上鸡心夹头，车外圆至 ϕ55.5 mm±0.05 mm；调头，车另一端外圆，光滑接刀。右端倒角 $C1$，左端倒 $R3$ mm 圆角，保证总长 276 mm
8	精车	夹左端外圆，中心架托右端外圆，找正外圆，车孔 $\phi30_{0}^{+0.025}$ mm 至 $\phi29_{0}^{+0.025}$ mm，深 44.5 mm，车 ϕ34 mm×1.7 mm 槽，保证 3.5 mm 和 1.7 mm
9	精车	调头，夹右端外圆，中心架托左端外圆，找正外圆，车莫氏 4 号内锥孔至大端尺寸为 ϕ30.5 mm±0.05 mm，车左端头 ϕ36 mm×60°
10	划线	划 $R2$×160 mm 槽线、$\phi8_{+0.035}^{+0.085}$ mm×200 mm 键槽线、ϕ6 mm 孔线
11	铣	以 ϕ55±0.05 mm 外圆定位装夹铣 $R2$ 深 2 mm、长 160 mm 圆弧槽
12	铣	以 ϕ55.5±0. 05 mm 外圆定位装夹铣键槽 $8_{+0.035}^{+0.085}$ mm×200 mm，并保证 $50_{-0.2}^{0}$ mm(注意外圆加工余量)，保证键槽与 $\phi55_{-0.013}^{0}$ mm 外圆轴心线的平行度和对称度
13	钻	钻 ϕ6mm 孔，其中心距右端面为 25 mm
14	钳	修毛刺
15	热处理	左端莫氏 4 号锥孔及 160 mm 长的外圆部分，高频淬火 45～50HRC
16	研磨	研磨两端 60° 内锥面
17	粗磨	夹右端外圆，中心架托左端处圆，找正外圆，粗磨莫氏 4 号锥孔，留磨余量 0.2 mm
18	粗磨	采用两顶尖定位装夹工件，粗磨 $\phi55_{-0.013}^{0}$ mm 外圆，留磨余量 0.2 mm
19	精磨	夹右端外圆，中心架托左端外圆，找正外圆，精磨莫氏 4 号锥孔至图样尺寸，大端为 ϕ31.269±0.05mm，涂色检查，接触面积应大于 75%，修研 60° 锥面
20	精车	夹左端外圆，中心架托右端外圆，找正外圆，精车内孔 $\phi30_{0}^{+0.035}$ mm、深 45 mm±0.15 mm 至图样尺寸，修研 60° 锥面
21	精磨	采用两顶尖定位装夹工件，精磨外圆至图样尺寸 $\phi55_{-0.013}^{0}$ mm
22	检验	按图样检查各部尺寸及精度
23	入库	涂油入库

3.3　箱体类零件机械加工工艺规程制订

【学习目标】　了解箱体类零件的结构特点及技术要求；掌握各类箱体类零件加工特点及制订工艺规程时定位基准、表面加工方法的选择、工序加工顺序的确定等所考虑的因素；具备制订中等复杂程度箱体类零件工艺规程的能力。

3.3.1　箱体类零件概述

1. 箱体类零件的功用与结构特点

箱体是各类机器的基础零件。它将机器和部件中的轴、套、齿轮等有关零件连接成一个整体，并使之保持正确的位置，以传递转矩或改变转速来完成规定的运动。因此，箱体的加工质量直接影响机器的性能、精度和寿命。

箱体的种类很多，按其功用可分为主轴箱、变速箱、操纵箱、进给箱等。图3-11为几种箱体类零件的结构简图。

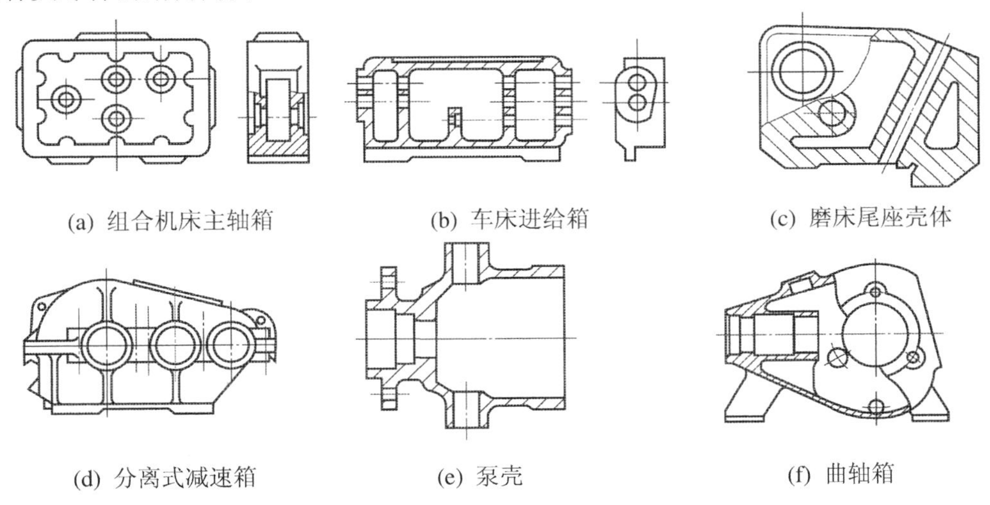

图3-11　几种箱体类零件的结构简图

由图3-11可知，箱体类零件的结构一般比较复杂，壁的薄厚不均匀，加工部位多，既有一个或数个基准面及一些支承面，又有一对或数对加工难度大的轴承支承孔。据统计资料表明，一般中型机床制造厂花在箱体类零件上的机械加工工时约占整个产品的15%～20%。

2. 箱体类零件的主要技术要求

图3-12为某车床主轴箱简图。箱体类零件中以主轴箱精度要求最高，现以它为例归纳以下五项精度要求：

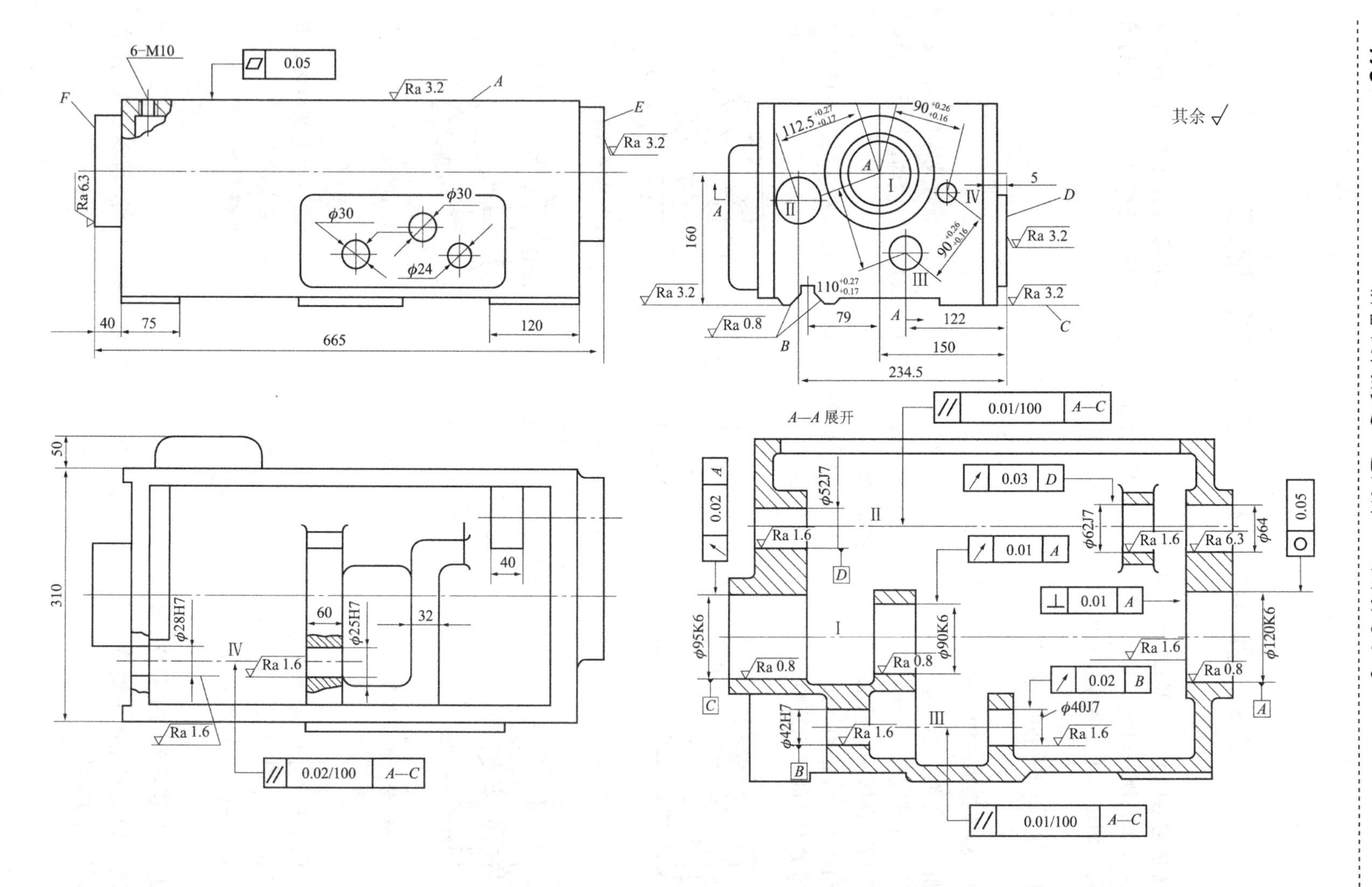

图 3-12　某车床主轴箱简图

(1) 孔径精度。孔径的尺寸误差和形状误差会造成轴承与孔的配合不良，因此，对孔的精度要求较高。主轴孔的尺寸公差为 IT6，其余孔为 IT6～IT7。孔的形状精度未作规定，一般控制在尺寸公差范围内即可。

(2) 孔的位置精度。同一轴线上各孔的同轴度误差和孔端面对轴线的垂直度误差会使轴和轴承装配到箱体内时出现歪斜，从而造成主轴径向圆跳动和轴向圆跳动，也加剧了轴承磨损。为此，一般同轴上各孔的同轴度约为最小孔尺寸公差之半。孔系之间的平行度误差会影响齿轮的啮合质量，亦需规定相应的位置精度。

(3) 孔和平面的位置公差。主要孔和主轴箱安装基面的平行度要求决定了主轴与床身导轨的位置关系。这项精度是在总装中通过刮研来达到的，为了减少刮研量，一般都要规定主轴轴线对安装基面的平行度公差，在垂直和水平两个方面上，只允许主轴前端向上和向前偏。

(4) 主要平面的精度。装配基面的平面度影响主轴箱与床身连接时的接触刚度，并且加工过程中常作为定位基面也会影响孔的加工精度，因此应规定底面和导向面必须平直。顶面的平面度要求是为了保证箱盖的密封，防止工作时润滑油的泄出；当在大批量生产中将箱体顶面用作定位基面加工孔时，对它的平面度要求还要提高。

(5) 表面粗糙度。重要孔和主要平面的表面粗糙度会影响连接面的配合性质或接触刚度，一般要求主轴孔表面粗糙度 Ra 值为 0.4 μm，其余各纵向孔的表面粗糙度 Ra 值为 1.6 μm，孔的内端面表面粗糙度 Ra 值为 3.2 μm，装配基准面和定位基准面表面粗糙度度 Ra 值为 0.63～2.5 μm，其他平面的表面粗糙度 Ra 值为 2.5～10 μm。

3. 箱体材料及毛坯

箱体毛坯的制造方法有两种，一种是采用铸造，另一种是采用焊接。对金属切削机床的箱体，由于形状较为复杂，而铸铁具有成形容易、可加工性良好、吸振性好、成本低等优点，所以一般都采用铸铁；对于动力机械中的某些箱体及减速器壳体等，除要求结构紧凑、形状复杂外，还要求具有体积小、质量轻等特点，所以可采用铝合金压铸，压力铸造毛坯，因其制造质量好，不易产生缩孔和缩松而应用十分广泛；对于承受重载和冲击的工程机械、锻压机床的一些箱体，可采用铸钢或钢板焊接；某些简易箱体为了缩短毛坯制造周期，也常常采用钢板焊接而成，但焊接件的残余应力较难消除干净。

箱体铸铁材料采用最多的是各种牌号的灰铸铁，如 HT200、HT250、HT300 等。对一些要求较高的箱体，如镗床的主轴箱、坐标镗床的箱体，可采用耐磨合金铸铁(又称密烘铸铁，如 MTCrMoCu-300)、高磷铸铁(如 MTP-250)，以提高铸件质量。

毛坯的加工余量与生产批量、毛坯尺寸、结构、精度和铸造方法等因素有关。

3.3.2　箱体类零件的结构工艺性

箱体上的孔分为通孔、阶梯孔、盲孔、交叉孔等。通孔工艺性最好，通孔内又以孔长 L 与孔径 d 之比 $L/d \leqslant 1～1.5$ 的短圆柱孔的工艺性为最好；当 $L/d > 5$ 的深孔精度要求较高、表面粗糙度值较小时，加工就很困难。阶梯孔的工艺性较差，当孔径相差越大，其中最小孔径又很小时，工艺性也差。相贯通的交叉孔的工艺性也较差，如图 3-13(a)所示，ϕ100 mm 孔与 ϕ70 mm 孔相交，加工时，刀具走到贯通部分，由于径向力不等会造成孔轴线偏斜。

如图 3-13(b)所示工艺中，可以将ϕ70 mm 孔预先不铸通，加工完 100 mm 孔后再加工ϕ70 mm 孔，这样可以保证交叉孔的加工质量。盲孔的工艺性最差，因为精镗或精铰盲孔时，要用手动送进，或采用特殊工具送进才行，故应尽量避免。

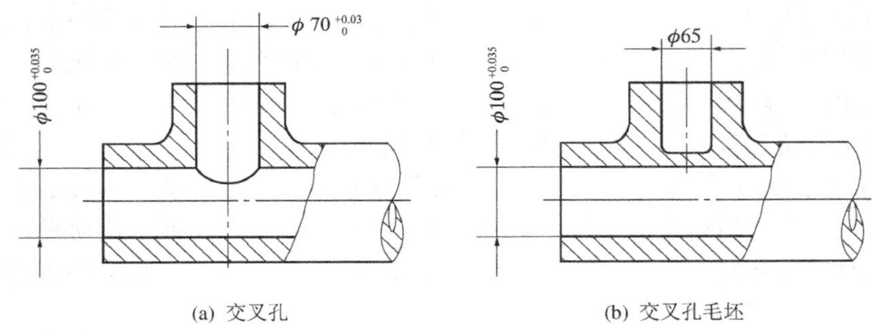

(a) 交叉孔　　(b) 交叉孔毛坯

图 3-13　相贯通的交叉孔的工艺性

箱体上同轴孔的孔径排列方式有三种，如图 3-14 所示。图 3-14(a)为孔径大小向一个方向递减，且相邻两孔直径 L 之差大于孔的毛坯加工余量。这种排列方式便于镗杆和刀具从一端伸入同时加工同轴线上的各孔。对于单件小批量生产，这种结构加工最为方便。图 3-14(b)为孔径大小从两边向中间递减，加工时可使刀杆从两边进入，这样不仅缩短了镗杆长度，提高了镗杆的刚性，而且为双面同时加工创造了条件，所以大批量生产的箱体，常采用此种孔径分布。图 3-14(c)为孔径大小不规则排列，工艺性差，应尽量避免。

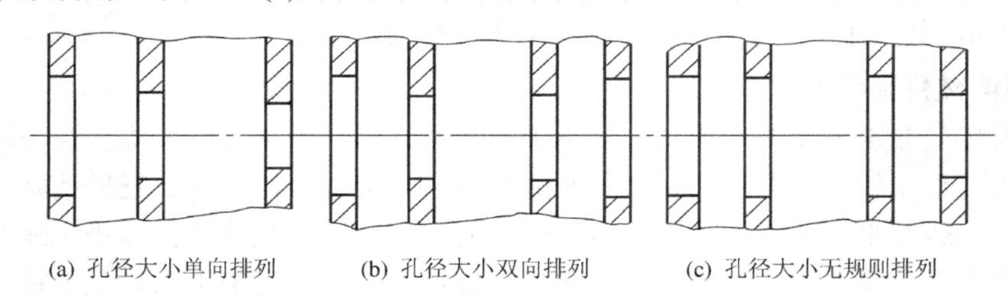

(a) 孔径大小单向排列　　(b) 孔径大小双向排列　　(c) 孔径大小无规则排列

图 3-14　同轴线上孔径的排列方式

箱体内端面加工比较困难，加工时，应尽可能使内端面尺寸小于刀具需穿过的孔加工前的直径，如图 3-15(a)所示，这样就可避免伤着另外的孔。若如图 3-15(b)所示，则加工时镗杆伸进后才能装刀，镗杆退出前又需将刀卸下，加工时很不方便。当内端面尺寸过大时，还需采用专用径向进给装置。箱体的外端面凸台应尽可能在同一平面上，如图 3-16(a)所示；若采用图 3-16(b)的形式，则加工要麻烦一些。

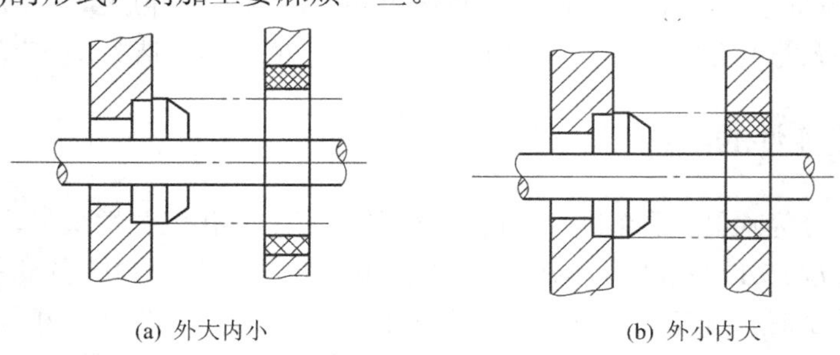

(a) 外大内小　　(b) 外小内大

图 3-15　孔内端面的结构工艺性

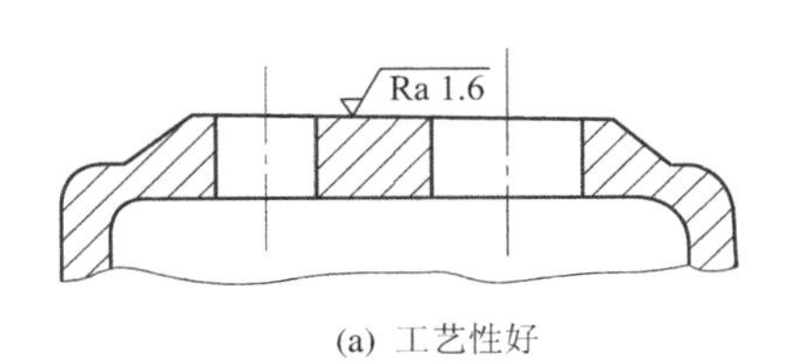

(a) 工艺性好

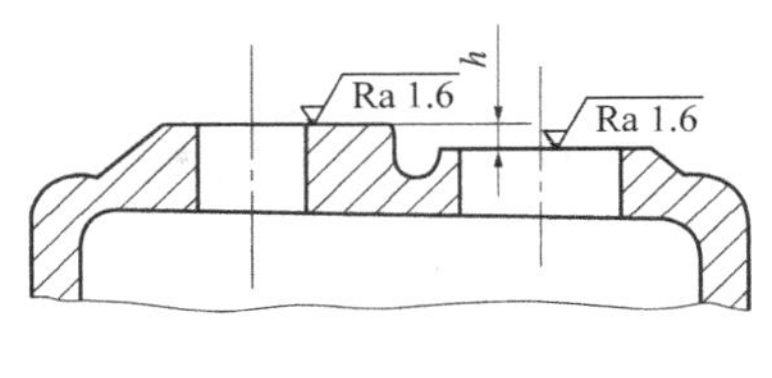

(b) 工艺性差

图 3-16　孔外端面的结构工艺性

箱体装配基面的尺寸应尽可能大，形状应尽量简单，以利于加工、装配和检验。箱体上紧固孔的尺寸规格应尽可能一致，以减少加工中换刀的次数。

3.3.3　箱体机械加工工艺过程及工艺分析

1. 车床主轴箱机械加工工艺过程及工艺分析

1) 车床主轴箱机械加工工艺过程

箱体零件的结构复杂，要加工的部位较多，依批量大小和各厂家的实际条件，其加工方法是不同的。表 3-6 为某车床主轴箱(见图 3-12)小批生产的工艺过程，表 3-7 为该车床主轴箱大批生产的工艺过程。

表 3－6　某主轴箱小批生产工艺过程

序号	工序内容	定位基准
1	铸造	
2	时效处理	
3	漆底漆	
4	划线：考虑主轴孔有加工余量，并尽量均匀。划 *C*、*A* 及 *E*、*D* 面加工孔	
5	粗、精加工顶面 *A*	按线找正
6	粗、精加工面 *B*、*C* 及侧面 *D*	顶面 *A* 并校正主轴线
7	粗精加工两端面 *E*、*F*	*B*、*C* 面
8	粗、半精加工各纵向孔	*B*、*C* 面
9	精加工各纵向孔	*B*、*C* 面
10	粗、精加工各横向孔	*B*、*C* 面
11	加工螺孔及各次要孔	
12	清洗、去毛刺	
13	检验	

表 3－7　某主轴箱大批生产工艺过程

序号	工序内容	定位基准
1	铸造	
2	时效处理	
3	漆底漆	
4	铣顶面 *A*	Ⅰ孔与Ⅱ孔
5	钻、扩、铰 2－ϕ8h7 工艺孔（将 6－M10 先钻至 ϕ7.8，铰 2－ϕ8h7)	顶面 *A* 及外形
6	铣两端面 *E*、*F* 及前面 *D*	顶面 *A* 及两工艺孔
7	铣导轨面 *B*、*C*	顶面 *A* 及两工艺孔
8	磨顶面 *A*	导轨面 *B*、*C*
9	粗镗各纵向孔	顶面 *A* 及两工艺孔
10	粗镗各纵向孔	顶面 *A* 及两工艺孔
11	精镗主轴孔Ⅰ	顶面 *A* 及两工艺孔
12	加工横向孔及各面上的次要孔	
13	磨 *B*、*C* 导轨面及前面 *D*	顶面 *A* 及两工艺孔
14	将 2－ϕ8H7 及 4－ϕ7.8 均扩钻至 ϕ8.5，攻 6－M10 螺纹	
15	清洗、去毛刺、倒角	
16	检验	

2) 箱体类零件机械加工工艺过程分析

(1) 定位基准的选择。

① 精基准的选择。箱体加工精基准的选择也与生产批量的大小有关。

对于单件小批量生产，用装配基准作定位基准。如图 3-12 所示的车床主轴箱单件小批量加工孔系时，选择箱体底面导轨 *B*、*C* 面作为定位基准。*B*、*C* 面既是床头箱的装配基准，又是主轴孔的设计基准，并与箱体的两端面、侧面以及各主要纵向轴承孔在位置上有直接联系，故选择 *B*、*C* 面作定位基准，符合基准重合原则，装夹误差小。另外，加工各孔时，由于箱口朝上，更换导向套、安装调整刀具、测量孔径尺寸、观察加工情况等都很方便。

选择 *B*、*C* 面作为定位基准，这种定位方式也有其不足之处。加工箱体中间壁上的孔时，为了提高刀具系统的刚度，应当在箱体内部相应部位设置刀杆的中间导向支承。由于箱体底部是封闭的，中间导向支承只能用如图 3-17 所示的吊架从箱体顶面的开口处伸入箱体内，每加工一次需装卸一次，吊架与镗模之间虽有定位销定位，但吊架刚性差，经常装卸也容易产生误差，且使加工的辅助时间增加。因此，这种定位方式只适用于单件小批量生产。

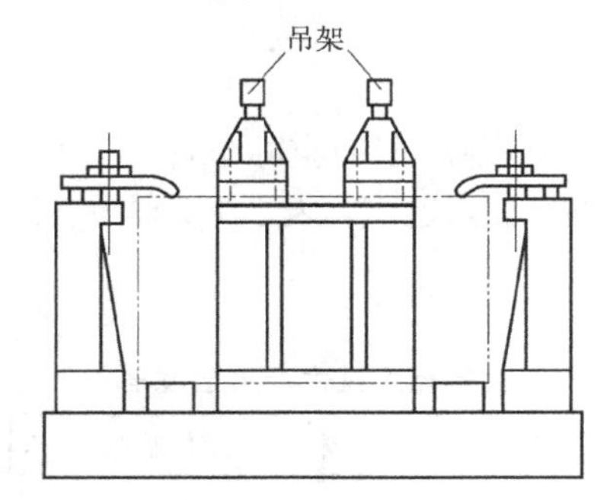

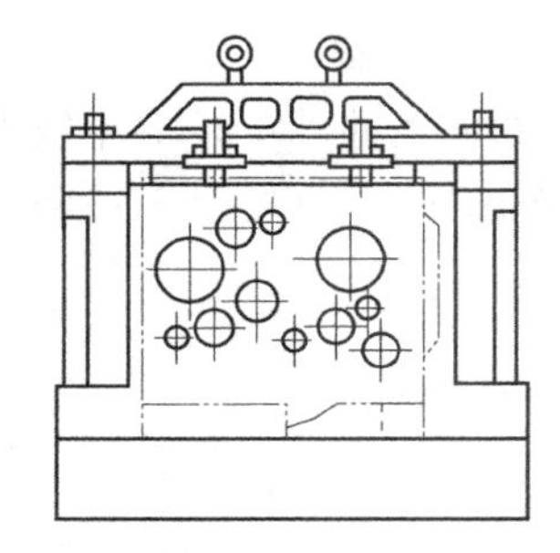
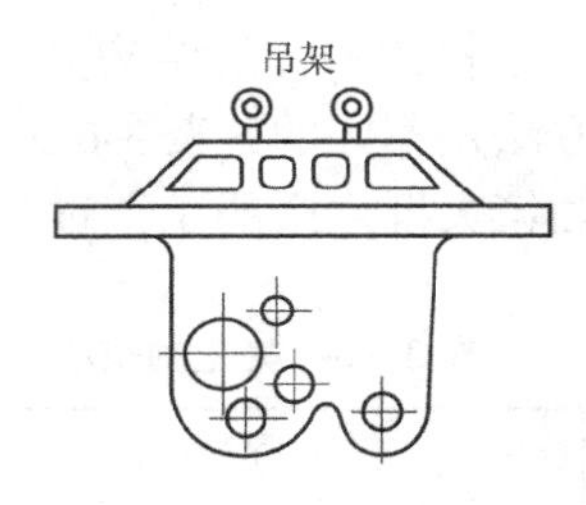

图 3-17　吊架式镗模夹具

当批量大时采用顶面及两个销孔(一面两孔)作定位基面，如图 3-18 所示。这种定位方式在加工时箱体口朝下，中间导向支承架可以紧固在夹具体上，提高了夹具刚度，有利于保证各支承孔加工的位置精度，而且工件装卸方便，减少了辅助时间，提高了生产效率。

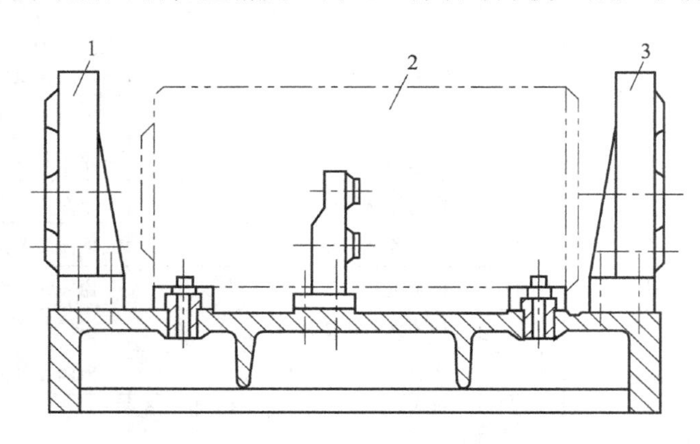

1、3—镗模板；
2—中间导向支承架

图 3-18　用箱体顶面及两销孔定位的镗模

选择顶面和两个销孔作为定位基面，这种定位方式由于主轴箱顶面不是设计基准，故定位基准与设计基面不重合，出现基准不重合误差。为了保证加工要求，应进行工艺尺寸的换算。另外，由于箱体口朝下，加工时不便于观察各表面加工的情况，不能及时发现毛坯是否有砂眼、气孔等缺陷，而且加工中不便于测量和调刀。因此，用箱体顶面及两定位销孔作精基面加工时，必须采用定径刀具(如扩孔钻和铰刀等)。

② 粗基准的选择。虽然箱体类零件一般都选择重要孔(如主轴孔)为粗基准，但随着生产类型不同，实现以主轴孔为粗基准的工件装夹方式是不同的。

中小批量生产时，由于毛坯精度较低，一般采用划线找正。大批量生产时，毛坯精度较高，可直接以主轴孔在夹具上定位，采用专用夹具装夹，此类专用夹具可参阅机床夹具图册。

(2) 加工顺序的安排和设备的选择。

① 加工顺序为先面后孔。箱体类零件的加工顺序均为先加工面，以加工好的平面定位，再来加工孔。因为箱体孔的精度要求高，加工难度大，先以孔为粗基准加工好平面，再以平面为精基准加工孔，这样既能为孔的加工提供稳定可靠的精基准，同时可以使孔的加工余量较为均匀。由于箱体上的孔均布在箱体各平面上，先加工好平面，钻孔时钻头不易引偏，扩孔或铰孔时刀具不易崩刃。车床主轴箱大批生产时，先将顶面 *A* 磨好后才加工孔系(见表 3-7)。

② 粗、精加工阶段分开。箱体的结构复杂、壁厚不均匀、刚性不好，而加工精度要求又高，因此，箱体重要的加工表面都要划分粗、精两个加工阶段。

对于单件小批量生产的箱体或大型箱体的加工，如果从工序上也安排粗、精加工分开，则机床、夹具数量要增加，工件转运也费时费力，所以实际生产中并不这样做，而是将粗、精加工在一道工序内完成。但是从工步上讲，粗、精加工还是可以分开的，采取的方法是粗加工后将工件松开一点，然后再用较小的力夹紧工件，使工件因夹紧力而产生的弹性变形在精加工之前得以恢复。导轨磨床磨大的主轴箱导轨时，粗磨后不马上进行精磨，而是等工件充分冷却，残余应力释放后再进行精磨。

③ 工序间安排时效处理。我们知道，箱体结构复杂，壁厚不均匀，铸造残余应力较大。为了消除残余应力、减少加工后的变形、保证精度的稳定，铸造之后要安排人工时效处理。人工时效的规范为：加热到 500～550℃，保温 4～6 h，冷却速度小于或等于 30℃/h，出炉温度低于 200℃。

对于普通精度的箱体，一般在铸造之后安排一次人工时效处理；对一些高精度的箱体或形状特别复杂的箱体，在粗加工之后还要安排一次人工时效处理，以消除粗加工所造成的残余应力。对精度要求不高的箱体毛坯，有时不安排时效处理，而是利用粗、精加工工序间的停放和运输时间，使之自然完成时效处理。箱体的人工时效，除用加温方法外，也可采用振动时效来消除残余应力。

④ 所用设备依批量不同而异。单件小批量生产一般都在通用机床上进行，除个别必须用专用夹具才能保证质量的工序(如孔系加工)外，一般不用专用夹具；大批量箱体的加工广泛采用专用机床，如多轴龙门铣床、组合磨床等，各主要孔的加工采用多工位组合机床、专用镗床等，专用夹具用得也很多，这就大大地提高了生产率。

2．蜗轮减速器箱体机械加工工艺过程及工艺分析

蜗轮减速器箱体的简图如图 3-19 所示。

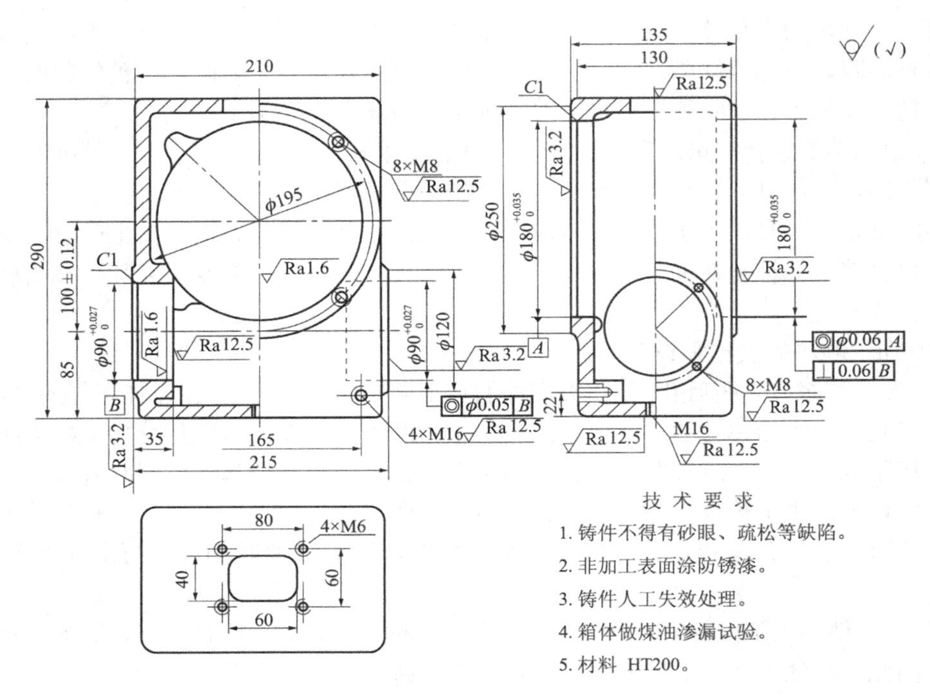

图 3-19　蜗轮减速器箱体

1) 零件图样分析

(1) $\phi 180^{+0.035}_{0}$ mm 孔轴心线对基准轴心线 B 的垂直度公差为 0.06 mm。

(2) $\phi 180^{+0.035}_{0}$ mm 两孔同轴度公差为 ϕ0.06 mm。

(3) ϕ $90^{+0.027}_{0}$ mm 两孔同轴度公差为 ϕ0.05 mm。

(4) 箱体内部做煤油渗漏检验。

(5) 铸件人工时效处理。

(6) 非加工表面涂防锈漆。

(7) 铸件不得有砂眼、疏松等缺陷。

(8) 材料 HT200。

2) 蜗轮减速器箱体机械加工工艺过程卡

蜗轮减速器箱体机械加工工艺过程卡见表 3-8。

3) 蜗轮减速器箱体机械加工工艺分析

(1) 在加工前，安排划线工艺是为了保证工件壁厚均匀，并及时发现铸件的缺陷，减少废品。

(2) 该工件体积小、壁薄，加工时应注意夹紧力的大小，防止变形。工序 12 精镗前要求对工件压紧力进行适当的调整，也是确保加工精度的一种方法。

(3) $\phi 180^{+0.035}_{0}$ mm、$\phi 90^{+0.027}_{0}$ mm 两孔的垂直度 0.06 mm 要求，由机床分度来保证。

(4) $\phi 180^{+0.035}_{0}$ mm、ϕ $90^{+0.027}_{0}$ mm 两孔孔距尺寸(100±0.12) mm，可采用装心轴的方法检测。

表 3-8　蜗轮减速器箱体机械加工工艺过程

工序号	工序名称	工　序　内　容	工艺装备
1	铸	铸造	
2	清砂	清砂	
3	热处理	人工时效处理	
4	涂装	涂红色防锈底漆	
5	划线	划 $\phi 180^{+0.035}_{0}$ mm、$\phi 90^{+0.027}_{0}$ mm 孔加工线，划上、下平面加工线	
6	铣	以顶面毛坯定位，按线找正，粗、精铣底面	X5030A
7	铣	以底面定位装夹工件，粗、精铣顶面，保证尺寸为 290 mm	X5030A
8	铣	以底面定位，压紧顶面按线铣 $\phi 90^{+0.027}_{0}$ mm 两孔侧面凸台，保证尺寸为 217 mm	X6132
9	铣	以底面定位，压紧顶面按线找正，铣 $\phi 180^{+0.035}_{0}$ mm 两孔侧面，保证尺寸 137 mm	X6132
10	镗	以底面定位，按 $\phi 90^{+0.027}_{0}$ mm 孔端面找正，压紧顶面，粗镗 $\phi 90^{+0.027}_{0}$ mm 孔至尺寸 $\phi 88^{0}_{-0.5}$ mm，粗刮平面，保证总长尺寸 215 mm 为 216 mm，刮 $\phi 90^{+0.027}_{0}$ mm 内端面，保证尺寸 35.5 mm	T617A
11	镗	将机床上工作台旋转 90°，加工 $\phi 180^{+0.035}_{0}$ mm 孔尺寸到 $\phi 178^{0}_{-0.5}$ mm，粗刮平面，保证总厚 136 mm，保证与 $\phi 90^{+0.027}_{0}$ mm 孔距尺寸(100±0.12) mm	T617A
12	精镗	将机床上工作台旋转回零位，调整工件压紧力(工件不动)，精镗 $\phi 90^{+0.027}_{0}$ mm 至图样尺寸，精刮两端面至尺寸 215 mm	T617A
13	精镗	将机床上工作台旋转 90°，精镗 $\phi 180^{+0.035}_{0}$ mm 孔至图样尺寸，精刮两侧面，保证总厚 135 mm，保证与 $\phi 90^{+0.027}_{0}$ mm 孔距尺寸 (100 ± 0.12) mm	T617A
14	划线	划两处 8×M8、4×M16、M16、4×M6 各螺纹孔加工线	
15	钻	钻、攻各螺纹	Z3032
16	钳	修毛刺	
17	钳	煤油渗漏试验	
18	检验	按图样检查工件各部尺寸及精度	
19	入库	入库	

3.4　齿轮类零件机械加工工艺规程制订

【学习目标】　了解齿轮类零件的结构特点及技术要求；掌握齿轮类零件加工特点及制订工艺规程时定位基准、表面加工方法的选择、工序加工顺序的确定等所考虑的因素；具备制订中等复杂程度齿轮类零件工艺规程的能力。

3.4.1　齿轮类零件概述

圆柱齿轮是机械传动中应用极为广泛的零件之一，其功用是按规定的传动比传递运动和动力。

1．圆柱齿轮的结构特点

圆柱齿轮一般分为齿圈和轮体两部分。在齿圈上切出直齿、斜齿等齿形，而在轮体上有孔或带有轴。

轮体的结构形状直接影响齿轮加工工艺的制订。因此，齿轮可根据齿轮轮体的结构形状来划分。在机器中，常见的圆柱齿轮有(见图 3-20)：盘类齿轮、套类齿轮、内齿轮、轴类齿轮、扇形齿轮、齿条(即齿圈半径无限大的圆柱齿轮)。其中，盘类齿轮应用最广。

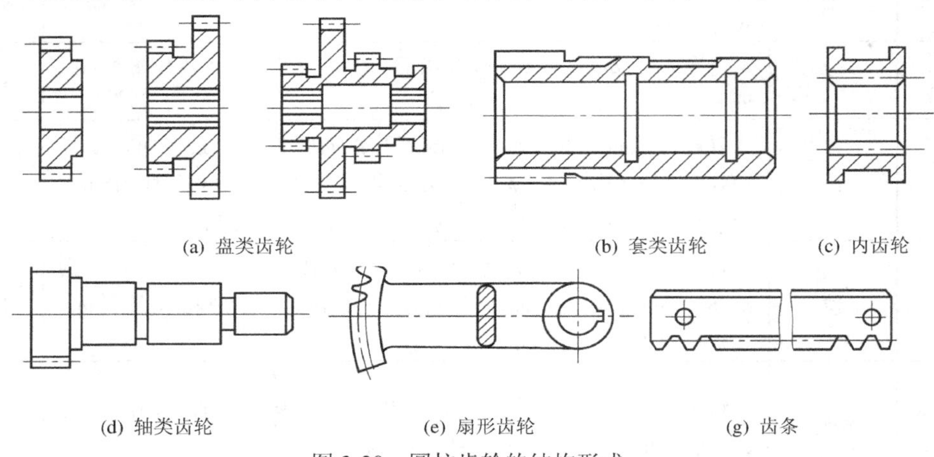

(a) 盘类齿轮　(b) 套类齿轮　(c) 内齿轮

(d) 轴类齿轮　(e) 扇形齿轮　(g) 齿条

图 3-20　圆柱齿轮的结构形式

一个圆柱齿轮可以有一个或多个齿圈。普通单齿圈齿轮的工艺性最好。当齿轮精度要求高，需要剃齿或磨齿时，通常将多齿圈齿轮做成单齿圈齿轮的组合结构。

2．圆柱齿轮传动的精度要求

齿轮传动精度的高低直接影响到整个机器的工作性能、承载能力和使用寿命。根据齿轮的使用条件，对齿轮传动主要提出以下三个方面的精度要求：

(1) 传递运动的准确性要求齿轮能准确地传递运动，传动比恒定，即要求齿轮一转中的转角误差不超过一定范围。

(2) 传递运动的平稳性要求齿轮转动时瞬时传动比的变化量在一定限度内，即要求齿轮在一齿转角内的最大转角误差在规定范围内，从而减小齿轮传递运动中的冲击、振动和噪声。

(3) 载荷分布的均匀性要求齿轮工作时齿面接触要均匀，并保证有一定的接触面积和符合要求的接触位置，从而保证齿轮在传递动力时，不致因载荷分布不均匀而接触应力过大，引起齿面过早磨损。

3．圆柱齿轮的精度等级与公差组

圆柱齿轮的精度等级分 12 级，其中第 1 级最高，第 12 级最低。此外，按误差特性及误差对传动性能的主要影响，将误差分成三类，见表 3-9。

表 3-9　对传动性能影响的误差

对传动性能的影响	公差与极限偏差项目	误 差 特 性
传递运动的准确性	F_i'' F_p F_{pk}'' F_i'' F_x F_w	以齿轮一转为周期的误差
传递运动的平稳性、噪声、振动	f_i'', f_f, $\pm f_{pt}$, $\pm f_{pb}$, f_i'', $f_{f\beta}$	在齿轮一转内，多次周期重复出现的误差
载荷分布的均匀性	F_β'', $\pm F_b$, $\pm F_{px}''$	齿向、接触面的误差

一般情况下，一个齿轮的三类误差应选用相同的精度等级。当对使用的某个方面有特殊要求时，也允许选用不同的精度等级。齿轮精度等级应根据齿轮传动的用途、圆周速度、传递功率等进行选择。

3.4.2　齿轮的材料、热处理与毛坯

1．齿轮的材料与热处理

1) 材料的选择

齿轮材料的选择对齿轮的加工性能和使用寿命都有直接的影响。一般讲，对于低速、重载的传力齿轮，有冲击载荷的传力齿轮的齿面受压产生塑性变形或磨损，且轮齿容易折断，应选用机械强度、硬度等综合力学性能好的材料(如 20CrMnTi)，经渗碳淬火，芯部具有良好的韧性，齿面硬度可达 56～62HRC；线速度高的传力齿轮，齿面易产生疲劳点蚀，所以齿面硬度要高，可用 38CrMoAlA 渗氮钢，这种材料经渗氮处理后表面可得到一层硬度很高的渗氮层，而且热处理变形小；非传力齿轮可以用非淬火钢、铸铁、夹布胶木或尼龙等材料。

2) 齿轮的热处理

齿轮加工中，根据不同的目的安排两种热处理工序。

(1) 毛坯热处理。在齿坯加工前后安排预先热处理(通常为正火或调质)。其主要目的是消除锻造及粗加工引起的残余应力，改善材料的切削性能和提高综合力学性能。

(2) 齿面热处理。齿形加工后，为提高齿面硬度和耐磨性，常进行渗碳淬火、高频感应加热淬火、碳氮共渗或渗氮等表面热处理工序。

2．齿轮的毛坯

齿轮的毛坯形式主要有棒料、锻件和铸件。棒料用于小尺寸、结构简单且对强度要求低的齿轮。当齿轮要求强度高、耐磨和耐冲击时，多用锻件。对于直径大于 400～600 mm 的齿轮，常用铸造方法铸造齿坯。为了减少机械加工量，对大尺寸、低精度齿轮，可以直接铸出轮齿；压力铸造、精密锻造、粉末冶金、热轧和冷挤等新工艺，可制造出具有轮齿的齿坯，以提高劳动生产率，节约原材料。

3.4.3　圆柱齿轮机械加工工艺路线

齿轮加工的工艺路线是根据齿轮材质、热处理要求、齿轮结构及尺寸大小、精度要求、生产批量和车间设备条件而定的。一般可归纳成如下的工艺路线：

毛坯制造→齿坯热处理→齿坯加工→齿形加工→齿圈热处理→齿轮定位表面精加工→齿圈的精整加工。

拟定齿轮加工工艺路线时应注意以下几个问题。

1．定位基准选择

齿轮加工时的定位基准应尽可能与设计基准相一致，以避免由于基准不重合而产生的误差，即要符合“基准重合”原则。在齿轮加工的整个过程中(如滚、剃、珩、磨等)也应尽量采用相同的定位基准，即选用“基准统一”的原则。

对于小直径的轴齿轮，可采用两端中心孔或锥体作为定位基准，符合“基准统一”原则；对于大直径的轴齿轮，通常用轴颈和一个较大的端面组合定位，符合“基准重合”原则；带孔的齿轮则以孔和一个端面组合定位，既符合“基准重合”原则，又符合“基准统一”原则。

2．齿坯加工

齿形加工前的齿轮加工称为齿坯加工。齿坯的外圆、端面或孔经常作为齿形加工、测量和装配的基准，所以齿坯的精度对于整个齿轮的精度有着重要的影响。另外，齿坯加工在齿轮加工总工时中占有较大的比例，因而齿坯加工在整个齿轮加工中占有重要的地位。

1) 齿坯精度

齿轮在加工、检验和装夹时的径向基准面和轴向基准面应尽量一致。多数情况下，常以齿轮孔和端面为齿形加工的基准面，所以齿坯精度中主要是对齿轮孔的尺寸精度和形状精度、孔和端面的位置精度有较高的要求；当外圆作为测量基准或定位、找正基准时，对齿坯外圆也有较高的要求。具体要求见表 3-10 和表 3-11。

表 3-10　齿坯尺寸和形状公差

齿轮精度等级	5	6	7	8
孔的尺寸和形状公差	IT5	IT6	IT7	
轴的尺寸和形状公差	IT5		IT6	
外圆直径尺寸和形状公差	IT7	IT8		

注：(1) 当齿轮的三个公差组的精度等级不同时，按最高等级确定公差值。

(2) 当外圆不作测齿厚的基准面时，尺寸公差按 IT11 给定，但不大于 0.1 mm。

(3) 当以外圆作基准面时，外圆直径尺寸和形状公差按本表确定。

表 3-11　齿坯基准面径向和端面圆跳动公差

公差/μm \ 齿轮精度等级 \ 分度圆直径/mm	5 和 6	7 和 8
～125	11	18
125～400	14	22
400～800	20	22

2) 齿坯加工方案的选择

齿坯加工的主要内容包括：齿坯的孔加工、端面和中心孔的加工(对于轴类齿轮)以及齿圈外圆和端面的加工；对于轴类齿轮和套筒齿轮的齿坯，其加工过程和一般轴、套类基本相同。下面主要讨论盘类齿轮齿坯的加工工艺方案。

齿坯的加工工艺方案主要取决于齿轮的轮体结构和生产类型。

(1) 大批量生产的齿坯加工。大批量加工中等尺寸齿轮齿坯时，多采用“钻→拉→多刀车”的工艺方案。先以毛坯外圆及端面定位进行钻孔或扩孔，再拉孔，最后以孔定位在多刀半自动车床上粗、精车外圆、端面，车槽及倒角等。由于这种工艺方案采用高效机床组成流水线或自动线，所以生产效率高。

(2) 成批生产的齿坯加工。成批生产齿坯时，常采用“车→拉→车”的工艺方案。先以齿坯外圆或轮毂定位，粗车外圆、端面和内孔，再以端面支承拉孔(或花键孔)，最后以孔定位精车外圆及端面等。这种方案可由卧式车床或转塔车床及拉床实现。它的特点是加工质量稳定，生产效率较高。当齿坯孔有台阶或端面有槽时，可以充分利用转塔车床上的转塔刀架来进行多工位加工，在转塔车床上一次完成齿坯的全部加工。

(3) 单件小批量生产的齿坯加工。单件小批量生产齿轮时，一般齿坯的孔、端面及外圆的粗、精加工都在通用车床上经两次装夹完成，但必须注意将孔和基准端面的精加工在一次装夹内完成，以保证位置精度。

3. 齿形加工

齿圈上的齿形加工是整个齿轮加工的核心。尽管齿轮加工有许多工序，但都是为齿形加工服务的，其目的在于最终获得符合精度要求的齿轮。

按照加工原理，齿形加工可分为成形法和展成法。如指状铣刀铣齿、盘形铣刀铣齿、齿轮拉刀拉内外齿等，是成形法加工齿形；滚齿、剃齿、插齿、磨齿等，是展成法加工齿形。

齿形加工方案的选择主要取决于齿轮的精度等级、结构形状、生产类型、热处理方法及生产工厂的现有条件，对于不同精度的齿轮，常用的齿形加工方案如下：

(1) 8级精度以下的齿轮。调质齿轮用滚齿或插齿就能满足要求。对于淬硬齿轮可采用滚(插)齿→剃齿或冷挤→齿端加工→淬火→校正孔的加工方案。根据不同的热处理方式，在淬火前齿形加工精度应提高一级以上。

(2) 6～7级精度齿轮。对于淬硬齿面的齿轮可采用滚(插)齿→齿端加工→表面淬火→校正基准→磨齿(蜗杆砂轮磨齿)的加工方案，该方案加工精度稳定；也可采用滚(插) →剃齿或冷挤→表面淬火→校正基准→内啮合珩齿的加工方案，这种方案加工精度稳定，生产率高。

(3) 5级以上精度的齿轮。一般采用粗滚齿→精滚齿→表面淬火→校正基准→粗磨齿→精磨齿的加工方案。大批量生产时也可采用粗磨齿→精磨齿→表面淬火→校正基准→磨削外珩自动线的加工方案。这种加工方案加工的齿轮精度可稳定在5级以上，且齿面加工纹理十分错综复杂，噪声极低，使品质极高的齿轮且每条线的二班制年生产纲领可达到15～20万件。磨齿是目前齿形加工中精度最高、表面粗糙度值最小的加工方法，最高精度可达3～4级。

选择圆柱齿轮齿形加工方案时可参考表3-12。

表 3-12　圆柱齿轮齿形加工方法和加工精度

类　型	不　淬　火　齿　轮										淬　火　齿　轮											
精度等级	3	4	5		6			7			3～4	5		6				7				
表面粗糙度 Ra 值/μm	0.2～0.1	0.4～0.2			0.8～0.4			1.6～0.8			0.4～0.1	0.4～0.2		0.8～0.4				1.6～0.8				
滚齿或插齿	●	●	●	●	●	●	●	●	●	●	●	●	●	●	●	●	●	●	●	●	●	●
剃齿				●		●				●			●		●			●				
挤齿							●		●							●			●			
珩齿							●								●	●		●	●	●		
粗磨齿	●	●	●		●	●	●	●			●	●		●			●					
精磨齿	●	●	●	●							●	●	●	●								

4．齿端加工

齿轮的齿端加工方式有：倒圆、倒尖、倒棱和去毛刺(见图 3-21)。经倒圆、倒尖、倒棱后的齿轮，沿轴向移动时容易进入啮合。齿端倒圆应用最多。图 3-22 是用指状铣刀倒圆的原理图。齿端加工必须安排在齿形淬火之前、滚(插)齿之后进行。

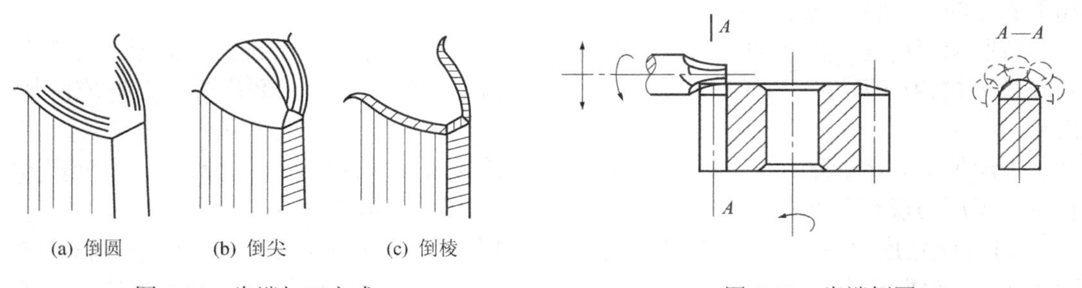

(a) 倒圆　(b) 倒尖　(c) 倒棱

图 3-21　齿端加工方式　　图 3-22　齿端倒圆

5．精基准的修整

齿轮淬火后其孔常发生变形，孔直径可缩小 0.01～0.05 mm。为确保齿形精加工质量，必须对基准孔予以修整，修整的方法一般采用磨孔或推孔。对于成批或大批量生产的未淬硬的外径定心的花键孔及圆柱孔齿轮，常采用推孔。推孔生产率高，并可用加长推刀前导引部分来保证推孔的精度。对于以小径定心的花键孔或已淬硬的齿轮，以磨孔为好，可稳定地保证精度。磨孔应以齿面定位，符合互为基准原则。

3.4.4　圆柱齿轮机械加工工艺过程确定实例

(1) 双联齿轮工作图如图 3-23 所示。

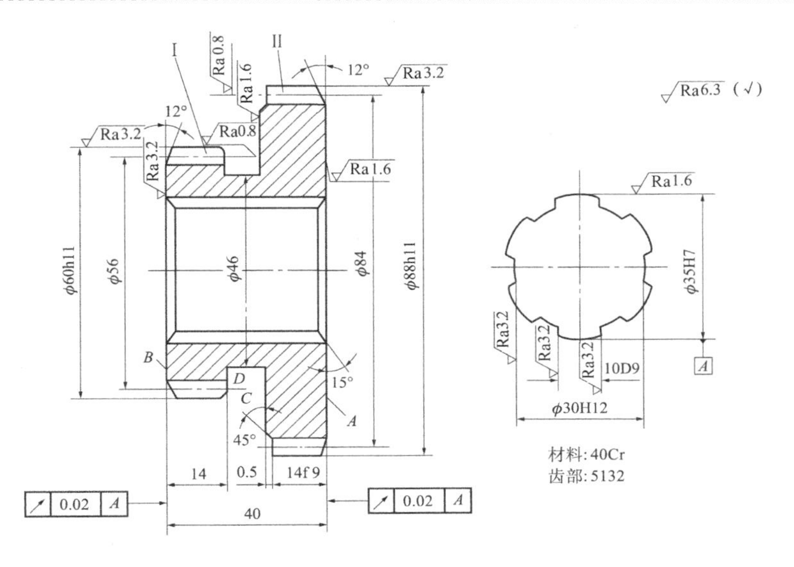

齿轮号		I	II	齿轮号		I	II
模数	m	2	2	基圆极限偏差	F_{pb}	±0.013	±0.013
齿轮	z	28	42	齿形公差	F_f	0.011	0.011
精度等极		7GK	7JL	齿向公差	F_β	0.011	0.011
齿圈径向跳动	F_r	0.036	0.036	跨齿数		4	5
公法线长度变动	F_W	0.028	0.028	公法线平均长度		$21.36_{-0.05}^{0}$	$27.61_{-0.05}^{0}$

图 3-23　双联直齿圆柱齿轮

(2) 双联齿轮机械加工工艺过程见表 3-13。

表 3-13　双联齿轮机械加工工艺过程

序号	工 序 内 容	定位基准
1	毛坯锻造	
2	正火	
3	粗车外圆及端面，留余量 1.5～2 mm，钻镗花键底孔至 ϕ30H12 mm	外圆及端面
4	拉花键	ϕ30H12 及 A 面
5	钳工去毛刺	
6	上心轴，精车外圆、端面及槽至要求尺寸	花键孔及 A 面
7	检验	
8	滚齿(z = 42)，留剃齿余量 0.07～0.10 mm	花键孔及 A 面
9	插齿(z = 28)，留剃齿余量 0.04～0.06 mm	花键孔及 A 面
10	倒角(Ⅰ、Ⅱ齿圆 12°牙角)	花键孔及 A 面
11	钳工去毛刺	
12	剃齿(z = 42)公法线长度至尺寸上限	花键孔及 A 面
13	剃齿(z = 28)公法线长度至尺寸上限	花键孔及 A 面
14	齿部高频感应加热淬火：5123	
15	推孔	花键孔及 A 面
16	珩齿(Ⅰ、Ⅱ)至要求尺寸	花键孔及 A 面
17	检验入库	

3.5　其他类零件工艺规程制订

【学习目标】　了解其他类零件的结构特点及技术要求；掌握其他类零件加工特点及制订工艺规程时定位基准、表面加工方法的选择、工序加工顺序的确定等所考虑的因素；具备制订中等复杂程度其他类零件工艺规程的能力。

3.5.1　连杆加工

1．连杆加工概述

1) 连杆的功用与结构分析

连杆是活塞式发动机和压缩机的重要零件之一，其大头孔与曲轴连接，小头孔通过活塞销与活塞连接，其作用是将活塞的气体压力传给曲轴，又受曲轴驱动而带动活塞压缩气缸中的气体。连杆承受的是冲击动载荷，因此要求连杆质量小、强度高。

图 3-24 是某汽油机连杆总成图。连杆由连杆大头、杆身和连杆小头三大部分组成。连杆大头是分开的，一半为连杆盖，另一半与杆身为一体，通过连杆螺栓连接起来。连杆大头孔内分别装有轴瓦。由于连杆体与连杆盖的结合面与大、小头孔轴线所在平面垂直，故称为直剖式连杆。

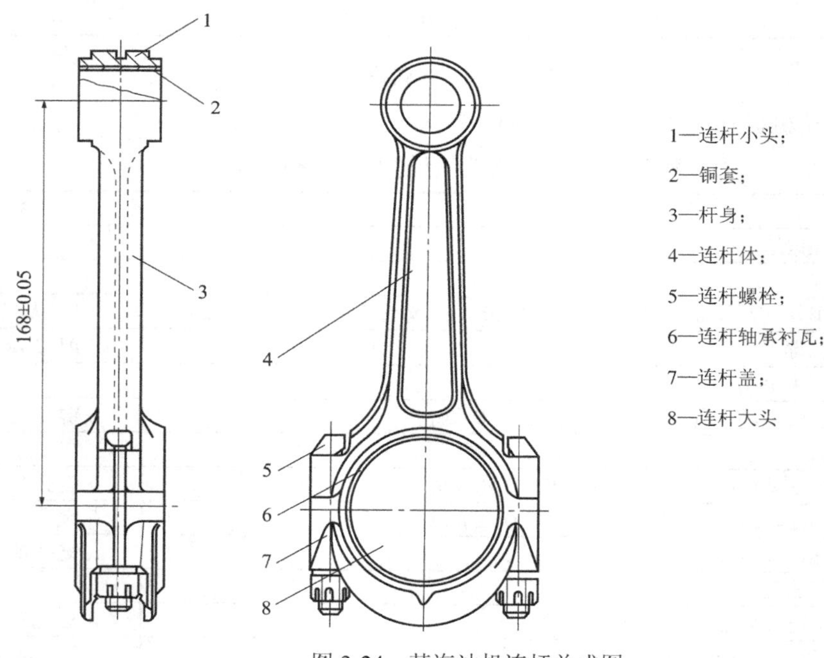

图 3-24　某汽油机连杆总成图

有些连杆大头结构粗大，为了使连杆在装卸时能从气缸孔内通过，采用斜剖式结构，即接合面与大、小头孔轴线所在平面形成一定的角度。图 3-25 为具有这种结构形式的某柴油机连杆总成图。

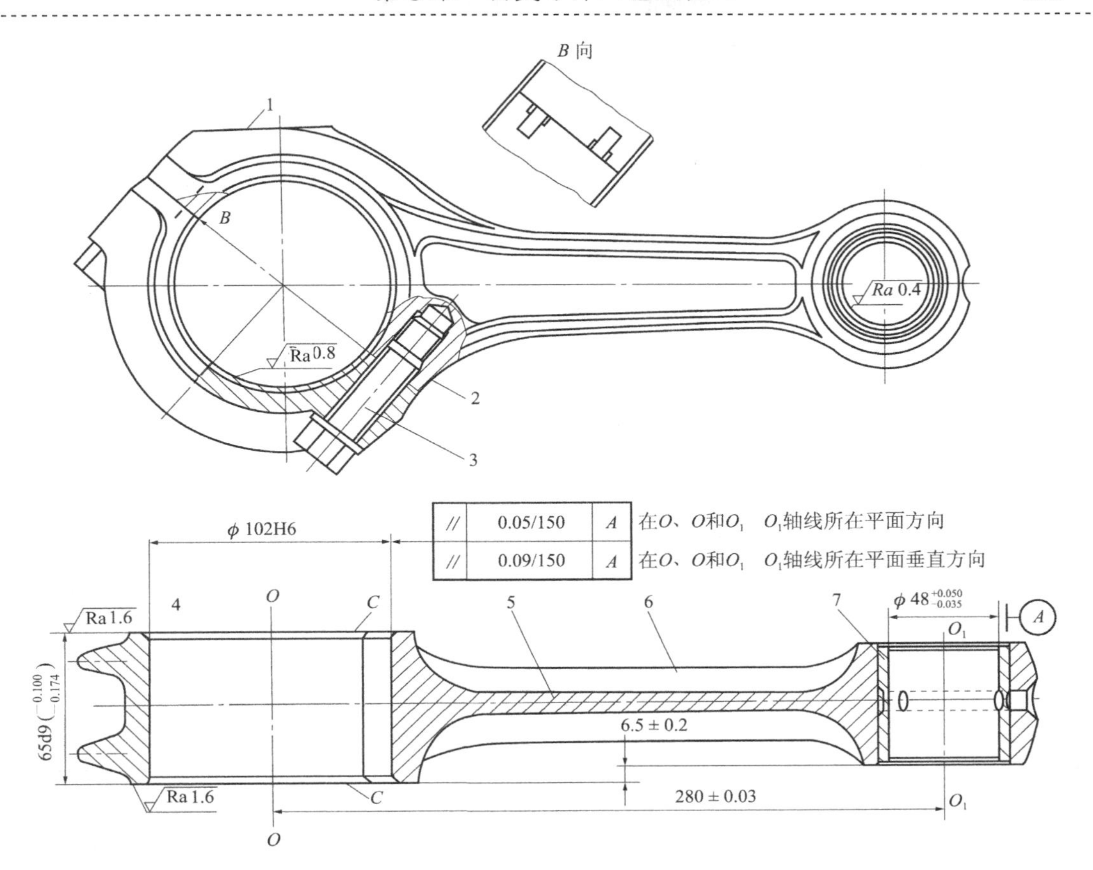

1—打质量标记；2—打配对标记；3—螺钉；4—连杆盖；5—对称面；6—连杆体；7—活塞销轴承

图 3-25 某柴油连杆总成图

为方便加工连杆，可以在连杆的大头侧面或小头侧面设置工艺凸台。图 3-26 是三种不同工艺凸台的结构示意图。

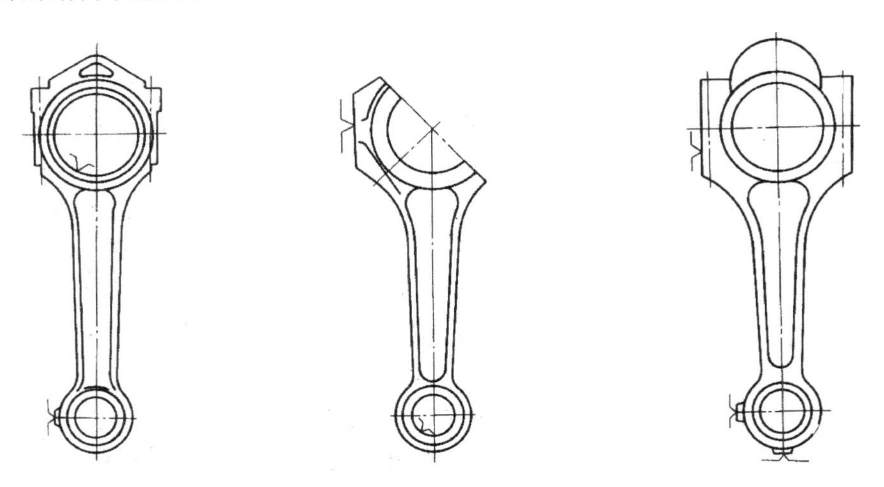

(a) 大、小头侧面有工艺凸台 (b) 大头侧面有工艺凸台 (c) 大、小头侧面和小头顶面有工艺凸台

图 3-26 不同工艺凸台的连杆机构

2) 连杆的主要技术要求

连杆的装配精度和主要技术要求见表 3-14。

表 3-14　连杆的主要技术要求

技术要求项目	具体要求或数值	满足的主要性能
大、小孔精度	尺寸公差等级 IT6 圆度、圆柱度 0.004～0.006	保证与轴瓦的良好配合
两孔中心距	±0.03～±0.05	气缸的压缩比
两孔轴线在两个互相垂直方向上的平行度	在连杆大、小孔轴线所在平面内的平行度为(0.02～0.05)∶100，在垂直连杆大、小孔轴线所在平面内的平行度为(0.04～0.09)∶100	使汽缸壁磨损均匀，使曲轴颈边缘减少磨损
大头孔两端对齐轴线的垂直度	100∶0.1	曲轴颈边缘减少磨损
两螺孔(定位孔)的位置精度	在两个垂直方向上的平行度为(0.02～0.04)∶100，对结合面的垂直度为(0.1～0.2)∶100	保证正常承载能力和大头孔轴瓦与曲轴颈的良好配合
连杆组内各连杆的质量差	±2%	保证运转平稳

3) 连杆的材料与毛坯

连杆材料一般采用 45# 钢或 40Cr、45Mn2 等优质碳素钢或合金钢，近年来也有采用球墨铸铁的。

钢制连杆都用模锻制造毛坯。连杆毛坯的锻造工艺有两种方案：连杆体和盖分开锻造，连杆体和盖整体锻造。

整体锻造或分开锻造的选择决定于锻造设备的能力，整体锻造需要有较大的锻造设备。从锻造后材料的组织来看，分开锻造的连杆盖金属纤维是连续的(见图 3-27(a))，因此具有较高的强度；而整体锻造的连杆，铣切后连杆盖的金属纤维是断裂的(见图 3-27(b))，因而削弱了强度。

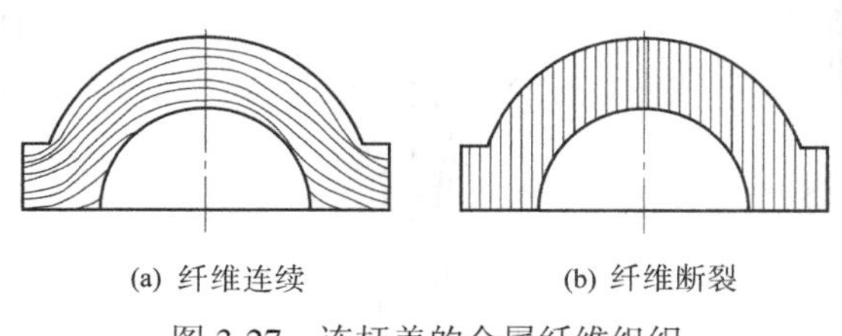

(a) 纤维连续　　(b) 纤维断裂

图 3-27　连杆盖的金属纤维组织

整体锻造要增加切开连杆的工序，但整体锻造可以提高材料利用率，减少结合面的加工余量，加工时装夹也较方便。整体锻造只需要一套锻模，一次便可锻成，也有利于组织和生产管理，尤其是由于整体精锻连杆盖、体撑断新工艺的应用，故一般只要不受连杆盖形状和锻造设备的限制，均尽可能采用连杆的整体锻造工艺。

2．连杆的加工工艺

图 3-28 是某柴油机连杆零件图，图 3-29 是其连杆盖的零件图，这两个零件用螺钉或螺栓连接，用定位套定位。连杆的生产属于大批量生产，采用流水线加工，机床按连杆的机械加工工艺过程连续排列，设备多为专用机床。

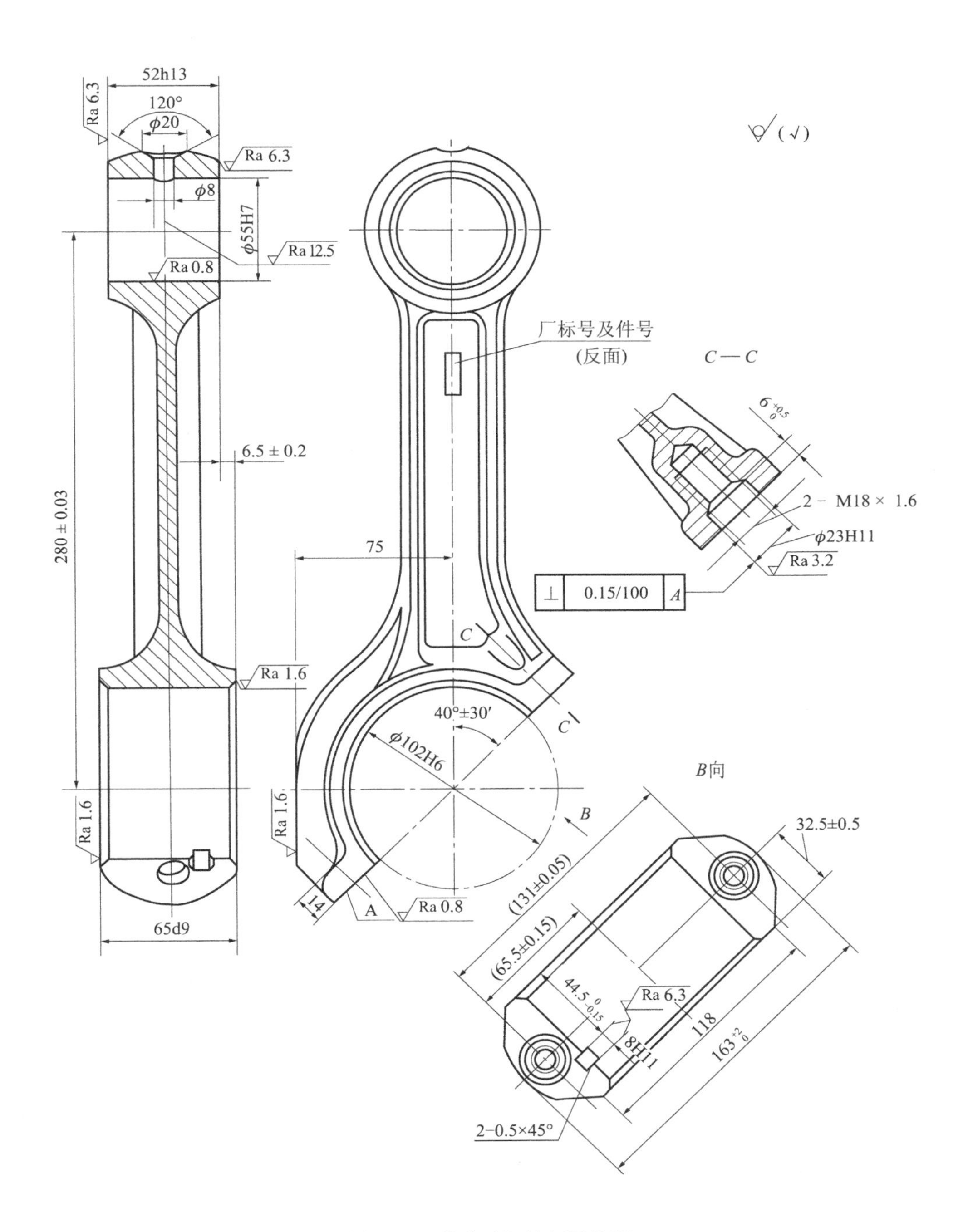

图 3-28　某柴油机连杆零件图

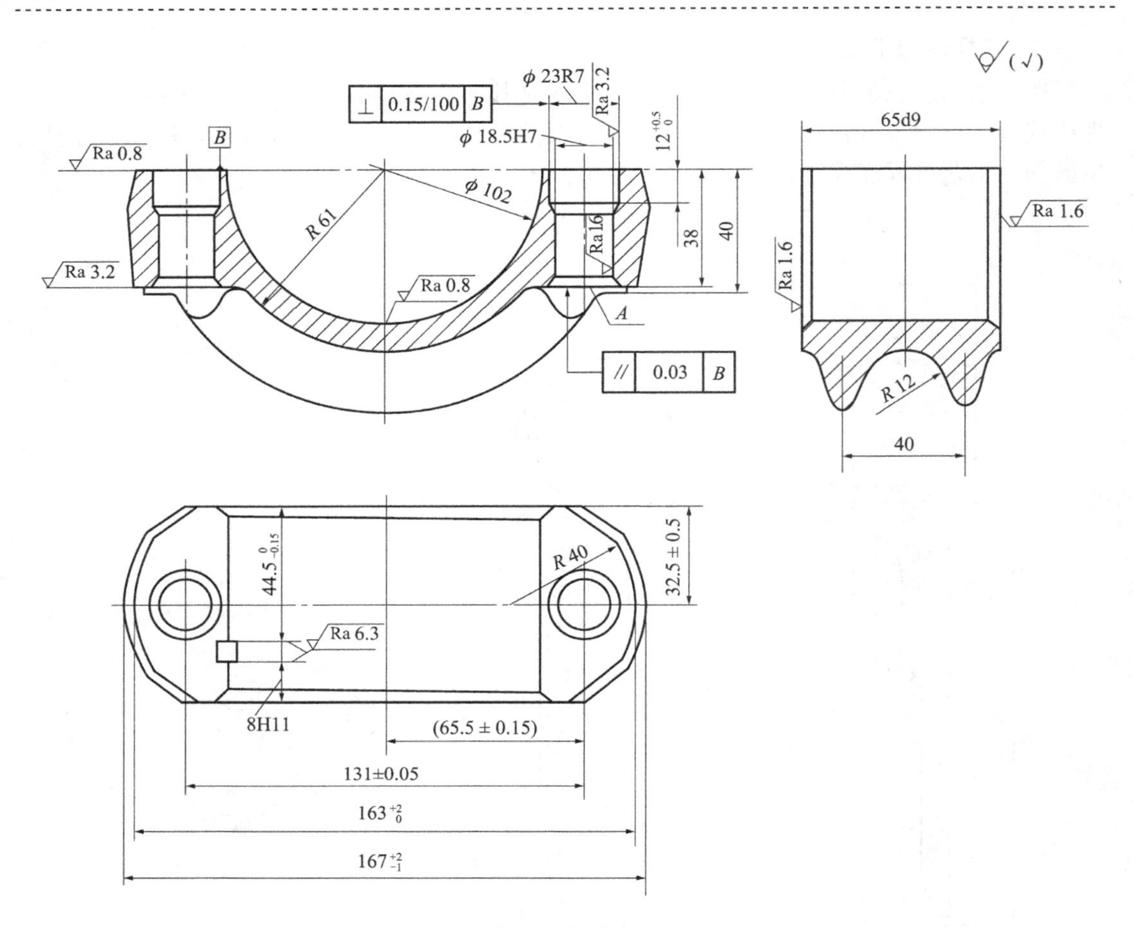

图 3-29　某柴油机连杆盖零件图

该连杆采用分开锻造工艺，先分别加工连杆和连杆盖，然后合件加工。其机械加工工艺过程见表 3-15 和表 3-16。

表 3-15　连杆体与连杆盖加工工艺过程

连 杆 体			连 杆 盖			机床设备
工序号	工序内容	定位基准	工序号	工序内容	定位基准	
1	模锻		1	模锻		
2	调质		2	调质		
3	磁性探伤		3	磁性探伤		
4	粗、精铣两平面	大头孔壁，小头外廓端面	4	粗、精铣两平面	端面结合面	立式双头回转铣床
5	磨两平面	端面	5	磨两平面	端面	立轴圆台平面磨床
6	钻、扩、铰小头孔、孔口倒角	大、小头端面，小头外廓工艺凸台				立式五工位机床
7	粗、精铣工艺凸台及结合面	大、小头端面，小头孔、大头孔壁	6	粗、精铣结合面	端面肩胛面	立式双头回转铣床

续表

连 杆 体			连 杆 盖			机床设备
工序号	工序内容	定位基准	工序号	工序内容	定位基准	
8	两连杆体粗镗大头孔，倒角	大、小头端面，小头孔工艺凸台	7	两件连杆盖粗镗大头孔，倒角	肩胛面、螺钉孔外侧	卧式三工位铣床
9	磨结合面	大、小头端面，小头孔工艺凸台	8	磨结合面	肩胛面	立轴矩台平面磨床
10	钻、攻螺纹孔，钻、铰定位孔	小头孔及端面工艺凸台	9	钻、扩沉头孔钻、铰定位孔	端面、大头孔壁	卧式五工位铣床
11	精镗定位孔	定位孔结合面	10	精镗定位孔	定位孔结合面	
12	清洗		11	清洗		
13	打印件号		12	打印件号		
14	检验		13	检验		

表 3-16　连杆合件加工工艺过程

工序号	工序内容	定 位 基 准	机床设备
1	连杆体与连杆盖对号，清洗装配		
2	磨两平面	大、小头两端面	立轴圆台平面磨床
3	半精镗大头孔及孔口倒角	大、小头两端面，小头孔工艺凸台	立轴镗铣床
4	精镗大、小头孔	大头端面，小头孔工艺凸台	金刚铣床
5	钻小头油孔及孔口倒角		立轴镗铣床
6	珩磨大头孔		珩磨机
7	小头孔内压入活塞销轴承		专用机床
8	铣小头两端面	大、小头端面	立式双头回转铣床
9	精镗小头轴承孔	大、小头孔	金刚铣床
10	拆开连杆盖		
11	铣连杆体与大头轴瓦定位槽		铣定位槽专用机床
12	对号，装配		
13	退磁		
14	检验		

3. 连杆加工工艺过程分析

1) 定位基准的选择

连杆加工工艺过程的大部分工序都采用统一的定位精基准：一个端面、小头孔及工艺凸台。这样有利于保证连杆的加工精度，而且端面的面积大，定位也较稳定。其中，端面、小头孔作为定位基准，也符合基准重合原则。由于连杆的外形不规则，为了定位需要，在连杆体大头处作出工艺凸台作为辅助基准面。

连杆大、小头端面对称分布在杆身的两侧，有时大、小头端面厚度不等，所以大头端面与同侧小头端面不在一个平面上。用这样的不等高面作定位基准，必然会产生定位误差。制订工艺时，可先把大、小头加工成一样的厚度，这样不但避免了上述缺点，而且由于定位面积加大，使得定位更加可靠，直到加工的最后阶段才铣出这个阶梯面。有时大、小头端面厚度一样，在最后的精镗大、小头孔时，只用大头端面作基准而不用小头端面。其原因是定位面大，虽然定位可靠，但如果定位面没做准也会增加误差。

端面方向的粗基准选择有两种方案：一是选中间不加工的毛面，可保证对称，有利于夹紧；二是选要加工的端面，可保证余量均匀。

2) 加工阶段的划分和加工顺序的安排

由于连杆本身的刚度差，切削加工时将产生残余应力，易变形。因此，在工艺安排过程时，应把各主要表面的粗、精加工工序分开。这样，粗加工产生的变形就可以在半精加工中得到修正，半精加工中产生的变形可以在精加工中得到修正，最后达到零件的技术要求。

在工序安排上先加工定位基准，如端面加工的铣、磨工序放在加工过程的前面，然后再加工孔，符合先面后孔的工序安排原则。

连杆工艺过程可分为以下三个阶段：

(1) 粗加工阶段。粗加工阶段也是连杆体和连杆盖合并前的加工阶段，分为：基准面的加工，包括辅助基准面的加工；准备连杆体及连杆盖合并所进行的加工，如两者对口面的铣、磨等。

(2) 半精加工阶段。半精加工阶段是连杆体和连杆盖合并后的加工，如精磨两平面，半精镗大头孔及孔口倒角等。总之，半精加工阶段是为精加工大、小头孔作准备的阶段。

(3) 精加工阶段。精加工阶段主要是最终保证连杆主要表面(大、小头孔)全部达到图样要求的阶段，如珩磨大头孔、精镗小头活塞销轴承孔等。

3) 确定合理的夹紧方法

连杆是一个刚性较差的工件，应十分注意夹紧力的大小、方向及着力点位置的选择，以免因受夹紧力的作用而产生变形，降低加工精度。图 3-30 是不正确的夹紧方法。

实际生产中，设计粗铣两端面的夹具(见图 3-31)时，应使夹紧力主方向与端面平行。在夹紧力作用的方向上，大头端部与小头端部的刚性大，即使有一点变形，也产生在平行于端面的方向上，对端面平行度影响较小。夹紧力通过工件直接作用在定位元件上，可避免工件产生弯曲或扭转变形。从前述粗基准选择中可知，这样还有利于对称。

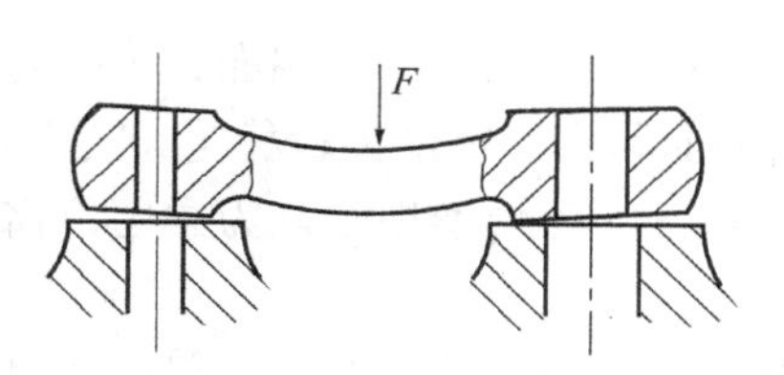

图 3-30　连杆的夹紧变形

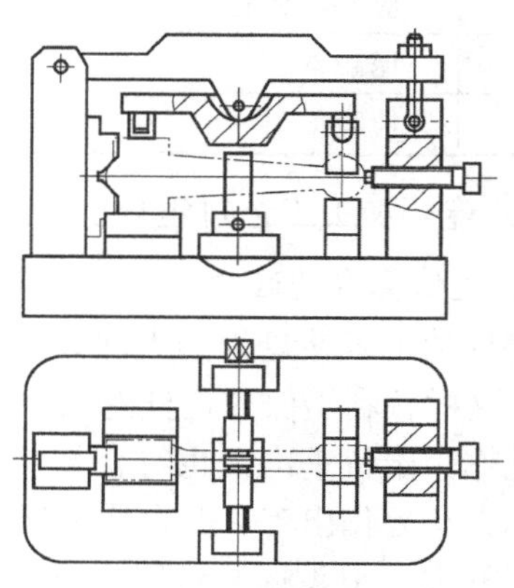

图 3-31　粗铣连杆端面的夹具

4) 主要表面的加工方法

(1) 两端面的加工。连杆的两端面是连杆加工过程中主要的定位基准面，在许多工序中都使用，所以应先加工它，且随着工艺过程的进行要逐渐精化，以提高其定位精度。大批量生产中，连杆两端面多采用磨削和拉削加工，成批生产多采用铣削加工。

(2) 大、小头孔的加工。连杆大、小头孔的加工是连杆加工中的关键工序，尤其大头孔的加工是连杆各部位加工中要求最高的部位，直接影响连杆成品的质量。

一般先加工小头孔，后加工大头孔，合装后再同时精加工大、小头孔，最后光整加工大、小头孔。

小头孔直径小，锻坯上不锻出预孔，所以小头孔首道工序为钻削加工。小头孔的加工方案多为钻→扩→镗。

无论采用整体锻造还是分开锻造，大头孔都会锻出预孔，因此大头孔首道工序都是粗镗(或扩)。大头孔的加工方案多为(扩)粗镗→半精镗→精镗。

在大、小头孔的加工中，镗孔是保证精度的主要方法。因为镗孔能够修正毛坯和上道工序造成的孔的歪斜，易于保证孔与其他孔或平面的位置精度。虽然镗杆尺寸受孔径大小的限制，但连杆的孔径一般不会太小，且孔深与孔径比皆在 1 左右，这个范围镗孔工艺性最好，镗杆悬伸短，刚性也好。

大、小头孔的精镗一般都在专用的双轴镗床上同时进行，有条件的厂采用双面、双轴金刚镗床，对提高加工精度和生产率效果更好。

大、小头孔的光整加工是保证孔的尺寸、形状精度和表面粗糙度不可缺少的加工工序。一般有三种方案：珩磨、金刚镗以及脉冲式滚压。

在金刚镗加工中，为提高其自动化程度，有的厂家采用了如图 3-32 所示的尺寸控制系统。

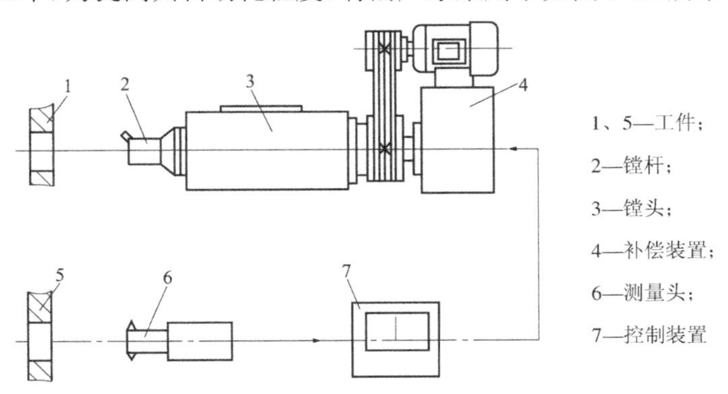

图 3-32　尺寸控制系统示意图

尺寸控制是指对加工后的孔进行自动测量，刀具磨损后能使刀具产生径向位移以补偿刀具的磨损；孔径超差或刀具崩刃、折断时可发出停机信号。尺寸控制系统主要由测量、控制和补偿装置三部分组成。其工作原理是：测量头 6 对已加工的工件 5 进行测量，其测量值通过测量装置(以气动和电感形式为主)产生信号传给控制装置 7，控制装置根据测量信号再传给补偿装置 4(常用的有压电晶体式镗刀自动补偿装置)，补偿装置接到信号后，通过镗头 3 使镗杆 2 上的镗刀产生径向位移，以补偿刀具的磨损，然后再加工工件 1。

连杆加工多属大批量生产。连杆刚性差，因此工艺路线多为工序分散，大部分工序用高生产率的组合机床和专用机床，并且广泛使用气动、液动夹具，以提高生产率，满足大批量生产的需要。

(3) 整体精锻连杆盖、连杆体撑断新工艺。连杆盖、连杆体整体精锻已在汽车发动机连杆生产中被广泛采用，待半精加工后，采用连杆盖与连杆体撑断的方法，这样产生的断面凸凹不平，连杆盖与连杆体再组装时的位置唯一。因此，连杆盖与连杆体之间只需用螺栓连接，即可保证相互之间的位置精度。这样既简化了连杆的加工工艺，保证了连杆盖与连杆体的装配精度；又由于连杆盖与连杆体之间没有去掉金属，金属纤维是连续的，从而保证了连杆的强度。为了保证将撑断面控制在一定范围内，撑断时连杆盖与连杆体不发生塑性变形，所以连杆设计时应注意适当减小结合面面积，并在撑断前在连杆盖与连杆体结合处拉出引断槽形成应力集中，如图 3-33 所示。此加工方法已在轿车发动机连杆生产中采用，是连杆加工的新工艺。

5) 连杆的检验

连杆在机械加工中要进行多次中间检验，加工完毕后还要进行最终检验。检验项目按图样上的技术要求进行，一般分为以下三类：

(1) 观察外表缺陷及目测表面粗糙度。

(2) 检验主要表面的尺寸精度。例如某柴油机厂，大、小头孔的直径尺寸用内径千分表测量，这样同时可测出孔的圆度。

(3) 检验主要表面的位置精度。其中大、小头孔轴心线在两个互相垂直方向的平行度用如图 3-34 所示的工具及方法进行检验。在大、小头孔中插入心轴，大头的心轴搁在等高垫铁上，使大头心轴与平板平行(用千分表在大头心轴的左右两端测量)，把连杆置于直立位置(见图 3-34(a))，然后在小头心轴上距离为 100 mm 处测量高度的读数差，这就是大、小头孔在连杆轴线方向的平行度误差。把工件置于水平位置，如图 3-34(b)所示(在小头下用可调的小千斤顶托柱调整)，然后在小头心轴上距离为 100 mm 处测量高度的读数差，这就是大、小头孔在垂直于连杆轴线方向的平行度误差。

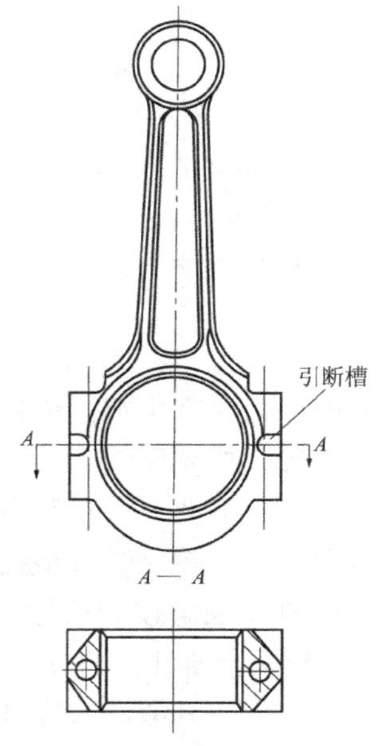

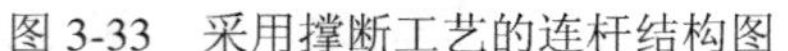

图 3-33 采用撑断工艺的连杆结构图

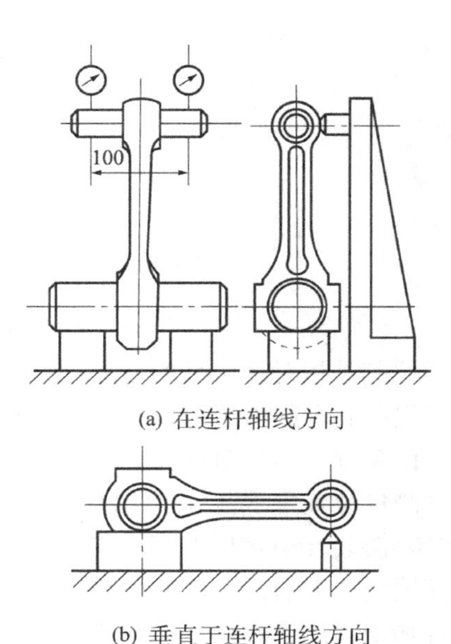

(a) 在连杆轴线方向

(b) 垂直于连杆轴线方向

图 3-34 连杆大、小头孔在两个互相垂直方向的平行度检验

3.5.2　方刀架机械加工工艺路线

方刀架的零件结构图如图 3-35 所示。

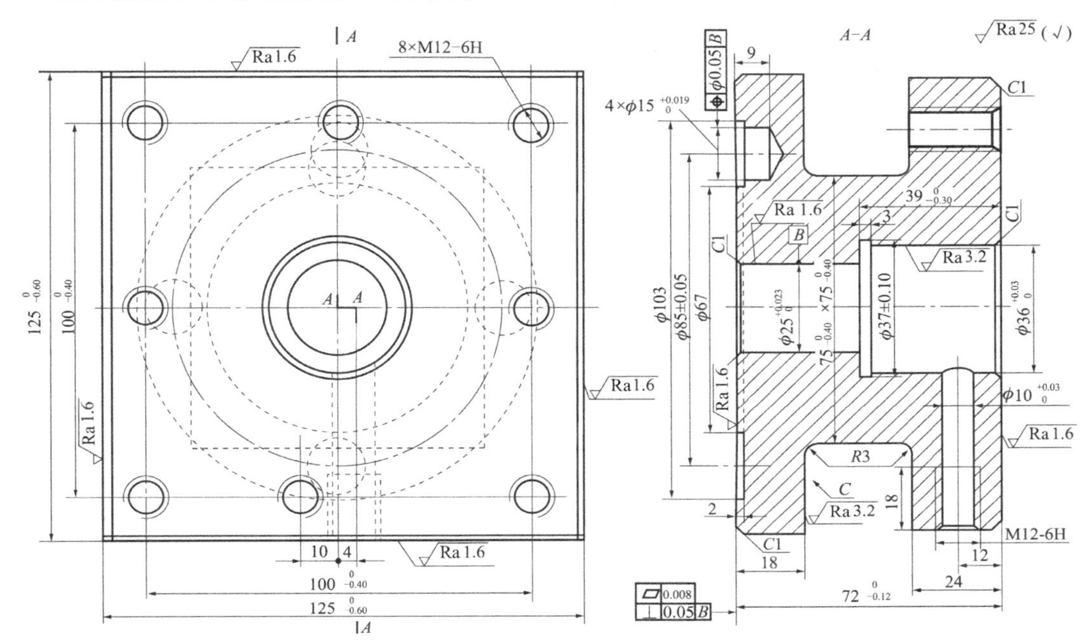

技术要求

1. *C* 面淬火硬度 40～45HRC；2. 未注倒角 *C*1；3. 材料：45# 钢

图 3-35　方刀架

1．零件图样分析

(1) $\phi15^{+0.019}_{0}$ mm 孔对基准 *B* 的位置公差为 ϕ0.05 mm。

(2) 图 3-35 中左端面(方刀架底面)平面度公差为 0.008 mm。

(3) 图 3-35 中左端面对基准 *B* 的垂直度公差为 0.05 mm。

(4) C 表面热处理 40～45HRC。

(5) 材料 45# 钢。

2．方刀架机械加工工艺过程卡

方刀架机械加工工艺过程卡见表 3-17。

3．工艺分析

(1) 该零件为车床用方刀架，中间周槽用于装夹车刀，其 *C* 面直接与车刀杆接触，所以要求有一定的硬度，因此表面淬火 40～45HRC。

(2) 该零件左端面与车床小滑板面结合，并可以转动，$\phi15^{+0.019}_{0}$ mm 孔用于刀架定位时使用，以保证刀架与主轴的位置，其精度直接影响机床的精度。

(3) 该零件在加工中，多次装夹均以 $\phi36^{+0.03}_{0}$ mm 孔及右端面定位，保证了加工基准的统一，从而保证了工件的加工精度。4×$\phi15^{+0.019}_{0}$ mm 孔可采用铣床加工，其精度可得到更好的保证。

(4) 工序中安排了四个侧面和左右两端面均进行磨削，其目的是保证定位时的精度。

表 3-17　方刀架机械加工工艺过程卡

工序号	工序名称	工 序 内 容	工艺装备
1	下料	棒料ϕ120 mm × 135 mm	锯床
2	锻造	自由锻，锻件尺寸 135 mm × 135 mm × 82 mm	
3	热处理	正火	
4	粗车	用四爪单动卡盘装夹工件，粗车右端面，见平即可。钻ϕ22 mm 通孔，扩孔至ϕ33 mm、深 35 mm，车孔至$\phi 36^{+0.03}_{0}$ mm、深 $39.5^{0}_{-0.3}$ mm，车槽ϕ(37 ± 0.1)mm × 3 mm，倒角 C1.5	CA6140
5	粗车	调头，用已加工平面定位，四爪单动卡盘装夹工件，车左端面，保证厚度尺寸为 $73^{0}_{-0.12}$ mm(留 1 mm 余量)	CA6140
6	铣	以$\phi 36^{+0.03}_{0}$ mm 孔及右端面定位，装夹工件，铣 125 mm × 125 mm 至尺寸 126 mm × 126 mm(留加工余量 1mm)	X6132 组合夹具
7	铣	以$\phi 36^{+0.03}_{0}$ mm 孔及右端面定位，装夹工件，铣四侧面槽，保证距右端面 24.5 mm，距左端面 19 mm(留加工余量大平面 0.5 mm，槽面 0.5 mm)，保证 $75^{0}_{-0.4}$ mm × $75^{0}_{-0.4}$ mm 及 R 3 mm	X6132 组合夹具
8	铣	以$\phi 36^{+0.03}_{0}$ mm 孔及右端面定位重新装夹工件，精铣 C 面，保证尺寸距左端面 18.5 mm	X6132 组合夹具
9	铣	以$\phi 36^{+0.03}_{0}$ mm 孔及右端面定位，装夹工件，倒八条边角 C1	X6132 组合夹具
10	热处理	C 表面淬火 40～45HRC	
11	车	以$\phi 36^{+0.03}_{0}$ mm 孔及右端面定位，装夹工件，车$\phi 25^{+0.023}_{0}$ mm 至图样尺寸，车环槽尺寸至ϕ103 mm × ϕ67 mm × 2.5mm(因端面有 0.5 mm 余量)，倒角 C1	CA6140 组合夹具
12	磨	以$\phi 25^{+0.023}_{0}$ mm 孔及右端面定位，装夹工件，磨右端面，保证尺寸 $39^{0}_{-0.3}$ mm	M7120 组合夹具
13	磨	以右端面定位，装夹工件，磨左端面，保证尺寸 $72^{0}_{-0.2}$ mm 和尺寸 18 mm	M7120
14	磨	以$\phi 25^{+0.023}_{0}$ mm 孔及左端面定位，装夹工件，粗、精磨四侧面，保证 $125^{0}_{-0.6}$ mm × $125^{0}_{-0.6}$ mm，并要对 B 基准对称，四面要相互垂直	M7120 组合夹具
15	钻	以$\phi 36^{+0.03}_{0}$ mm 孔及右端面定位，以侧面定向，装夹工件，钻 8 × M12-6H 螺纹底孔ϕ10.2 mm，攻螺纹 M12	ZA5025，组合夹具或专用钻模
16	钻	以$\phi 25^{+0.023}_{0}$ mm 孔及左端面定位，以侧面定向，装夹工件，钻、扩、铰 4 × $\phi 15^{+0.019}_{0}$ mm 孔	ZA5025，组合夹具或专用钻模
17	钻	以$\phi 36^{+0.03}_{0}$ mm 孔及右端面定位，以侧面定向，装夹工件，钻ϕ10+0.03 mm 底孔ϕ 9 mm，扩、铰至$\phi 10^{+0.03}_{0}$ mm，其入口深 18 mm 处扩至ϕ 10.2 mm，攻螺纹 M12-6H	ZA5025，组合夹具或专用钻模
18	检验	按图样要求检查各部尺寸及精度	
19	入库	涂油入库	

3.5.3　活塞环机械加工工艺路线

活塞环的零件结构图如图 3-36 所示。

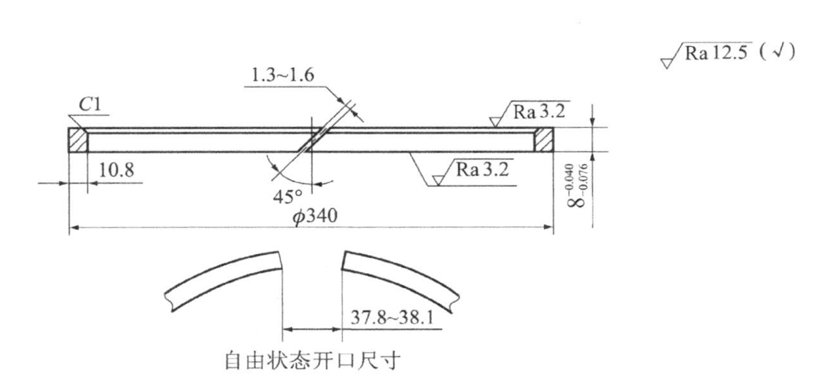

技术要求

1. 热处理硬度 91～107HRB。
2. 环的端面翘曲度小于 0.07 mm。
3. 上、下端面平行度公差为 0.05 mm。
4. 弹力允差 ±20% 以内，弹力 19.7 kg。
5. 漏光检查时，环的外圆柱面与量具间隙不大于 0.05 mm，整个圆周上漏光不能多于 2 处，单处弧长不超过 25°弧长，两处弧长之和大于 45°弧长，且距开口处不少于 30°。
6. 退磁处理。
7. 环的金相组织是分布均匀的细片状珠光体，不允许有游离的渗碳体存在。
8. 材料为 HT200。

图 3-36　活塞环

1．零件图样分析

(1) 活塞环属于环类零件，其直径与壁厚相差较大，在加工中易发生翘曲变形。环的端面翘曲度应小于 0.07 mm。

(2) 活塞环上、下平面平行度公差为 0.05 mm。

(3) 弹力允差±20%以内，弹力 19.7 kg。

(4) 漏光检查时，环的外圆柱面与量具间隙不大于 0.05 mm，整个圆周上漏光不能多于 2 处，单处弧长不能超过 25° 弧长，两处弧长之和不能超过 45° 弧长，并且漏光处距开口处不能小于 30° 。

(5) 在磁性工作台上加工之后，需进行退磁处理。

(6) 环的金相组织应为均匀的细片状珠光体。不允许有游离的渗碳体存在。

(7) 热处理硬度为 91～107HRB。

(8) 材料为 HT200。

2．活塞环机械加工工艺过程卡

活塞环机械加工工艺过程卡见表 3-18。

表 3-18　活塞环机械加工工艺过程卡

工序号	工序名称	工 序 内 容	工艺装备
1	铸造	铸成一个长圆筒，其尺寸为ϕ308 mm × ϕ350 mm × 500 mm	
2	清砂	清砂	
3	热处理	时效处理	
4	检验	硬度及金相组织检查	
5	车	夹一端外圆，按毛坯找正，车端面，见平即可，车外圆至尺寸ϕ346 mm，车内圆至尺寸ϕ314 mm	CW6163
6	车	调头装夹，按已加工外圆找正，粗、精车外圆及内圆至图样尺寸。外圆尺寸为ϕ340 mm，内圆尺寸为ϕ318.4 mm，切下厚度尺寸为 $9^{+0.2}_{0}$ mm(两端面各留 0.6 mm 磨削余量)	CW6163
7	磨	粗磨活塞环两端面，单边留量 0.2 mm，退磁	M7475
8	车	车一端内圆倒角 *C*1.2(专用工装、端面压紧)	CW6163 专用工装
9	铣	铣 45°开口，宽 1.3～1.6 mm(专用工装、端面压紧)	X6132 专用工装
10	热处理	热定型开口，尺寸为 37.8～38.1 mm，硬度为 91～107HRB(专用工装)	专用工装
11	检验	检查开口尺寸为 37.8～38.1 mm，弹力为 19.7 kg，硬度 91～107HRB	
12	磨	精磨两端面至图样尺寸 $8^{-0.040}_{-0.076}$ mm，退磁	M7475
13	钳	修锉毛刺	
14	检验	按图样要求检查各部尺寸及精度	
15	入库	入库	

3. 工艺分析

(1) 该工艺安排是将毛坯铸造成长圆筒形状，粗车切下后再进行单件加工。若铸造毛坯单件加工，则其工艺安排只是粗加工前的工序与筒状毛坯不同，其他工序基本相同。

(2) 活塞环类零件在磨床上磨削加工时，多采用磁力吸盘装夹工件，因此在加工后，必须进行退磁处理。

(3) 为了保证活塞环的弹力，加工中对活塞环在自由状态下的开口有一定要求，因开口铣削后不能满足图样要求，所以需要增加一道热定型工序，热定型时需在专用工装上进行，其活塞环的开口处用一个键撑开，端面压紧，键的宽度要经过多次试验得出合理的宽度数据之后，再成批进行热定型。

(4) 对 45° 开口的加工是采用专用工装装夹工件，但每批首件应划线对刀，以保证加工质量。

(5) 活塞环的翘曲度是将工件放在平台上采用 0.06 mm 塞尺进行检查，当塞尺未能通过翘曲的缝隙时为合格。

(6) 漏光度的检查，采用专用检具或在合格的缸体内用光照进行检查。

(7) 上、下端面平行度的检查，可将活塞环放在平台上，用百分表测量上端面各部，其读数最大值与最小值之差为平行度误差值。

第4章　习　　题

1. 什么是生产过程、工艺过程和工艺规程？工艺规程在生产中起何作用？

2. 什么是工序、安装、装夹、工位、工步和行程？工序和工步、安装和装夹、安装和工位的主要区别是什么？

3. 生产类型是根据什么划分的？目前有几种生产类型？它们各有哪些主要工艺特征？在多品种生产的要求下各种生产类型又有哪些不足？如何解决？

4. 试评价各种获得加工精度(包括形状精度、尺寸精度和位置要求)方法的优缺点。

5. 机械加工工艺过程卡和工序卡的区别是什么？简述它们的应用场合。

6. 简述机械加工工艺规程的设计原则、步骤和内容。

7. 如何理解结构工艺性的概念？如何分析设计和制造的关系和矛盾？零件结构工艺性有哪些要求？

8. 应该怎样选择毛坯类型、制造方法和毛坯精度？

9. 何谓基准？基准分哪几种？分析基准时要注意些什么？

10. 精、粗定位基准的选择原则各有哪些？如何分析这些原则之间出现的矛盾？

11. 试分别选择如图 4-1 所示四种零件的精、粗基准。其中图 4-1(a)为齿轮简图，毛坯

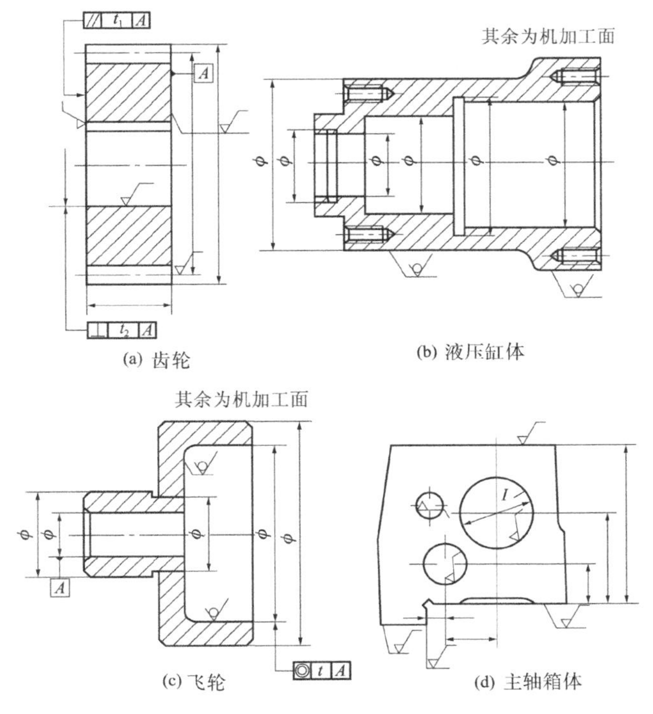

图 4-1　题 11 图

为模锻件，图 4-1(b)为液压缸体零件简图，图 4-1(c)为飞轮简图，图 4-1(d)为主轴箱体简图，后三种零件毛坯均为铸件。

12. 试分析下列加工情况的定位基准：

(1) 拉齿坯内孔。

(2) 珩磨连杆大头孔。

(3) 无心磨削活塞销外圆。

(4) 用浮动镗刀块精镗内孔。

(5) 磨削床身导轨面。

(6) 超精加工主轴轴颈。

(7) 箱体零件攻螺纹。

(8) 用与主轴浮动连接的铰刀铰孔。

13. 何谓经济精度？如何选择加工方法？

14. 有一小轴，毛坯为热轧棒料，大量生产的工艺路线为粗车—半精车—淬火—粗磨—精磨，外圆设计尺寸为 $\phi30_{-0.013}^{\ 0}$ mm，已知各工序的加工余量和经济精度，试确定各工序尺寸及其偏差、毛坯尺寸及粗车余量，并填入表 4-1(余量为双边余量)。

表 4-1　题 14 表　　mm

工序名称	工序余量	经济精度	工序尺寸及偏差	工序名称	工序余量	经济精度	工序尺寸及偏差
精磨	0.1	0.13(IT6)		粗车		0.21(IT12)	
粗磨	0.4	0.033(IT8)		毛坯尺寸	4(总余量)		
半精车	1.1	0.084(IT10)					

15. 试分别拟定如图 4-2 所示四种零件的机械加工工艺路线，内容有：工序名称、工序简图(内含定位符号、夹紧符号、工序尺寸及其公差、技术要求)、工序内容等。生产类型为成批生产。

16. 何谓劳动生产率？提高机械加工劳动生产率的工艺措施有哪些？

17. 时间定额有几种？它们之间的区别是什么？

18. 何谓工艺成本？工艺成本评比时，如何区分可变费用与不可变费用？

19. 加工如图 4-3 所示零件，要求保证尺寸(6±0.1) mm。由于该尺寸不便测量，只好通过测量尺寸 L 来间接保证。试求测量尺寸 L 及其上、下偏差，并分析有无假废品现象存在？有什么办法解决假废品的存在？

20. 加工如图 4-4 所示轴颈时，设计要求尺寸分别为 $\phi28_{+0.008}^{+0.024}$ mm 和 $t=4_{\ 0}^{+0.16}$ mm，有关工艺过程如下：

(1) 车外圆至 $\phi28_{-0.10}^{\ 0}$ mm。

(2) 在铣床上铣键槽，键深尺寸为 H。

(3) 淬火热处理。

(4) 磨外圆至尺寸 $\phi28_{+0.008}^{+0.024}$ mm。

若磨后外圆和车后外圆的同轴度误差为 $\phi0.04$ mm，试分别用极值法与统计法计算铣键槽的工序尺寸 H 及其极限偏差。

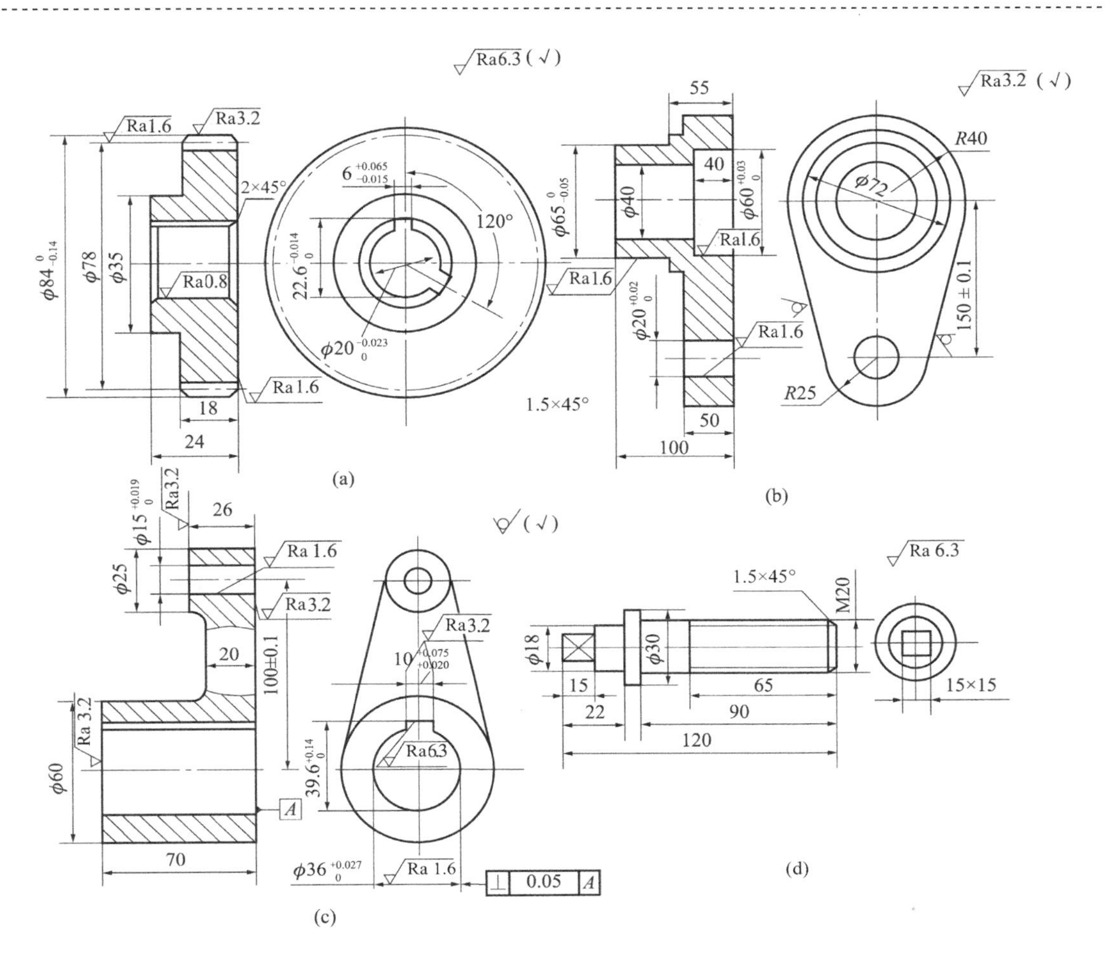

图 4-2　题 15 图

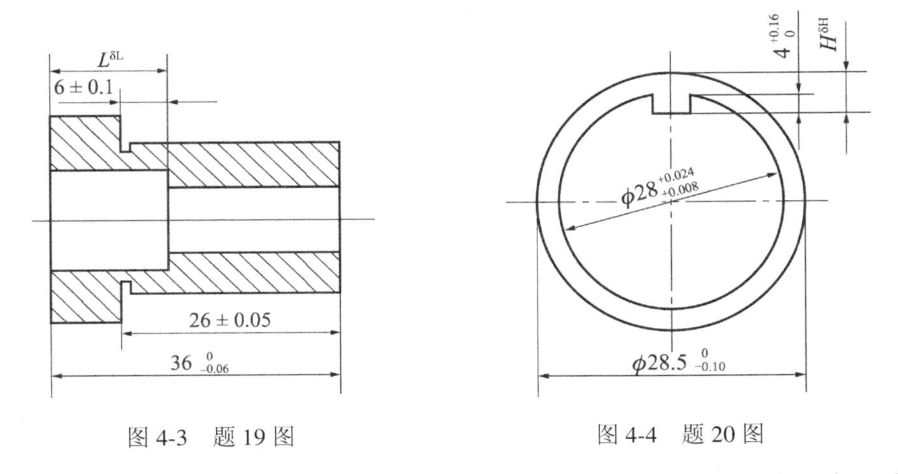

图 4-3　题 19 图　　　　图 4-4　题 20 图

21. 加工套筒零件，其轴向尺寸及有关工序简图如图 4-5 所示，试求工序尺寸 L_1 和 L_2 及其极限偏差。

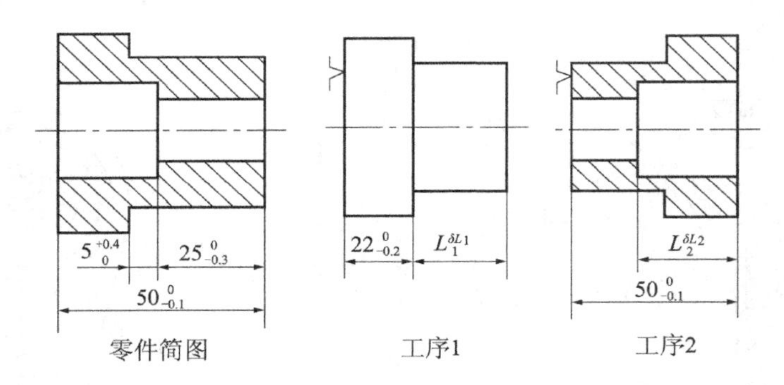

图 4-5　题 21 图

22. 加工小轴零件，其轴向尺寸及有关工序简图如图 4-6 所示，试求工序尺寸 A 和 B 及其极限偏差。

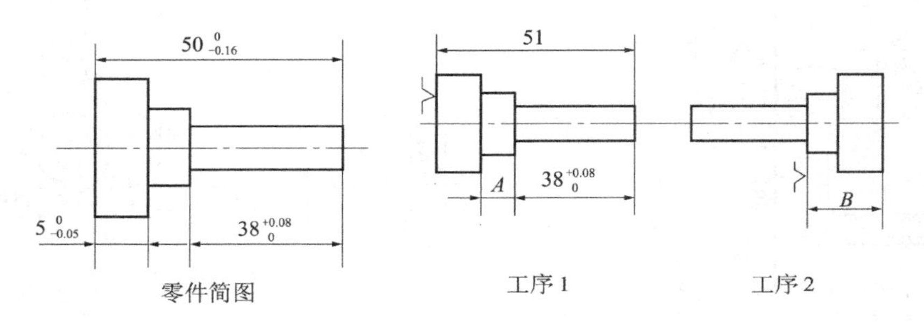

图 4-6　题 22 图

23. 加工短轴零件，如图 4-7 所示，三个工序分别为：

(1) 粗车小端外圆、台肩及端面。

(2) 粗、精车大端外圆及端面。

(3) 精车小端外圆、台肩及端面。

试校核该工序 3(精车小端面)的余量是否合适？若余量不够应如何改进？

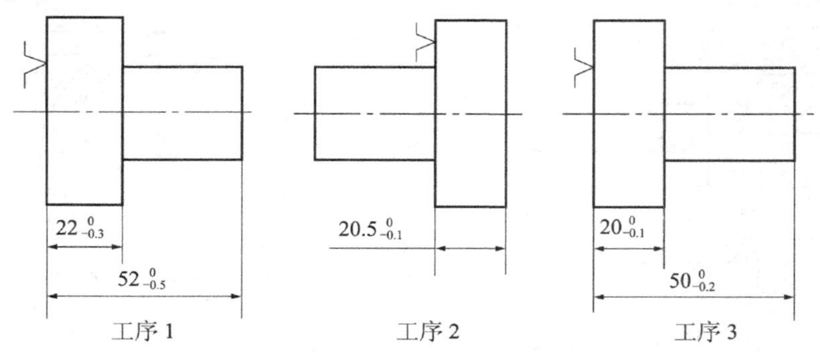

图 4-7　题 23 图

24. 加工如图 4-8 所示轴套零件，其有关工序如下：

(1) 精车小端外圆、端面及台肩。

(2) 钻孔。

(3) 热处理。

(4) 磨孔及底面。

(5) 磨小端外圆及台肩。

试求：工序尺寸 A、B 及其极限偏差。

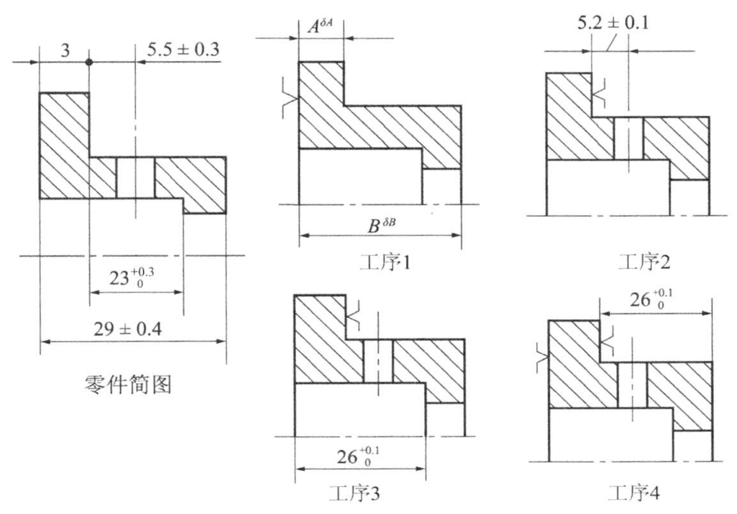

图 4-8　题 24 图

25. 加工如图 4-9 所示某轴类零件，其有关工序如下：

(1) 车端面 D、ϕ22 mm 外圆及台肩 C，端面 D 留磨量 0.2 mm，端面 A 留车削余量 1 mm 得工序尺寸 A_1、A_2。

(2) 车端面 A、ϕ20 mm 外圆及台肩 B 得工序尺寸 A_3、A_4。

(3) 热处理。

(4) 磨端面 D 得工序尺寸 A_5。

试求各工序尺寸 A_1、A_2、A_3、A_4、A_5 及其极限偏差，并校核端面 D 的磨削余量。

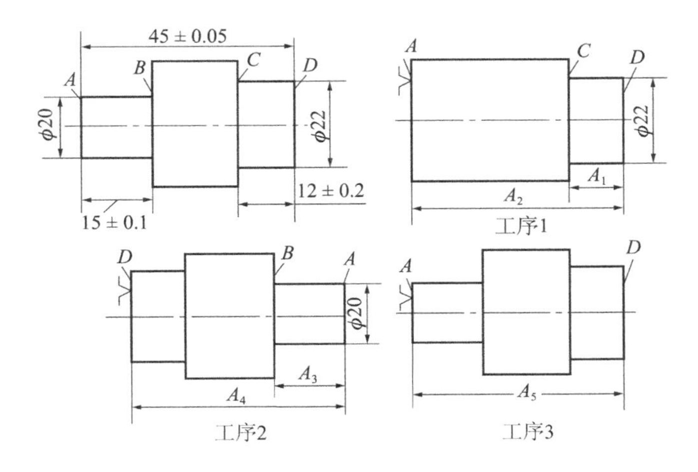

图 4-9　题 25 图

26. 表 4-2 为某轴套零件的工艺尺寸链图解法计算卡，试根据给出的加工步骤画全表中的工序尺寸并查找封闭环的尺寸链跟踪(联系)图，再填出表中各栏留出的空格。其加工工序如下：

(1) 粗车 A 面，以 D 面定位保证尺寸 DA；粗车 C 面保证尺寸 AC。

(2) 以 A 面定位，粗、精车 B 面，保证尺寸 AB；粗车 D 面，保证尺寸 BD。

(3) 以 B 面定位，精车 A 面，保证尺寸 BA；精车 C 面，保证尺寸 AC。

表 4-2 题 26 表

工序号	工序内容	A B C D	工序对称偏差 $\pm 1/2T$	余量变动量 $\pm 1/2T_{Zi}$	最小余量 Z_{imin}	平均余量 Z_{iM}	工序平均尺寸 L_{iM}
1	粗车 A 面		± 0.3	/	1.2	/	
	粗车 C 面		± 0.2	/	1.2	/	39.7
2	粗、精车 B 面		± 0.1	/	1.2	/	10.45
	粗车 D 面				1	1.5	
3	精车 A 面			± 0.15	0.3	0.45	10
	精车 C 面				0.3		40
设计尺寸	10 ± 0.05						
	40 ± 0.10						
	50 ± 0.15						

27. 用尺寸式法解题 26。

28. 图 4-10 为液压泵壳体，D 面的设计基准为 A 点，设计尺寸为 30.7±0.15 mm，而加工 D 面时的定位基准为 M 面上的 B 点，试计算此时的工序尺寸及其偏差。

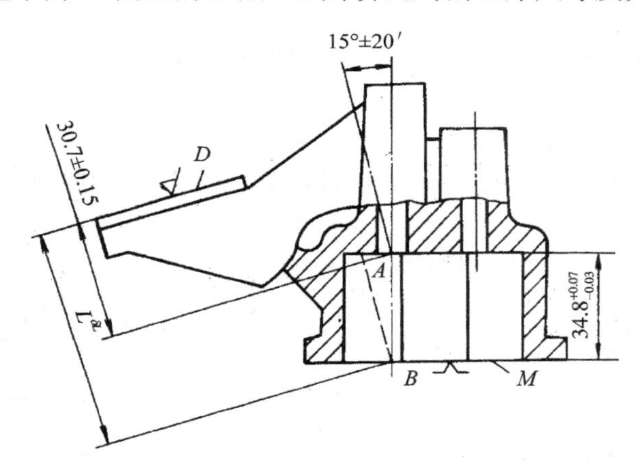

图 4-10 题 28 图

29. 某零件材料为 1Cr13MO，其内孔的加工工序如下：

(1) 车内孔至 $\phi 31.8^{+0.14}_{0}$ mm。

(2) 液体碳氮共渗，工艺要求液体碳氮共渗层深度为 t。

(3) 磨内孔至 $\phi 32^{+0.035}_{+0.010}$ mm，并要求保证液体碳氮共渗层深度为 0.1～0.3 mm。

试求工序的尺寸及其极限偏差。

30. 某小轴设计要求为：外圆直径$\phi 32_{-0.05}^{0}$ mm，渗碳层深度为0.5～0.8 mm；其工艺过程为：车—渗碳淬火—磨。已知渗碳时的工艺渗碳层深度为0.8～1 mm，试计算渗碳前车削外圆的工序尺寸及其极限偏差。

参考文献

[1] 郑修本. 机械制造工艺学 [M]. 3 版. 北京：机械工业出版社，2012.

[2] 马敏莉. 机械制造工艺编制及实施 [M]. 北京：清华大学出版社，2011.

[3] 陈宏钧，方向明，等. 典型零件机械加工生产实例 [M]. 2 版. 北京：机械工业出版社，2010.

[4] 王先逵. 机械加工工艺手册，第一卷，工艺基础卷 [M]. 2 版. 北京：机械工业出版社，2007.

[5] 陈宏钧. 机械加工工艺设计员手册 [M]. 北京：机械工业出版社. 2009.

[6] 刘慎玖. 机械制造工艺案例教程 [M]. 北京：化学工业出版社，2007.

[7] 万苏文，何时剑. 典型零件工艺分析与加工 [M]. 北京：清华大学出版社，2010.

[8] 吴慧媛，韩邦华. 零件制造工艺与装备 [M]. 北京：电子工业出版社，2010.

[9] 吴友德，吴伟. 机械零件加工工艺编制 [M]. 北京：机械工业出版社，2009.

[10] 荆长生. 机械制造工艺学 [M]. 西安：西北工业大学出版社，2008.

[11] 李益民. 机械制造工艺设计简明手册 [M]. 北京：机械工业出版社，2011.

[12] 黄雨田. 机械制造技术 [M]. 西安：西安电子科技大学出版社，2008.

[13] 黄雨田，殷雪艳. 机械制造技术实训教程 [M]. 西安：西安电子科技大学出版社，2009.

[14] 朱焕池. 机械制造工艺学 [M]. 北京：机械工业出版社，2009.

[15] 王先逵. 机械制造工艺学 [M]. 2 版. 北京：机械工业出版社，2007.

[16] 倪森寿. 机械制造工艺与装备 [M]. 2 版. 北京：化学工业出版社，2011.

[17] 于大国. 机械制造工艺设计指南 [M]. 北京：国防工业出版社，2010.

[18] 冯冠大. 典型零件机械加工工艺 [M]. 北京：机械工业出版社，1986.

[19] 朱绍华，黄燕滨，等. 机械加工工艺 [M]. 北京：机械工业出版社，1996.

[20] 李云. 机械制造工艺学 [M]. 北京：机械工业出版社，1994.

[21] 张耀宸. 机械加工工艺设计手册 [M]. 北京：航空工业出版社，1987.

[22] 梁炳文. 机械加工工艺与窍门精选 [M]. 北京：机械工业出版社. 2005.

[23] 李华. 机械制造技术 [M]. 2 版. 北京：高等教育出版社，2005.

[24] 庞怀玉. 机械制造工程学 [M]. 北京：机械工业出版社，1998.

[25] 顾崇衔. 机械制造工艺学 [M]. 3 版. 西安：陕西科学技术出版社，1994.

[26] 刘守勇. 机械制造工艺与机床夹具 [M]. 2 版. 北京：机械工业出版社，2007.

[27] 余承辉，姜晶. 机械制造工艺与夹具 [M]. 上海：上海科学技术出版社，2010.

[28] 周昌治，杨忠鉴，等. 机械制造工艺学 [M]. 重庆：重庆大学出版社，1994.